Dr. Uwe Zuppke • Die Vogelwelt der Region Lutherstadt Wittenberg

Dr. Uwe Zuppke

Die Vogelwelt

der Region

Lutherstadt Wittenberg

Bibliografische Information der Deutschen Nationalbibliothek

Die Deutsche Nationalbibliothek verzeichnet diese Publikation in der
Deutschen Nationalbibliografie;
Detaillierte bibliografische Daten sind im Internet
über http://dnb.d-nb.de abrufbar.

Karten (Seiten 12/13 und 87):
Darstellung auf der Grundlage der TÜK 1 : 250.000.
Mit Erlaubnis des Landesamtes für Vermessung und Geoinformation Sachsen-Anhalt vom 13.03.2009
Erlaubnisnummer: LVermGeo/A9-46 704-2009-14.

Titelbild: Kraniche im Sommer an der Alten Elbe bei Bösewig
Rücktitel: Saatgänse und Lachmöwen im Winter an der Elbe bei Apollensdorf (Aufn. I. Elz)

Fotos: Uwe Zuppke (soweit nicht anders angegeben)
Satz und Layout: Iris Elz, Apollensdorf
Umschlaggestaltung: Iris Elz, Apollensdorf
Herstellung und Verlag: Books on Demand GmbH, Norderstedt
Printed in Germany
ISBN 978-3-8370-9061-1

Inhalt

„…, denn wenn man übertrieben klar sein will,
leidet häufig die Wahrheit –
die Natur ist eben nicht immer so klar und einfach,
wie man es auf dem Papier machen kann…“

E.HARTERT an O.KLEINSCHMIDT (25.3.1903)
(Journal f. Ornithologie 101,1960, S. 435)

Einleitung

Im Rahmen der Übersichten über die Vogelwelt einzelner Landkreise oder anderweitiger Regionen in Sachsen-Anhalt fehlt bisher eine derartige Darstellung für das im äußersten Osten des Bundeslandes liegende Gebiet um Lutherstadt Wittenberg. In dem ursprünglichen Landkreis Wittenberg (in den Grenzen bis zur Gebietsreform 1994) trug die ehemalige Fachgruppe „Ornithologie und Vogelschutz Wittenberg“ Beobachtungsmaterial über die Vogelwelt zusammen, das auf Karteikarten aufgeschrieben wurde und von dem bereits knappe Zusammenfassungen in Form von Artenlisten erschienen sind (SCHÖNFELD et al. 1985; SCHÖNFELD et al. 1997; SCHÖNFELD & ZUPPKE 2008). Nach der Gebietsreform 1994 kam der bis dahin zum Bezirk Cottbus gehörende Kreis Jessen und große Teile des ehemaligen Kreises Gräfenhainichen zum Kreis Wittenberg. Auch im ehemaligen Kreis Jessen sammelten Ornithologen Beobachtungen und wirkten in einer Fachgruppe (SIMON, B. 1998a), während es in Gräfenhainichen keine derartige Vereinigung gab. Mit einer weiteren Gebietsreform wurde 2007 der Kreis Wittenberg nochmals erweitert, diesmal um große Teile des Landkreises Anhalt-Zerbst, also des ehemaligen Kreises Roßlau. Damit wurden kreisbezogene vergleichende Auswertungen mit zurückliegenden Beobachtungen unmöglich, zumal das hinzu gekommene Gebiet von den Wittenberger Ornithologen kaum aufgesucht, dagegen von den Mitgliedern der ehemaligen Fachgruppe Dessau, des jetzigen Ornithologischen Vereins Dessau (OVD) systematisch bearbeitet und ausgewertet wurde (SCHWARZE & KOLBE 2006).

Obwohl der bekannte Wittenberger Vogelforscher OTTO KLEINSCHMIDT schrieb: „Es wird soviel Papier verschwendet auf Lokalfaunen, wobei das wenige Neue unter Altbekanntem verschwindet.“, soll mit vorliegender Schrift ein allgemeiner Überblick über die in der Wittenberger Region bisher festgestellten Vogelarten gegeben werden, ohne eine wissenschaftlich detaillierte Auswertung durchzuführen, da die auswertbaren Daten nicht durch systematische Erfassungen gewonnen wurden, sondern das Ergebnis spontaner Beobachtungen sind. Daher wird auch der zeitliche Verlauf des Auftretens durchziehender Vogelarten nicht wie üblich grafisch dargestellt, da die vorliegenden

Beobachtungen nicht die wirkliche Anwesenheit der jeweiligen Vogelarten widerspiegeln können. So formulierte bereits KLEINSCHMIDT (1930): „Der faunistische Zahlenumfang richtet sich meist … nach der Zahl und Kenntnis der Beobachter, die in der betreffenden Gegend tätig waren.“. Auch exakte oder geschätzte Bestandsgrößen werden nur in Ausnahmefällen angegeben, da kaum flächendeckende Erfassungen (Ausnahme: Weißstorch) sowie nur wenige Siedlungsdichteuntersuchungen durchgeführt wurden und Hochrechnungen zu spekulativ erscheinen. Am ehesten können bei den Winterbeständen der Wasservögel Bestandsangaben gegeben werden, da hier eine ununterbrochene Teilnahme an den Internationalen Wasservogelzählungen seit 1967/68 aufgewiesen wird (ZUPPKE 1976c). Die Einbeziehung seltener Arten, die für eine zeitgemäße Bewertung durch „Seltenheitskommissionen“ sicherlich nicht ausreichend ist, erfolgte nur bei Feststellungen durch erfahrene Beobachter mit sicherer Artenkenntnis (die natürlich bei speziellen Arten auch nicht ausreichen kann!). Nach der Gründung der Avifaunistischen Kommission Sachsen-Anhalt (AK ST) im Jahr 2003 wurden die sogenannten „meldepflichtigen“ Arten dort eingereicht und bisher auch von der Kommission angenommen. Einige wurden an die Deutsche Seltenheitenkommission (DSK) weitergeleitet, von wo die Rückmeldung überwiegend noch aussteht. Auch auf die Erwähnung gebietsspezieller phänologischer Daten wurde verzichtet, da bereits eine Zusammenfassung durch SCHÖNFELD (2006) erfolgt ist. Angaben zu den Bestandstrends einzelner Arten basieren auf den Vergleich der Zahl der Beobachtungen. Auf die Nennung der jeweiligen Beobachter wurde verzichtet, sie sind in der Beobachtungskartei verzeichnet. Es wurden nur Angaben verwendet, deren Quelle dem Autor vorgelegen hat und somit nachvollziehbar sind.

Dennoch soll diese Darstellung erfolgen, um die artenreiche Vogelwelt des Gebietes um Wittenberg in ihrer Gesamtheit vorzustellen und allen interessierten Bürgern zur Kenntnis zu geben. Gleichzeitig ist sie aber auch für die Behörden und Einrichtungen bestimmt, die Eingriffe in die Natur und Landschaft planen. Vor allem aber soll die Tätigkeit aller beteiligten Personen, von denen leider ein schon recht großer Anteil diese Auswertung nicht mehr erleben kann, gewürdigt werden. Es gibt für diese Darlegung auch eine wunderbare Verbindung zur weltbekannten Persönlichkeit Wittenbergs, MARTIN LUTHER: In seinem „Klagelied der Vögel“ setzt sich Luther für den Schutz der Vögel ein, indem er am Beispiel seines Famuluses den damals weit verbreiteten Vogelfang als verderblich anprangerte. Dies könnte gleichzeitig als Sinn dieser Veröffentlichung verstanden werden: Das Kennenlernen der Artenvielfalt der Wittenberger Vogelwelt könnte zum Verständnis und einer daraus erwachsenden Verantwortung für ihren Erhalt als Naturerbe für die Menschen unserer Region führen. Die Vereinten Nationen haben sich verpflichtet, bis zum Jahr 2010 den ständig anhaltenden Verlust der biologischen Vielfalt zu reduzieren. Dazu hat die Bundesregierung Deutschland 2002 die nationale Nachhaltigkeitsstrategie verabschiedet und 2007 den Beschluss über die „Nationale Strategie zur Biologischen Vielfalt“ gefasst. Zu dieser „Biologischen Vielfalt“ gehören auch die in Deutschland brütenden und durchziehenden Vogelarten und damit auch die in der Wittenberger Region vorkommenden. Daher möchte diese Schrift auf die in unserem Gebiet bisher festgestellten Vogelarten aufmerksam machen und sie etwas stärker in das Blickfeld der Öffentlichkeit rücken, damit sie nicht eines Tages unbemerkt ausgestorben und für immer verschwunden sind.

Die nachfolgende Zusammenstellung der Vogelarten, die in der Region von Wittenberg nachgewiesen wurden, konnte in diesem Umfang nur durch die Auswertung der zentralen Beobachtungskartei der ehemaligen Fachgruppe Ornithologie und Vogelschutz Wittenberg erfolgen. In ihr sind die Beobachtungsdaten der langjährigen Mitarbeiter und Beobachtungsgäste der Fachgruppe enthalten. Allen, die ihre Daten für diese Kartei zur Verfügung gestellt haben, gebührt der ausschließliche Dank des Verfassers.

Wittenberg, im Winter 2008/2009 — Der Autor

Die Region Lutherstadt Wittenberg

Unter dieser Region wird hier das Kreisgebiet Wittenberg von 1994 bis 2007 (also die ehemaligen Kreise Wittenberg, Jessen und Gräfenhainichen) verstanden. Das Gebiet umfasst eine Fläche von etwa 1.500 km² mit einer Ost-West-Ausdehnung von etwa 60 km und einer Nord-Süd-Ausdehnung von etwa 45 km. Es liegt im äußersten Osten Sachsen-Anhalts und grenzt im Süden an den Freistaat Sachsen und im Norden und Osten an das Land Brandenburg. Die Region ist mit etwa 135.000 Einwohnern, davon etwa 35 % in der Kreisstadt Wittenberg, mittelmäßig dicht besiedelt.

Die Lage der Region Wittenberg (grau) im Land Sachsen-Anhalt

Die Region liegt am Südrand der Norddeutschen Tiefebene und wurde von den Eiszeiten geprägt. Bewaldete Endmoränenhügel und Sanderflächen des Flämings, das ebene Urstromtal der Elbe mit der im Osten einmündenden Schwarzen Elster sowie das geschlossene Waldgebiet der Dübener Heide und eine durch den Braunkohlen-Tagebau mit großen Seen und Hochkippen total umgestaltete Folgelandschaft im Süden gehören zu dieser Region. Ein größerer Teil der Elbeaue ist ausgedeicht und unterliegt als naturnahe Aue der jährlichen Überflutungsdynamik der Elbe. Die höchste Erhebung der Region ist die „Hohe Gieck" in der Dübener Heide mit 193 m NN. Klimatisch liegt die Region im Übergang zum Binnenklima mit 8,6°C Jahresmitteltemperatur (18,0° mittlere Julitemperatur; -0,5° mittlere Januartemperatur), 560 mm Jahresniederschlag und 1630 Stunden jährlicher Sonnenscheindauer.

Etwa 780 km² (= ca. 52 % der Gesamtfläche) werden landwirtschaftlich genutzt. Die Waldfläche beträgt 542 km², das sind fast 36 %. Die Gewässerfläche von einst 32 km² (= 2 %) unterliegt durch die Flutungen der Tagebauseen und der Entstehung von Kiesgrubengewässern einer ständigen Vergrößerung. 52 km Elbe und 29 km Schwarze Elster gehören dazu. Die von den Städten und Gemeinden eingenommene Siedlungsfläche beträgt 101 km², das sind 6,7 % des Gebietes. Das Gebiet wird zerschnitten von 746 km Landstraßen (157 km Bundes-, 237 km Landes- und 352 km Kreisstraßen). Zwei Eisenbahnlinien (Berlin – Leipzig und Magdeburg/Dessau – Falkenberg) kreuzen sich im Gebiet. Die Region liegt zwischen den beiden Ballungsgebieten Berlin (Entfernung ca. 100 km) und Halle – Leipzig (Entfernung ca. 75 km). Militärisch genutzte und daher nicht betretbare Bereiche befinden sich im Südosten der Region mit dem riesigen Truppenübungsplatz Annaburger Heide und im Osten mit dem Fliegerhorst Holzdorf. Auch die großen Freiflächen der ehemaligen Truppenübungsgebiete Glücksburger Heide, Woltersdorfer Heide, Oranienbaumer Heide, Kleckewitzer Heide sowie die mit Pionierwald bestandene Fläche des demontierten Sprengstoffwerkes WASAG bei Reinsdorf dürfen wegen der noch vorhandenen Munitionskontaminierung nicht oder nur auf wenigen freigegebenen Wegen betreten werden.

Zur Region gehören die 10 Städte Annaburg (ca. 3.600 Einwohner/EW), Bad Schmiedeberg (4.200 EW), Gräfenhainichen (9.200 EW), Jessen (7.300 EW), Kemberg (2.800 EW), Prettin (2.400 EW), Pretzsch (2.100 EW), Seyda (1.100 EW), Lutherstadt Wittenberg (48.000 EW) und Zahna (3.800 EW) sowie 61 Gemeinden.

Wirtschaftsstrukturell stellt die Region Wittenberg eine Industrie- und Agrarregion dar, in der neben Land- und Forstwirtschaft einschließlich Obst- und Weinbau auch chemische Industrie, Maschinen- und Kranbau, Nahrungs- und Genussmittelherstellung sowie keramische und Verpackungsmittelindustrie angesiedelt sind.

Die durch die Lage im Lee von Großbetrieben der chemischen Industrie und Braunkohlen-Kraftwerken ehemals starke Belastungssituation von Luft, Wasser und Boden hat sich seit 1990 durch die Sanierung und Stilllegung von Anlagen deutlich verringert, die Immissionsschäden der Wälder sind rückgängig und die Wasserbeschaffenheit der Elbe, Schwarzen Elster und ihrer Nebengewässer ist merkbar verbessert.

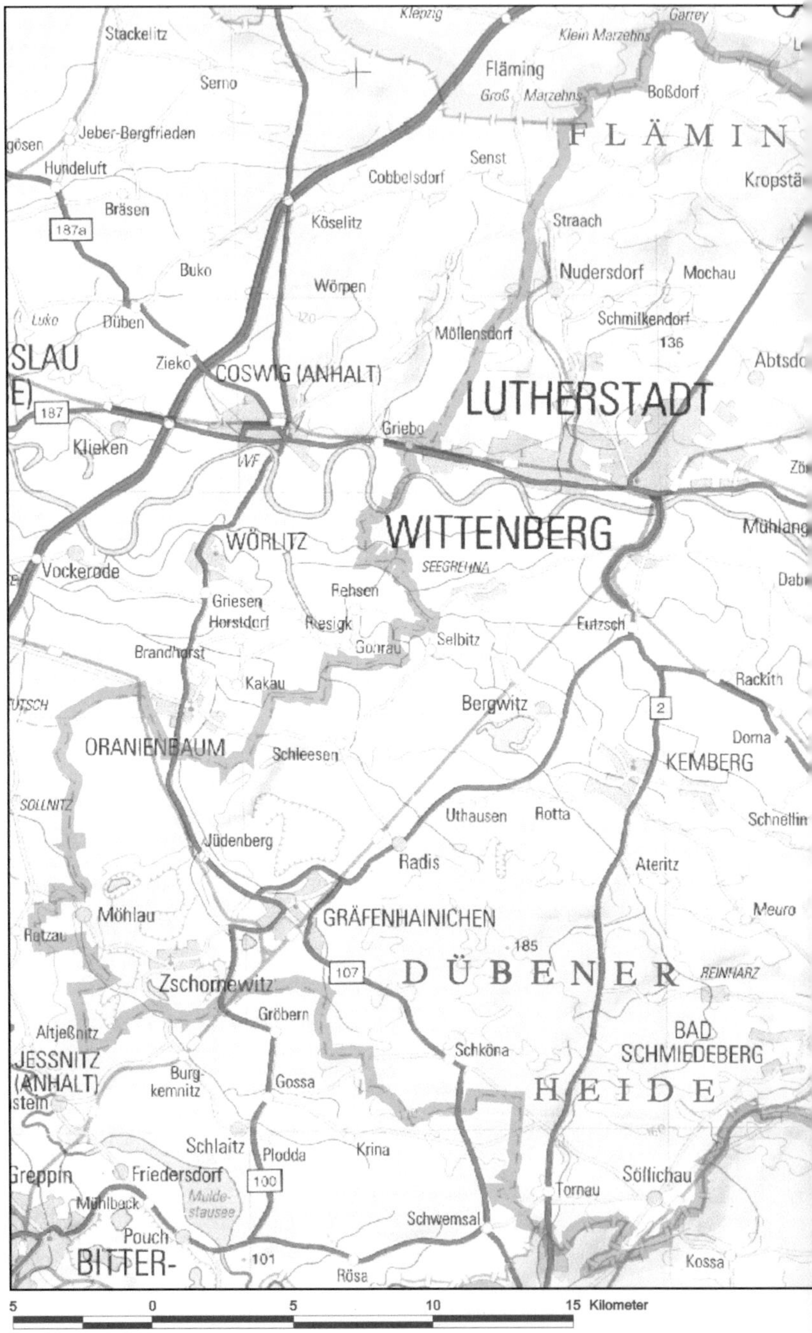
Stackelitz
Serno
Klepzig
Garrey
Klein Marzehns
Fläming
Groß Marzehns
Boßdorf
F L Ä M I N
Jeber-Bergfrieden
Hundeluft
Senst
Cobbelsdorf
Kropstä
Bräsen
187a
Köselitz
Straach
Buko
Wörpen
Nudersdorf
Mochau
Luko
Düben
Möllensdorf
Schmilkendorf
136
SLAU
Zieko
COSWIG (ANHALT)
Abtsdo
LUTHERSTADT
187
Griebo
Klieken
WITTENBERG
WÖRLITZ
SEEGREHNA
Mühlang
Vockerode
Rehsen
Griesen
Horstdorf
Riesigk
Gohrau
Selbitz
Eutzsch
Brandhorst
Kakau
Rackith
Bergwitz
2
ORANIENBAUM
Schleesen
Doma
KEMBERG
SOLLNITZ
Uthausen
Rotta
Schnellin
Jüdenberg
Radis
Ateritz
Möhlau
GRÄFENHAINICHEN
Meuro
Retzau
185
Zschornewitz
107
D Ü B E N E R
REINHARZ
Gröbern
Altjeßnitz
BAD SCHMIEDEBERG
JESSNITZ (ANHALT)
Schköna
Burgkemnitz
Gossa
H E I D E
Schlaitz
Plodda
Krina
Greppin
Friedersdorf
100
Söllichau
Tornau
Mühlbeck
Muldestausee
Schwemsal
Pouch
BITTER-
101
Rösa
Kossa
5
0
5
10
15 Kilometer

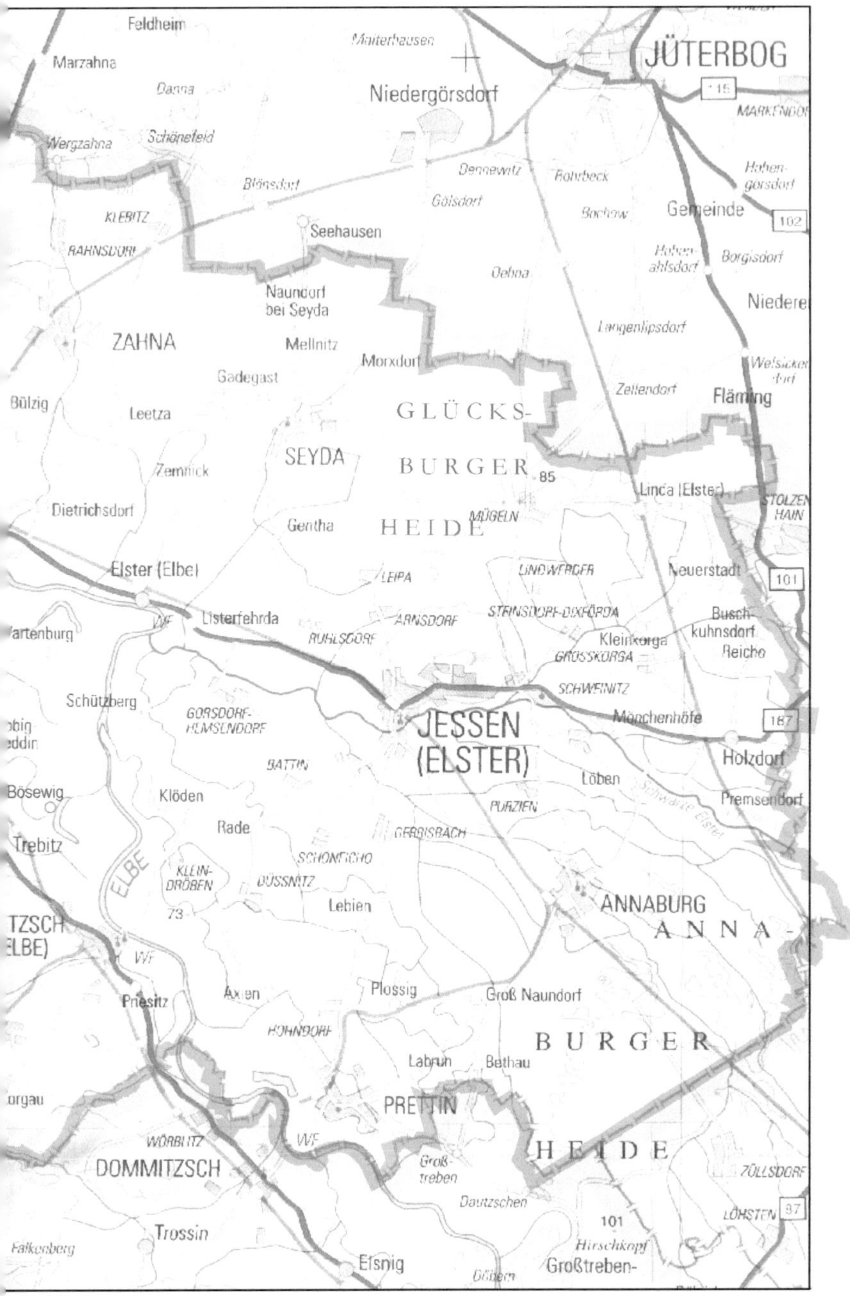

Der Landkreis Wittenberg in den Grenzen bis 2007

Landschaftliche Gliederung

Die Landschaft der betrachteten Region um Wittenberg liegt am Südrand des Norddeutschen Tieflandes und ist durch die Saalekaltzeit (also der vorletzten Eiszeit) gebildet worden. Nach der aktuellen Landschaftsgliederung von Sachsen-Anhalt (SZEKELY 2000) wird das Gebiet von folgenden Landschaftseinheiten bestimmt:

Der Hochfläming: Im äußersten Nordwesten des Gebietes ragt die Endmoräne des Hohen Flämings bis in die Gegend um Bossdorf – Kropstädt. Das Landschaftsbild wird hier von einer flachen Hügellandschaft bestimmt, deren höchste Erhebung der Hirseberg (184 m NN) bei Berkau ist und die von forstlich geprägten Kiefernwäldern bedeckt ist. Ursprüngliche Stieleichen-Rotbuchen-Wälder sind nur noch kleinflächig erhalten, z.B. bei Kropstädt. Größere mittelalterliche Rodungsinseln um die Ortschaften werden als Äcker landwirtschaftlich genutzt. Vereinzelt finden sich in dieser Landschaft charakteristische Bodensenken, die so genannten „Sölle", die in Abhängigkeit von der Niederschlagshäufigkeit und –menge wassergefüllt sind.

Der Roßlau-Wittenberger Vorfläming: Die sich in der Abfolge der glazialen Serie südlich anschließenden Sanderflächen bilden mit ihrem trockenen, hügeligen, von ausgedehnten Kiefernwäldern bedeckten Gelände die Landschaft des Vorflämings. Kleine, nach Süden abfallende Bachtäler des Rischebaches, des Faulen Baches und des Zahnabaches, deren Oberläufe teilweise noch recht naturnah sind, unterbrechen dieses Hügelland. Die ehemaligen bachnahen Erlen-Eschen-Wälder sind einer Wiesennutzung gewichen und nur noch fragmentarisch vorhanden. In den vormals geschlossenen Waldflächen sind seit dem Mittelalter riesige Rodungsinseln mit Siedlungen entstanden, so dass der Vorfläming heutzutage eine Offenland-Wald-Landschaft ist, deren Waldanteil etwa 36 % beträgt.

Das Südliche Fläming-Hügelland: Östlich schließt sich das Südliche Fläming-Hügelland an, das nördlich von Jessen ein waldreiches, flach hügeliges Offenland bildet, dessen höchste Erhebung der Himmelsberg (133 m NN) ist. Da nordöstlich von Jessen Kiesvorkommen abgebaut werden, entstehen zunehmend künstliche Wasserflächen in dieser ursprünglich gewässerarmen Landschaft. In der nördlich von Jessen gelegenen, durch jahrzehntelange militärische Nutzung entstandenen Glücksburger Heide befinden sich größere mit Besenheide bestandene Freiflächen, die nach Aufgabe der militärischen Nutzung nunmehr durch die natürliche Sukzession mit Pionierwald bestocken.

Das Dessau-Wittenberger Elbtal: Über die Geländestufe der Niederterrasse schließt sich dem Vorfläming südlich vorgelagert das Elbtal an, das durch die breite, ebene Aue der Elbe geprägt wird. Obwohl große Bereiche des Elbtals eingedeicht sind, bleiben die zwischen den Deichen befindlichen, ebenfalls großen Bereiche den alljährlichen Hochwasserereignissen ausgesetzt. Während die eingedeichten Flächen überwiegend ackerbaulich genutzt werden, wird das Vordeichland durch großflächiges Grünland geprägt, das durch Altarme und Altwässer unterbrochen wird. Südlich von Wittenberg sind Reste des ursprünglichen Hartholz-Auenwaldes aus naturnahen Stieleichen-Ulmen-Wäldern erhalten, die südwestlich von Heinrichswalde bis nach Aken reichen und dort einen größeren zusammenhängenden Auenwald bilden. Von der ehemals flussbegleitenden Weichholzaue aus Weiden-Pappel-Wäldern sind nur noch Fragmente erhalten. Das landwirtschaftlich genutzte Grünland ist von ursprünglich mosaikförmig verbreiteten, differenzierten, artenreichen Grünlandgesellschaften zu artenarmen Auenfettwiesen degradiert worden. Als Besonderheit sind die postglazial entstandenen Sanddünen bei Klöden, Wartenburg, Melzwig, Hohndorf, Pratau und Seegrehna zu nennen, die von armen Kiefernforsten bedeckt sind.

Das Tal der Schwarzen Elster und die Annaburger Heide: Die gewässer- und waldreiche Landschaft im Schwarze-Elster-Gebiet bei Jessen–Annaburg besteht aus großflächig verbreiteten pleistozänen Niederterrassen mit Dünenbildungen, die im nördlichen Bereich in holozäne Auebildungen der Schwarzen Elster übergehen. Zahlreiche abgetrennte Altwässer der völlig begradigten Schwarzen Elster ergeben in der Aue eine hohe Gewässerdichte, ebenso wie die Elsterzuflüsse Neugraben (mit dem Mollgraben), Mauergraben und Selbstflussgraben im landwirtschaftlich genutzten Teil. Die Annaburger Heide mit der höchsten Erhebung der „Schönen Aussicht" (75 m NN) wird größtenteils militärisch genutzt, wodurch größere unzugängliche Waldbereiche, aber auch Offenflächen mit Heide und Magerrasen vorhanden sind.

Die Dübener Heide: Die Dübener Heide umfasst eine flach hügelige Landschaft zwischen Kemberg, Bad Düben und Gräfenhainichen, die bis auf kleinere Rodungsinseln mit forstlich geprägten Kiefernwäldern bedeckt ist. Vom ursprünglichen Traubeneichen-Rotbuchen-Wald existieren nur noch kleinflächige Reste. Im zentralen Teil weist die Dübener Heide ein Berghügel-Relief mit der höchsten Erhebung der Hohen Gieck (193 m NN) auf. In Schmelzwasserrinnen sind kleine Fließgewässer vorhanden, die teils zur Elbe und teils zur Mulde entwässern und stellenweise eine naturnahe Morphologie aufweisen. Im Raum Bad Schmiedeberg – Reinharz existieren mittelalterlich entstandene Stauteiche, die fischereilich genutzt werden.

Die Bergbaulandschaft: Im Süden des betrachteten Raumes, beginnend bei Bergwitz, sind durch den obertägigen Abbau von Braunkohle mit den Hochhalden, Flurkippen und Restlöchern eigene Landschaftsstrukturen entstanden, die sich von der umgebenden natürlichen Landschaft abheben. So sind im Gebiet von Gräfenhainichen – Zschornewitz – Möhlau großflächige und tiefe Seen entstanden, in denen sich langsam naturnähere Verlandungsbereiche herausbilden, während sich auf den nährstoffarmen Kippen und Halden Trockenrasen und vorwaldartige Laubbestockungen bilden.

Die Siedlungsbereiche: Die Kreisstadt Wittenberg weist einen 33 ha großen historischen Stadtkern mit einer Bebauung aus dem 15. und 16. Jahrhundert und vielen historisch bedeutsamen Gebäuden auf. Daneben sind ein Neubaugebiet mit fünfgeschossigen Wohnblöcken größerer Ausdehnung (ca. 125 ha) am Stadtrand, größere Gebiete (ca. 400 ha) mit lockerer Bebauung (Gartenstadtbereiche), Siedlungen (ca. 100 ha) und eine Vielzahl von Kleingärten, 77 ha Parks und Grünflächen sowie ein nicht unerheblicher Anteil an Industriegebieten von etwa 165 ha großflächigem Werksgelände sowie etwa 80 ha kleinere Flächen mit Klein- und Handwerksbetrieben vorhanden. Die Vorstadtgebiete (Schloßvorstadt, Teuchel, Trajuhn, Labetz, Elstervorstadt) werden neben einer sehr lockeren Bebauung auch von größeren Ackerflächen geprägt, die teilweise für den Gemüseanbau genutzt werden,. Auch die anderen Städte, wie Jessen und Gräfenhainichen, Zahna, Seyda, Annaburg, Prettin, Pretzsch, Kemberg und Bad Schmiedeberg weisen dichter bebaute Zentren mit Straßenschluchten und versiegelten Freiflächen auf, die sich zu den Außenbezirken auflockern. Östlich von Jessen befindet sich ein traditionelles Obst- und Weinanbaugebiet. Die Dörfer weisen eine Vielgestaltigkeit der Lebensräume auf: Neben Wohnhäusern und Stallgebäuden, in denen heute mit Ausnahme der Großstallanlagen der Genossenschaften nur noch wenig Vieh gehalten wird, sind Baum-, Strauch- und Heckenstrukturen in den Gärten und Ruderalfluren auf Lagerflächen vorhanden. Außer den Kirchen sind nur wenige höhere Gebäude in den Dörfern zu finden.

Wald-Offenland-Landschaft des Wittenberger Vorflämings bei Berkau

Kiefernforst mit flämingtypischen Lesesteinhaufen bei Rahnsdorf

Aufn.: I. Elz

Forstlich geprägte Kiefernwälder bestimmen das Bild der Flämingwälder bei Wittenberg.

Rotbuchenreiche Laubwälder sind nur noch im Norden des Gebietes in Resten erhalten.

Ehemalige Sand- und Tongruben bilden im gegenwärtigen Sukzessionsstadium Trockenbiotope.

Der Stadtwald Wittenberg ist ein laubholzreicher Mischwald am Stadtrand von Wittenberg.

Naturnahe Bäche (Grieboer Bach) des Flämings fließen in postglazialen Schmelzwasserrinnen zur Elbe.

Der Moospuhl nördlich von Berkau ist ein kleines degeneriertes Übergangsmoor.

Der breite Strom der Elbe (hier: bei Prettin) bestimmt das Landschaftsbild der Elbeaue.

Die Elbeaue bei Wittenberg wird durch weites Grünland und zahlreiche Auengewässer geprägt.

Südlich der Elbe breitet sich großflächiges Überflutungsgrünland aus.

Restwasserflächen nach Abzug der Hochwässer bieten Wasservögeln Nahrung und Aufenthalt.

Altwässer, wie der Kleine Riß bei Dabrun, sind reich strukturierte Lebensräume.

Auf der Alten Elbe Bösewig finden durchziehende Wasser- und Watvögel ideale Rastbedingungen vor.

Aufn.: I. Elz

Reste der ursprünglich verbreiteten Weichholzaue am Ufer der Elbe (Pappelheger bei Melzwig)

Der Hartholz-Auenwald Heinrichswalde als nischenreicher Vogellebensraum

Die Streuobstwiese Fleischerwerder bei Dabrun Aufn.: I. Elz

Die Ackeraue wird durch großflächige landwirtschaftliche Felder geprägt.

Auch urbane Siedlungen, wie die historische Altstadt von Wittenberg …

…oder zahlreiche Dörfer (hier: Lammsdorf) bieten Vögeln Lebensraum. Aufn.: I. Elz

Östlich der ehemaligen Kreisstadt Jessen werden die sonnenexponierten Südhänge der pleistozän entstandenen Hügellandschaft „Jessen-Arnsdorfer Berge“ bereits seit einem längeren Zeitraum intensiv als Obst- und Weinanbaugebiet genutzt. Diese Anbaukulturen haben jedoch nur in ihren Randstrukturen Bedeutung für das Vorkommen von Vogelarten, da zur Erzeugung von Qualitätsobst Schädlingsbekämpfungsmittel eingesetzt werden müssen und ein großer Pflegeaufwand erforderlich ist.

Aufn. unten: I. Elz

Die begradigte Schwarze Elster unterhalb von Jessen Aufn.: I. Elz

Die Alte Elster bei Gorsdorf ist noch mit dem Fluss verbunden.

Die Mehrzahl der Elster- Altwässer (hier: Krumme Elster) ist vom Hauptstrom abgetrennt.

Zahlreiche naturnahe Feuchtgebiete kennzeichnen die Elsteraue.

Die Dübener Heide ist eines der größten geschlossenen Waldgebiete in Mitteldeutschland. Aufn.: I.Elz

Altholzreiche Rotbuchenwälder bieten besonders Höhlenbrütern Lebensraum.

Naturnahe Wälder sind in der Dübener Heide nur noch im Bereich der Endmoräne zu finden. Aufn.: I.Elz

Stark mäandrierende natürliche Heidebäche sind gegenwärtig kaum noch vorhanden. Aufn.: I. Elz

In Bachtälern (hier: Hammerbach) stocken kleinflächige Schwarzerlenbestände. Aufn.: I. Elz

Das Grünland der Bachniederungen sind überwiegend artenarme Wiesen. Aufn.: I. Elz

Die Heidebäche speisen eine Reihe von mittelalterlichen Stauteichen (hier: Heideteich bei Reinharz).

Der rd. 175 ha große Bergwitzsee ist bereits nach 1952 entstanden. Aufn.: I. Elz

Am Stadtrand von Gräfenhainichen liegt der ca. 670 ha große Gremminer See (mit Ferropolis). Aufn.: I. Elz

Mit dem Gröberner See (noch in Flutung) entsteht ein weiterer großer Tagebausee. Aufn.:I.Elz

Großflächige Silbergrasfluren prägten 1990 den ehemaligen Truppenübungsplatz der Glücksburger Heide.

Das jetzige Bild der Glücksburger Heide wird durch die Sukzession mit Birken und Kiefern bestimmt.

In der militärisch genutzten Annaburger Heide stellen die Übungsplätze riesige Freiflächen mit sehr schütterer Vegetation dar.

Auch die naturschutzfachlich wertvollen Freiflächen auf dem ehemaligen Truppenübungsplatz Oranienbaumer Heide können nur mit erheblichem Aufwand freigehalten werden Aufn.: I. Elz

Ornithologisch interessante Gebiete

Die Beobachtungen, die der nachfolgenden Artenübersicht zugrunde liegen, entstammen der gesamten eingangs beschriebenen Region. Dennoch sollen hier einige Gebiete herausgestellt werden, in denen ornithologische Exkursionen besonders lohnend sind:

Die südlich Wittenbergs gelegene **Elbeaue** bietet mit dem Fluss, zahlreichen Altwässern, Weidengebüschen, Auenwäldern und weiten Wiesenflächen zahlreichen Vogelarten, darunter Wasser-, Sumpf- und Wiesenvögeln Brutraum, aber auch vielen Durchzüglern günstige Rastbedingungen (NICOLAI 1992, ZUPPKE 1985b). Das im westlichen Bereich gelegene und zum Biosphärenreservat „Mittelelbe" gehörende Heinrichswalde mit dem Naturschutzgebiet Crassensee und seinem großflächigen Auenwald, dem Altwasser, den Röhrichten, Feuchtwiesen und Hochstaudenfluren sowie dem Bestand an alten Obstbäumen am ehemaligen Forsthaus bieten zahlreichen Vogelarten Lebensraum, von denen HENTSCHEL (1995) 114 Arten als Brut- und Gastvögel für das Gebiet zusammenstellte. Allerdings sind die Beobachtungsmöglichkeiten von den wenigen begehbaren Wegen aus stark eingeschränkt. Besonders attraktiv ist der Altarm „Durchstich" westlich von Pratau, da sich dort dem auf dem Hochwasserdeich erhöht stehenden Beobachter ohne Gegenlichtprobleme ein guter Blick auf Gewässer und Wiesenlandschaft bietet. 101 Arten als Brut- und Gastvögel werden im Pflege- und Entwicklungsplan genannt (LPR: ZUPPKE et al. 1994). Die Probstei ist ein Hartholz-Auenwald im Überflutungsgebiet nordöstlich von Pratau. In diesem naturnahen Wald findet sich ein breites Spektrum an Vogelarten (Greifvögel, Spechte, Eulen, viele Sperlingsvogelarten). Die umliegenden Wiesen und Gewässer werden wie in anderen Teilen der Elbeaue von zahlreichen Wiesen-, Sumpf- und Wasservögeln bewohnt. Auch die „Alte Elbe Melzwig" östlich von Dabrun-Melzwig stellt im Frühjahr und Herbst einen Ratsplatz für durchziehende Entenarten und bei flach gefallenen Uferbereichen im Spätsommer für Limikolen dar. Günstige Beobachtungsmöglichkeiten sind am Westufer, also von Melzwig aus erreichbar (Düne Kannabude), wenngleich keine Deckungsmöglichkeiten und kein Beobachtungs-Hochstand vorhanden sind. Auch der sich östlich anschließende Altarm „Großer Streng Wartenburg" ist mit seinen angrenzenden Wald- und Wiesenbereichen sehr interessant, jedoch bieten sich von den Wegen aus, die im dortigen Naturschutzgebiet nicht verlassen werden sollten, nur wenig Einsichtmöglichkeiten. Der weiter südöstlich befindliche Altarm „Alte Elbe Bösewig" ist ein Brutgebiet für mehrere Wasservogelarten, weitaus bedeutender aber als wichtiger Rastplatz für durchziehende Enten- und Gänsevögel, Limikolen, Schwarzstörche und Kraniche, wo bisher insgesamt 193 Vogelarten nachgewiesen wurden (ZUPPKE 2000). Beobachtungsmöglichkeiten bieten hier mehrere Standpunkte auf dem Hochwasserdeich, die jedoch alle ohne Deckung sind, weil es keine Beobachtungs-Hochstände gibt.

Östlich von Wittenberg ist das von der Dresdner Straße/Luthersbrunnen aus erreichbare Wittenberger Luch mit dem Altarm Wendel ein gewässerreiches Wiesengebiet, in dem zur Brutzeit Wiesen- und Wasservögel (u.a. Braunkehlchen, Wachtelkönig, Tüpfelsumpfhuhn) zu sehen bzw. hören sind und zu den Zugzeiten rastende Wasservögel sich aufhalten. Bei einer Erfassung 1995/96 konnten 62 Brutvogel- und 81 Gastvogelarten festgestellt werden (ZUPPKE 1995 und 1996). In der rechtselbischen Elbeaue können am Altarm Riß bei Klöden und Kleindröben Wasser- und Ufervögel beobachtet werden (KOCH & BIESELT 1993), in dessen Nähe auch die wassergefüllten Restlöcher der ehemaligen Kiesgrube Gehmen Wasservögeln Rastbedingungen und der Kiefernbestand des Klödener Forstes zahlreichen Waldbewohnern Lebensraum bieten (SIMON, B. 1986, 1987a). 60 Brutvogelarten, darunter Rot- und Schwarzmilan, Hohltaube, Schwarzspecht und Waldkauz wurden hier schon festgestellt (PATZAK, briefl.). Insgesamt bietet die Heterogenität der rechtselbischen Elbeaue hervorragende Bedingungen für das Vorkommen von Greifvögeln (SIMON, B. 1987b).Von Prettin aus erreichbar sind die Prettiner Kiesseen, an denen im Herbst der abendliche Einfall der Gänse besonders eindrucksvoll ist, aber auch während der Brutzeit mit 79 Vogelarten ein großes Artenspektrum festzustellen ist (SIMON, U. & MEISSNER, H. 1993).

In der großräumigen waldbestockten **Dübener Heide** können keine begrenzten Gebiete herausgehoben werden, da die Artenvielfalt der Waldbewohner nur auf ausgedehnten Gängen oder Radtouren festgestellt werden kann. Ausnahmen bilden die Heideteiche, an denen besonders zur Brutzeit Wasservögel oder aber beim Ablassen des Wassers im Herbst Watvögel zu beobachten sind. Besonders an den östlich von Bad Schmiedeberg gelegenen Lausiger Teichen können fast immer Vögel gesehen werden, am attraktiveren Kleinen Lausiger Teich leider nur von der Straße aus. Auch der Gang zum entfernteren Ausreißerteich kann sich lohnen (Rothalstaucher, Kranich). An den Heideteichen bei Reinharz (Brauhausteich, Heideteich, Jagdhausteich, Roter Mühlteich, Heidemühlteich) erlebt man zwar nicht die Konzentrationen an Vögeln wie an anderen Gewässern, an günstigen Zeitpunkten bieten sich jedoch auch hier gute Beobachtungsmöglichkeiten. Besonders im Herbst ist der Bergwitzsee Anziehungspunkt vieler Ornithologen, da hier der abendliche Einfall von Tausenden von Saat- und Blässgänsen eindrucksvoll entweder vom gut erreichbaren Ostufer oder von der „Hoffmannshöhe“ aus erlebt werden kann. Immer stärker rücken die Tagebauseen bei Gräfenhainichen in den Blickpunkt der Ornithologen. Sowohl der Gremminer See als auch der neu entstandene Gröberner See sind Brut- und Rastplatz für Wasservögel (Enten, Taucher, Möwen, Rallen, Rohrsänger). Allerdings wird bei der Weiträumigkeit hier leistungsstarke Optik benötigt. Die von Möhlau aus erreichbare Oranienbaumer Heide darf noch nicht gänzlich betreten werden. Dennoch sind von den zugänglichen Wegen aus zahlreiche Offenlandbewohner (Gold- und Grauammern, Heidelerchen, Braun- und Schwarzkehlchen, evtl. auch Wiedehopf) zu beobachten. Die Dübener Heide ist längst nicht mehr „der letzte weiße Fleck auf der ornithologischen Landkarte“ (GNIELKA 1998).

Auch in dem nördlich von Wittenberg gelegenen **Vorfläming** sind einige Landschaftsteile ornithologisch interessant. Die Stauchendmoräne des 128 m hohen Apollensberges weist einen gut ausgebildeten Heckengürtel, Reste ehemaliger Streuobstbestände mit höhlenreichen Altbäumen, ungenutzte Offenlandbereiche sowie einen altbaumreichen Laubwald auf, in denen 41 Brutvogelarten nachgewiesen werden konnten (SCHÖNFELD 2002a). Der Stadtwald, zwischen Wittenberg und Reinsdorf gelegen, ist trotz seiner starken Nutzung als Erholungswald ein vogelartenreicher Mischwald, in dem 45 Brutvogelarten im Jahr 1999 festgestellt werden konnten (ZUPPKE, E. 1999). Im ehemaligen Truppenübungsgebiet Teucheler Heide nördlich von Wittenberg wurden 81 Vogelarten festgestellt, darunter landesweit gefährdete Arten wie Ziegenmelker, Wiedehopf, Heidelerche, Neuntöter, Sperbergrasmücke, Steinschmätzer, Braunkehlchen und Schafstelze (HALFMANN 1997). Infolge der gegenwärtig privaten Nutzung als extensive Rinderweide ist das Gebiet aber kaum betretbar. Im Gebiet an der Antoniusmühle am Faulen Bach zwischen Wittenberg und Abtsdorf mit Feuchtwiesen und Erlen-Bruchwald wurden 48 Vogelarten als Brutvögel festgestellt (ZUPPKE 1997), so auch Rotmilan, Bekassine, Schwarzspecht, Wendehals, Steinschmätzer, Gartenrotschwanz, Braunkehlchen, Feldschwirl, Sperbergrasmücke und Neuntöter. Im Kiehnbergwald Zahna zwischen Bülzig und Zahna kann in den größeren Laubwaldbereichen mit altem Baumbestand die Artenvielfalt der Waldbewohner beobachtet werden, wie Hohltaube, Schwarzspecht, Grünspecht und Kolkrabe. In der Kropstädter Heide westlich von Kropstädt finden sich in den ausgedehnten Kiefernforsten inselartige Altbuchenbestände, in denen neben dem Schwarzspecht auch der Raufußkauz zu hören ist. Das Rischebachtal zwischen Nudersdorf und Braunsdorf mit Feuchtwiesen- und Erlenwaldbereichen wird von mindestens 51 Vogelarten bewohnt, darunter Gebirgsstelze, Neuntöter, Gartenrotschwanz, Nachtigall und Grauschnäpper (ZUPPKE & SCHÖNFELD 1996).

Das **Schwarze-Elster-Tal** bietet mit seinen zahlreichen Altwässern, den differenziert ausgebildeten Röhrichten und Feuchtgebieten zahlreichen Vogelarten Brutraum. Im

Gebiet der Unteren Schwarzen Elster zwischen Jessen und Mündung gibt es stellenweise vom Elsterdeich Beobachtungsmöglichkeiten. Insgesamt konnten 96 Brutvogelarten nachgewiesen werden (SEELIG et al. 1997), darunter eine Brutkolonie des Kormorans. Südöstlich von Jessen bildet die Kuhlache einen größeren Feuchtgebietskomplex mit Röhricht- und Riedflächen, in denen u.a. Kranich, Knäkente, Wasserralle, Rohrweihe und Bekassine brüten (PATZAK 1989). Die Rohrbornwiesen und Elsteraltarme beiderseits der Schwarzen Elster südöstlich von Premsendorf sind als Feuchtgebietskomplex für eine Reihe von Sumpf- und Wasservögeln von Bedeutung, sind aber schlecht begeh- und einsehbar, zumal der südliche Teil an ein militärisches Sperrgebiet angrenzt. Auch die Annaburger Heide weist durch den Wechsel von Wald, Offenland und Feuchtgebieten eine hohe Vielfalt an Vogelarten auf (SIMON, B. 2005), wovon die hohen Dichten von Neuntöter, Heidelerche, Ziegenmelker und Schwarzkehlchen hervorzuheben sind. Sie ist aber als militärisches Sperrgebiet nicht öffentlich begehbar. Die nördlich von Annaburg liegenden Annaburger Bruchwiesen bieten als degradierte Feuchtwiesen immer noch einigen Grünlandbewohnern Lebensraum (HOFMANN 2004), besonders der Feldlerche, dem Wiesenpieper und dem Braun- und Schwarzkehlchen. Die Heidewiesen östlich von Gerbisbach waren als Brutgebiet für offenlandbewohnende Vogelarten bedeutsam. Durch zunehmenden Nutzungsdruck ist die avifaunistische Bedeutung dieses interessanten Gebietes inzwischen aber stark eingeschränkt.

Im **Südlichen Fläming-Hügelland** nördlich von Jessen ist der ehemalige Truppenübungsplatz Glücksburger Heide östlich von Seyda mit seinen mit Besenheide bestandenen Offenflächen und Pionierwäldern hervorzuheben (PATZAK 1993), obwohl wegen der vorhandenen Munitionskontaminierung nur einige freigegebene Wege betreten werden dürfen. Untersuchungen haben ergeben, dass dieses Gebiet einen hohen Ziegenmelkerbestand aufweist (SCHULZE & MEYER 2004), sowie Heidelerche und Neuntöter weit verbreitet sind, während vom Brachpieper nur noch Restbestände vorkommen. Die Feuchtwiesenbereiche der Zemnicker Bruchwiesen und des Wolfswinkels wurden durch Meliorationen entwässert, so dass gegenwärtig keine Limikolen, jedoch andere Wiesenbrüter (Feldlerche, Wiesenpieper, Braunkehlchen u.a.) dort brüten (HOFMANN 2004). Eine ähnliche Situation stellt sich leider auch auf den Neuerstädter Wiesen südöstlich von Linda dar. Letztlich soll noch der östlich von Steinsdorf gelegene Korg`sche Busch mit seinen feuchten Laubwaldbereichen als Lebensraum einer Vielzahl typischer Waldbewohner erwähnt werden. Im Kiesabbaugebiet Dixförda sind Wasserflächen entstsanden, die in zunehmendem Maße auch Wasservögeln geeignete Rastbedingungen bieten.

Artenschutz und Schutzgebiete

Der Schutz der Vögel ist im Kreis Wittenberg wie in ganz Deutschland durch das Zusammenwirken internationaler, europäischer und nationaler Gesetze geregelt:

Internationale Schutzgesetze
Washingtoner Artenschutzübereinkommen COP 14

Europäische Schutzgesetze
EG-Verordnung 318/2008
FFH-Richtlinie EG 2006/105
Vogelschutzrichtlinie 79/409/EWG

Nationale Schutzgesetze
Bundesnaturschutzgesetz (BNatSchG)
Bundesartenschutzverordnung (BArtSchV)

Im Zusammenwirken der europäischen und nationalen Schutzgesetze sind alle europäischen Vogelarten „besonders geschützt". Europäische Vogelarten im Sinne des BNatSchG § 10 sind: In Europa natürlich vorkommende Vogelarten im Sinne des Artikels 1 der Richtlinie 79/409/EWG, also alle Vogelarten, die im europäischen Gebiet der Mitgliedstaaten heimisch sind. Dies trifft auf alle in der Region Wittenberg nachgewiesenen Vogelarten zu, so dass alle diese Arten einen gesetzlichen Schutz genießen. Darüber hinaus sind zahlreiche Arten infolge ihres Vorkommensstatus „streng geschützt", in der Wittenberger Region sind dies 110 Arten. In der zusammenfassenden Darstellung am Ende der Ausführungen ist der Schutzstatus jeder nachgewiesenen Vogelart zum Stand vom 1.7.2008 (BfN 2008) angeführt.

Als Arbeitsgrundlage bei Eingriffsregelungen liegt der Unteren Naturschutzbehörde Wittenberg eine „Liste der im Rahmen des Artenschutzrechtlichen Fachbeitrages zu behandelnden Vogelarten für den Landkreis Wittenberg" vor, die in Anlehnung an eine Landesliste (Schulze et al 2007) für den Landkreis präzisiert wurde (Rehn et al. 2007). Sie enthält die Vogelarten, die im Anhang I der EU-Vogelschutz-Richtlinie, der Anlage 1 (Spalte 3) der Bundesartenschutzverordnung und in der Anlage A der EG-Verordnung über den Schutz von Exemplaren wildlebender Tier- und Pflanzenarten durch Überwachung des Handels aufgeführt sind.

Für den Vogelschutz bedeutsam sind die gesetzlich verordneten Naturschutzgebiete (NSG), da in ihnen alle Handlungen verboten sind, welche die Naturausstattung dieser Gebiete und dadurch die Lebensräume der dort lebenden Vogelarten beeinträchtigen. In dem Gebiet des Kreises Wittenberg bis 2007 sind folgende Naturschutzgebiete ausgewiesen (LAU 2008):

Alte Elbe bei Bösewig (358,75 ha): Erhaltung eines Bruthabitats für bestandsgefährdete Sumpf- und Wasservogelarten, Schutz als wichtiges Nahrungs-, Übersommerungs-, Rast- und Überwinterungsgebiet für zahlreiche Vogelarten.

Alte Elster und Rohrbornwiesen (212,00 ha): Erhaltung eines vielfältig strukturierten, in großen Bereichen naturnahen, gewässer- und feuchtgebietsreichen Auenbereiches der Schwarzen Elster mit Vorkommen zahlreicher bestandsgefährdeter Tier- und Pflanzenarten.

Crassensee (254 ha): Erhaltung des vielfältigen Vegetationsmosaikes eines weitgehend naturnahen Ausschnittes des mittleren Elbetals mit großer Mannigfaltigkeit an für die Auenlandschaft charakteristischen sowie seltenen und gefährdeten Tier- und Pflanzenarten; Schutz von Lebensräumen des Elbebibers.

Friedenthaler Grund (146,00 ha): Erhaltung und Entwicklung eines naturnahen Ausschnitts des oberen Bachlaufes der Zahna mit angrenzenden Talwiesen und Waldbereichen als Beispiel einer charakteristischen Bachaue des Flämings mit zahlreichen Ansiedlungen des Elbebibers.

Großer Streng (462,00 ha): Schutz und Erhaltung einer charakteristischen offenen Auenlandschaft mit Altwässern und Kolken als Rastgebiet und potentielles Brutgebiet für Wasser- und Sumpfvögel; Sicherung eines Lebensraums des Elbebibers.

Jösigk (66,99 ha): Erhaltung und Wiederherstellung eines artenreichen und typischen Niederungsgebietes der Dübener Heide mit naturnahen Waldgesellschaften.

Lausiger Teiche und Ausreißerteich (54,60 ha): Erhaltung eines für die Dübener Heide einmaligen Lebensraumes für bestandsgefährdete Wasservogel- und Amphibienarten.

Mark Naundorf (46,98 ha): Erhaltung und Entwicklung eines für die Dübener Heide einmaligen artenreichen Traubeneichen-Hainbuchenwaldes mit charakteristischen und seltenen Pflanzenarten.

Mittlere Glücksburger Heide (1.247,00 ha): Erhalt und Sicherung sowohl von anthropogen entstandenen und zum Teil durch den militärischen Übungsbetrieb geförderten Biotopen als auch solchen mit nur geringer Nutzungsbeeinflussung; Schutz großflächiger, unzersiedelter und unzerschnittener Waldungen und Offenlandbereiche, insbesondere für störungsempfindliche Arten mit großflächigen Lebensraumansprüchen.

Mittlere Oranienbaumer Heide (1.615,00 ha): Schutz und Entwicklung eines großen, komplexen, unzerschnittenen Naturraumes u. a. mit Heide-Trockenrasenbereichen sowie naturnahen Wäldern und Feuchtgebieten; Schutz zahlreicher bedrohter Tier- und Pflanzenarten.

Riß (91,20 ha): Erhaltung und Wiederherstellung des Lebensraumes artenreicher Wasserpflanzengesellschaften sowie eines regional bedeutsamen Elbebibervorkommens.

Schwarze Elster - Kuhlache (187,00 ha): Erhaltung und Entwicklung eines komplexen, vielfältig strukturierten und in Teilen unzugänglichen Biotopsystems im Bereich der Schwarzen Elster insbesondere als Standort zahlreicher, z.T. seltener und gefährdeter Pflanzen und als Brut-, Nahrungs- und Rastgebiet für zahlreiche Tierarten.

Thielenhaide (31,49 ha): Erhaltung und Entwicklung eines naturnahen Traubeneichen-Buchenwaldrestes der Dübener Heide mit bestandsgefährdeten Tier- und Pflanzenarten.

Untere Schwarze Elster (442,00 ha): Erhaltung einer artenreichen Auenlandschaft mit charakteristischer Naturausstattung am Unterlauf der Schwarzen Elster; Schutz der bedeutenden Elbebibervorkommen.

Über die Schutzgesetze von Sachsen-Anhalt und Deutschland hinaus gibt es in der Europäischen Union seit 1979 die Richtlinie über die Erhaltung der wildlebenden Vogelarten, die so genannte EU-Vogelschutzrichtlinie. Von den in den Anhängen dieser Richtlinie aufgeführten Vogelarten, für deren Erhaltung der Europäischen Union eine besondere Verantwortung zukommt, kommen in der Region Wittenberg vor:

- 78 Arten des Anhangs I, für die besondere Schutzgebiete auszuweisen sind;
- 20 Arten des Anhangs II/1, die im EU-Gebiet bejagt werden dürfen;
- 16 Arten des Anhangs II/2, die nur in den EU-Mitgliedsstaaten bejagt werden dürfen, in denen sie als jagdbar angegeben sind (Deutschland) und

- 21 Arten der Anhänge III/1 und 2, die im EU-Gebiet rechtmäßig erworben, gefangen, vermarktet oder getötet werden dürfen.

Zum Schutz der Vogelarten der EU-Vogelschutzrichtlinie (und damit natürlich auch anderer) wurden folgende „Besondere Schutzgebiete“ als EU-Vogelschutzgebiete (EU SPA = EU Special Protectet Area) vom Landeskabinett als Vorschlag an die EU bestätigt (LAU 2008):

- Mittlere Elbe einschl. Steckby-Lödderitzer Forst (anteilmäßig)
- Mündungsgebiet der Schwarzen Elster (3.921 ha)
- Glücksburger Heide (1.803 ha)
- Annaburger Heide (6.076 ha)
- Mittlere Oranienbaumer Heide (2.024 ha).

Es sind dies Gebiete, in denen global gefährdete Vogelarten, bedeutende Vogelansammlungen, insbesondere von Wasservögeln, und Arten mit einem ungünstigen Erhaltungsstatus in Europa geschützt werden sollen (Weber et al. 2003).

Vogelkunde in der Region Wittenberg

Obwohl die recherchierbare Geschichte der Vogelkunde in Wittenberg bereits veröffentlicht wurde (ZUPPKE 2006), soll sie in dieser komplexen Darlegung der Vogelkunde des Gebietes nicht fehlen.

„Wir Drosseln, Amseln, Fincken, Henffling, Stieglitzen, sampt anderen fromen, erbarn Vögeln, so diesen Herbst über Wittenberg reisen sollen, fügen ewer Liebe zu Wissen,…“ beginnt der „Klageruf der Vögel“ an Herrn Doctori Martino Luther, der in Wittenberg von M. LUTHER selbst verfasst wurde. Dieser Brief wendet sich gegen die Vogelstellerei seines Famuluses W. Sieberger. Obwohl Luther natürlich kein Ornithologe war, ist es sehr bemerkenswert, dass in einer Zeit, in der das Fangen von Vögeln auf dem „Vogelherd“ sehr beliebt und selbstverständlich war, der in Wittenberg lebende große Reformator Stellung gegen den Vogelfang bezieht. Es ist der erste gedruckte Hinweis, dass auch in Wittenberg in frühen Zeiten die Aufmerksamkeit der Menschen den Vögeln galt.

Erst fast zweieinhalb Jahrhunderte später findet sich ein weiterer Hinweis in dem Werk von FRENZEL „Beschreibung der Vögel und ihrer Eyer in der Gegend um Wittenberg zur Naturgeschichte des Churkreises“ aus dem Jahr 1801. Es ist ein nicht immer seriöser Versuch, eine Übersicht über Wittenbergs Vogelwelt darzulegen. Immerhin sind neben den Hausgeflügelarten, die ebenfalls behandelt werden, 130 Vogelarten in dieser Liste identifizierbar. Es ist fast eine erste Gebietsartenliste! Allerdings enthält dieses Buch auch eine Reihe recht unpassender Bemerkungen, die den Wert für die Faunistik zumindest sehr einschränken.

Wenngleich an der damaligen Wittenberger Universität auch namhafte Naturwissenschaftler lehrten, kennen wir keinen Hinweis auf etwaige faunistische Tätigkeiten in der Wittenberger Umgebung. Vom ordentlichen Professor für Naturgeschichte CHRISTIAN AUGUST LANGGUTH (1754 – 1841) existierte eine umfangreiche zoologische, darunter auch vogelkundliche Sammlung, von der die Herkunft der einzelnen Bälge nach der durch den Zusammenschluß der Universitäten Wittenberg und Halle erfolgten Überführung nicht mehr kenntlich war. Der außerordentliche Professor der Zoologie und Botanik an der Wittenberger Universität CHRISTIAN LUDWIG NITZSCH (1782 – 1837) erwähnt in seinen Briefen an Johann Friedrich Naumann einen Basstölpel und einen Schlangenadler, die bei Wittenberg gefunden worden sein sollen. Ersterer solle sich in der Langguth'schen Sammlung befunden haben (PIECHOCKI, 1979).

Im Jahr 1879 gründeten einige Naturfreunde der Stadt Wittenberg den „VEREIN FÜR HEBUNG DER GEFLÜGELZUCHT, VOGELSCHUTZ UND VOGELKUNDE". Wenngleich sich die Mitglieder dieses Vereins vordergründig für Zier- und Hausgeflügel interessierten, war es auch ihr Anliegen, sich Wissen über die heimische Vogelwelt anzueignen und zu deren Schutz beizutragen. Das Anbringen von Nistkästen in den öffentlichen Anlagen Wittenbergs, die Unterhaltung von Futterplätzen im Stadtgebiet und der Bau eines Schwanenhäuschens am Wittenberger Schwanenteich sind einige überlieferte Aktivitäten. 1880 zählte dieser Verein 81 Mitglieder! 1881 wurde eine erste Geflügel- und Vogelausstellung durchgeführt, auf der neben lebendem Haus- und Ziergeflügel auch Nistkästen, ausgestopfte Vögel und vogelkundliche Schriften gezeigt wurden. Eine der dafür ausgegebenen Erinnerungsmedaillen befand sich im Besitz des Inhabers einer bekannten Wittenberger Ofenbaufirma, OSWALD HECHT, der sie von seinem Großvater übernommen hat. Leider gibt es keine Aufzeichnungen dieses Vereins, aus denen Hinweise über Beobachtungstätigkeiten in der Wittenberger Umgebung hervorgehen könnten.

In der Monatsschrift des Sächsisch-Thüringischen Vereins für Vogelkunde und Vogelschutz Halle a.d. Saale erschien 1877 eine umfangreiche Veröffentlichung über das „Vogelleben im Kreise Schweinitz sonst und jetzt" von JULIUS STENGEL. Obwohl der damalige Kreis Schweinitz über die heutige östliche Kreisgrenze in den jetzigen Elbe-Elster-Kreis des Landes Brandeburg reichte, können zahlreiche seiner Feststellungen dem hier betrachteten Gebiet zugeordnet werden. Bemerkenswert erscheinen besonders die von ihm ausführlich beschriebenen „Besondere Ursachen der Abnahme vieler Vogelarten", die man, wäre das Erscheinungsjahr der Arbeit nicht bekannt, fast alle der heutigen Zeit zuschreiben könnte (Ausnahme: das Eiersuchen, das damals „Modesache" war).

Mit dem Pfarrer Dr. med. h.c. OTTO KLEINSCHMIDT (1870 – 1954) kam 1927 ein bekannter Naturwissenschaftler und Ornithologe nach Wittenberg. Während seiner Tätigkeit als Provinzialpfarrer gründete er das „Forschungsheim für Weltanschauungskunde“ und wurde dessen Leiter. Hier konnte er seine naturwissenschaftlichen Studien fortsetzen, deren Schwerpunkt die ornithologische Systematik war (GENSICHEN, 1979). Die Betrachtung der beiden Meisenarten *Parus palustris* und *Parus salicarius (P. montanus)* hatte ihn zu der Erkenntnis geführt, dass morphologische Ähnlichkeit kein Kriterium für Artgleichheit ist. Resultierend aus diesen Erkenntnissen schlug er vor, alle geographischen Formen eines Tieres als „Formenkreis“ zu bezeichnen (KLEINSCHMIDT, 1926). Die Besonderheit seiner Arbeit lag im Begegnungsbereich von Naturwissenschaften und christlichem Glauben (BOOST et al. 1988). Viele seiner wissenschaftlichen Ergebnisse veröffentlichte er in den eigenen Zeitschriften „Falco“ und „Berajah“. Vielen Ornithologen wurde er besonders durch seine beiden Bücher „Die Singvögel der Heimat“ und „Die Raubvögel der Heimat“ bekannt. Noch in seinen letzten Lebensjahren begann er 1949 mit der Herausgabe der inzwischen auf über 600 Bände angewachsenen Schriftenreihe „Die Neue Brehm-Bücherei“ im Ziemsen-Verlag, die ihresgleichen in der ganzen Welt sucht. Er selbst verfasste die Bändchen „Die Kolibris“, „Der Zauber von Brehms Tierleben“ und „Aus Alfred Brehms Tagebüchern“. Leider gibt es von ihm kaum Veröffentlichungen über die Wittenberger Vogelfauna, sagte er doch selber: „Ich habe viele Notizen aufgespeichert, aber es ist mir eine zu langweilige und im Hinblick auf das zu erwartende Ergebnis zu undankbare Arbeit, sie zu sichten und zu veröffentlichen.“ (KLEINSCHMIDT 1930).

Als er am 24.3.1954 im 84. Lebensjahr starb, nahmen zahlreiche Wissenschaftler bei seinem Begräbnis in Wittenberg von ihm Abschied. Otto Kleinschmidt hinterließ eine umfangreiche zoologische, darunter auch ornithologische Sammlung, u.a. mit einem Weißstorch aus Leetza/Kr. Wittenberg, der 1935 mit einem Holzpfeil in der Schulter aus dem afrikanischen Winterquartier zurückgekehrt war. Der überwiegende Teil dieser Sammlung befindet sich jetzt im Tierkundemuseum Dresden.

Als nach 1945 im Kulturbund nicht nur geistig-kulturelle, sondern auch naturwissenschaftliche Fachgruppen gebildet wurden, begann in Wittenberg DR. OTTO KLEINSCHMIDT durch abwechslungsreiche naturkundliche Vorträge interessierte Menschen um sich zu sammeln und regelmäßige Vortragsabende zu gestalten. Das war der Beginn der Tätigkeit der FACHGRUPPE FÜR ORNITHOLOGIE UND VOGELSCHUTZ WITTENBERG. Die Vortragsthemen waren damals nicht nur den Vertretern der Vogelwelt gewidmet, sondern auch dem Elbebiber und anderen Tieren der heimatlichen Umgebung.

Diese Vortragstätigkeit wurde dann kurzzeitig durch den Wittenberger Drogisten VIOLET weitergeführt, bevor 1953 FRIEDRICH BÖHME (1901 – 1980) die Leitung der

Fachgruppe übernahm. Als Lektor des A. Ziemsen-Verlages Wittenberg führte er die von Kleinschmidt begonnene Herausgabe der „Neuen Brehm-Bücherei“ weiter und hatte in dieser Tätigkeit Kontakt mit Wissenschaftlern aus aller Welt, darunter vielen namhaften Ornithologen (DATHE 1966; ZUPPKE 1976a). Seine dabei autodidaktisch erworbenen Kenntnisse nutzte er für eine mit großem Engagement betriebene Öffentlichkeitsarbeit. Ungezählte Vorträge, Wanderungen und Exkursionen legen Zeugnis ab von seinem unermüdlichen Bemühen, Kenntnisse über die Lebensweise unserer Vogelarten zu vermitteln und Verständnis für notwendige Schutzbestrebungen zu wecken. Mit dieser beispielhaften Vortrags- und Exkursionstätigkeit, in die F. Böhme auch den jugendlichen Nachwuchs einbezog, zu dem sich der Verfasser auch rechnen darf, erreichte das Fachgruppenleben einen bisher nicht wieder erreichten Höhepunkt.

Die ornithologische Tätigkeit in Wittenberg wäre undenkbar ohne das Wirken des Leiters des Natur- und Völkerkundlichen Museums in Wittenberg, JULIUS RIEMER (1880 – 1959), der in den Jahren 1947/48 mit seiner über den Krieg geretteten wertvollen Sammlung aus Berlin nach Wittenberg kam und hier sein Lebenswerk weiter ausbaute. Über 150.000 naturwissenschaftliche und völkerkundliche Gegenstände, darunter eine einmalige Säugetiersammlung und umfangreiches vogelkundliches Material, u.a. mit einem Skelett eines Riesenalken (*Alka impennis*), von dem es in den Museen der ganzen Welt nur noch 78 Präparate und 2 Skelette gibt, hat Julius Riemer in einem Menschenleben zusammengetragen, von denen nur ein Teil als Schauobjekte im Wittenberger Schloss gezeigt werden kann. J. Riemer war ein anerkannter Partner von Wissenschaftlern in vielen Ländern der Erde, aber gleichzeitig auch ein großer Freund der Jugend. Stets und unermüdlich gab er naturkundlich interessierten Schülern Auskunft und erteilte wichtige Hinweise für deren Tätigkeit in Arbeitsgemeinschaften. So verwundert es auch nicht, dass er die Arbeit der Fachgruppe Ornithologie und Vogelschutz nicht nur mit seinen interessanten Berichten, sondern auch mit Anschauungsmaterial aus seiner umfangreichen vogelkundlichen Sammlung unterstützte. Daraus wurde eine feste Tradition und das Museum für Naturkunde und Völkerkunde „Julius Riemer“ bot auch nach seinem Tode der ornithologischen Fachgruppe eine feste und unschätzbare Heimstatt.

Als F. Böhme aus Gesundheitsgründen die Leitung der Fachgruppe in jüngere Hände legte, fiel es seinen Nachfolgern sehr schwer, auch nur ein annäherndes Niveau in der Vortragstätigkeit zu erreichen. Revierförster H.-J. SCHMIDT, Pflanzenschutzagronom H. KINAST (†) und Diplombiologe Dr. G. RAUCHFUß leiteten nach 1966 die Fachgruppe, bevor 1968 U. ZUPPKE die Leitung übernahm, tatkräftig assistiert von seinem langjährigen Stellvertreter H. BECHER (†) und vom stellvertretenden Museumsleiter

K. GLÖCKNER, der zum „guten Geist“ der Fachgruppe wurde. Nicht unerwähnt bleiben darf, dass CHARLOTTE RIEMER, die Ehefrau des verstorbenen Museumsleiters J. Riemer, dafür sorgte, dass die Fachgruppe nicht wieder zerfiel und ihr in den Räumen des Museums ständiges Gastrecht gewährte! Nachdem in den ersten Jahren das Fachgruppenleben durch Vortrags- und Exkursionstätigkeit geprägt war, kam dann schrittweise die Bearbeitung wissenschaftlicher Aufgabenstellungen hinzu. Dem zweiten Teil des Fachgruppennamens „… und Vogelschutz“ gerecht werdend, arbeiteten fast alle Fachgruppenmitglieder als ehrenamtliche Naturschutzhelfer im Rahmen der Aufgabenstellung der Kreisnaturschutzbehörde mit. Der ehemalige Mitarbeiter für Naturschutz beim Rat des Kreises Wittenberg, PETER BRAUN (1942 - 1992), war bis zu seinem Tode Mitglied der Fachgruppe, so dass eine ständige Zusammenarbeit und gegenseitige fruchtbare Beeinflussung gegeben war.

Nachdem bereits bei der 2. Elbe-Wasservogelzählung 1966 Wittenberger Ornithologen mitwirkten (DIEN & LIPPERT 1967), beteiligten sie sich seit dem Beginn 1966/67 kontinuierlich an den *Wasservogelzählungen* (ZUPPKE 1976c) als Beitrag zu den internationalen Verpflichtungen zum Schutz der wandernden Vogelarten. Die Organisation und Auswertung der Zählungen an 40 km Elbelauf mit ihren Nebengewässern sowie dem Bergwitzsee oblag H. Becher, der diese Aufgabe über einen langen Zeitraum gewissenhaft ausführte. Sie wird bis jetzt von G. SEIFERT fortgeführt, so dass nunmehr die Ergebnisse 40jähriger ununterbrochener Zählarbeit vorliegen.

Die bewährte Methode der *Vogelberingung* zur Gewinnung wissenschaftlicher Daten zur Vogelzugforschung wird auch in der Wittenberger Region praktiziert. Bereits seit 1930 bis zum Krieg beringte der bekannte Dessauer Ornithologe A. HINSCHE (†) auch in Teilen des Kreises Wittenberg Weißstörche, damals mit Ringen der Vogelwarte Helgoland. Diese spezielle Beringertätigkeit wurde ab 1951 von H. Graff, ebenfalls aus Dessau, wieder aufgenommen, der sie bis heute, trotz seines Alters, fortführt (GRAFF 2008). Im östlichen Gebietsteil bei Jessen beringte W. OTTE, ebenfalls mit Helgoland-Ringen, um 1943. Um 1960 beringte der Kemberger Ornithologe H. KINAST (†) bis zu seinem Tode Vögel im ehemaligen Kreis Wittenberg, bevor ab den 1970er Jahren Dr. M. SCHÖNFELD, nunmehr ergänzt durch G. SCHMIDT, diese Aufgabe durchführt. Im Gebiet des ehemaligen Kreises Jessen war seit 1971 U. BIESELT als Beringer tätig, nachdem dort vorher DR. M. JECHE (†) ab 1963 beringt hatte. U. SIMON löste im Jahr 2000 U. Bieselt in dieser Tätigkeit ab. Eine Vielzahl von Wiederfunden im In- und Ausland liegen inzwischen vor. Als landesweit Bestrebungen zur Inventarisierung der Vogelwelt aufkamen und gebiets- oder kreisweite „Avifaunen“ zusammengestellt wurden, begannen auch die Wittenberger Ornithologen, das vorhandene Beobachtungsmaterial in einer zentralen Kreiskartei zu erfassen. So konnte auch eine „kommentierte Artenliste“ der Vögel des Kreises Wittenberg als erster zusammenfassender Überblick erarbeitet werden (SCHÖNFELD, ZUPPKE, BECHER, 1985). Dabei wurden Lücken der Beobachtung bzw. Aufzeichnung sichtbar.

Nach der politischen Wende wurde die ornithologische Tätigkeit weitergeführt, allerdings ohne feste Organisationsform. Ein Teil der ehemaligen Mitarbeiter wurde Mitglied im Naturschutzbund Deutschland. Ein kleinerer Kreis von ornithologisch Interessierten bildete eine Gruppe, die sowohl im Naturschutzbund als auch im Kulturbund Wittenberg e.V. angesiedelt ist und sich bemüht, vogelkundliche Daten aus dem Kreis Wittenberg zusammen zu tragen, das bereits zur Aktualisierung der Artenliste führte (SCHÖNFELD, ZUPPKE & REHN 1997). Die Mitarbeit an der Internationalen Wasservogelzählung wird kontinuierlich weitergeführt sowie bei bundes- oder landesweiten Erfassungen mitgewirkt, so bei der Messtischblatt-Kartierung der Brutvögel Deutschlands (ADEBAR-Programm des Dachverbandes Deutscher Avifaunisten DDA) oder beim Monitoring häufiger Brutvögel auf ausgewählten Probeflächen. Seit 1997 werden die bemerkenswerten ornithologischen Beobachtungen wieder zu „Jahresberichten“ zusammengestellt (FG WB/REHN 1998, 1999, 2000, 2001, 2002, 2003, 2004, 2005, FG WB/ SCHÖNFELD 2005, FG WB / ZUPPKE 2006, FG WB/ SCHÖNFELD 2006, FG WB/ZUPPKE 2007). Für die Stadt Wittenberg liegt eine erste zusammenfassende Darstellung (SCHÖNFELD & ZUPPKE 1994) im „Umweltatlas der Stadt Wittenberg“ vor. Der gefundene Kontakt zu ornithologisch Interessierten in der Partnerstadt Göttingen (DBV-INFO 1990) führte zu gegenseitigen Besuchen und gemeinsamen Exkursionen mit dem Deutschen Bund für Vogelschutz e.V., Kreisgruppe Göttingen und der Biologischen Schutzgemeinschaft Göttingen, deren Mitglieder beim Besuch der Wittenberger Region von der von ihnen nicht erwarteten Vielfalt der hiesigen Naturausstattung und ihrer Arten überrascht waren.

Auch im östlich angrenzenden, jetzt zum Landkreis Wittenberg gehörenden, ehemaligen Kreis Jessen wurde ornithologische Arbeit betrieben (SIMON, B. 1998a). Ende der

1950er Jahre fanden sich naturinteressierte Personen um K. WOLF zusammen und bemühten sich vorrangig um den Weißstorchschutz. In den 1960er Jahren gründete sich eine Arbeitsgruppe Vogelschutz, die von F. DANNEBERG geleitet wurde. Schwerpunkte der Tätigkeit waren vogelkundliche Wanderungen (B. ZIEROLD †), Datensammlung (A. MERZWEILER) und Weißstorchberingung (M. JECHE †). Anfang der 1970er Jahre gründete sich die Fachgruppe Ornithologie im Kulturbund, die von F. DANNEBERG geleitet wurde. Über P. RASCHIG erfolgt eine lückenlose Erfassung des Weißstorch- und Schleiereulenbestandes im Jessener Gebiet einschließlich der Beringung. Die Fachgruppe aus 11 Mitgliedern ist nunmehr im NABU unter der Leitung von Dr. B. SIMON integriert und hatte ihren Treffpunkt in der Naturschutzstation Hemsendorf bis zu deren Auflösung durch den Landkreis. Durch die Beobachtungstätigkeit der Fachgruppenmitglieder wurden für das Jessener Gebiet 124 regelmäßige, 18 unregelmäßige, 4 fragliche und 9 ehemalige Brutvogelarten nachgewiesen (SIMON, B. 1998b). Die jetzige Tätigkeit der Fachgruppe konzentriert sich auf Naturschutz- und Öffentlichkeitsarbeit sowie auf die Teilnahme an der Brutvogelkartierung im ADEBAR-Programm und der Wasservogelzählung neben weiteren bestimmten Erfassungen in Schutzgebieten und der regional seltenen Brutvogelarten.

Eine kleine Gruppe naturinteressierter Menschen unter der Leitung von G. KÖHLER (†) gründete in der Ortschaft Bergwitz (damals Kreis Gräfenhainichen) eine „Interessengemeinschaft (IG) Natur und Umwelt", die sich dem Naturschutz in der Umgebung des Bergwitzsees widmete (MEYER & SCHULZ 1997). Darunter verstanden die Mitglieder dieser IG auch die Teilnahme an der Internationalen Wasservogelzählung am Zählgewässer Bergwitzsee, die sie seitdem lückenlos durchführten. Nach dem Ableben von G. Köhler bemüht sich K.-H. MARTIN um die Weiterführung der Arbeit der IG, somit auch der Organisation der Wasservogelzählung am Bergwitzsee.

Auch in der Stadt Pretzsch (Altkreis Wittenberg) gab es in den 1980er Jahren eine kleine Gruppe Jugendlicher unter der Leitung von M. HEPNER, die sich der Beobachtung von Vögeln widmete, die nach 1990 aber wieder zerfiel. Sie trug eine Reihe von Beobachtungen aus dem Pretzscher Raum zusammen.

Die gegenwärtig noch tätigen Ornithologen der Region Wittenberg bemühen sich, weiterhin ornithologische Beobachtungen aus dieser Region zusammen zu tragen, um die Kenntnis über das Vorkommen der Vogelarten in dieser Region aktuell zu halten.

Der Gründer der Fachgruppe – Dr. Otto Kleinschmidt (Quelle: Syllegomena biologi-

Der langjährige Fachgruppenleiter Friedrich Böhme

Charlotte Riemer im Museum für Natur- und Völkerkunde „Julius Riemer“ Wittenberg (1973)

Leiter des Museums für Natur- und Völkerkunde - Julius Riemer (Quelle: Archiv)

Helmut Becher (links) und Dr. Joachim Placke im NSG „Alte Elbe bei Bösewig"

Franz Eichler, Dr. Joachim Placke, Roland Hirschfeld und Ehefrau, Günter Kumke, Günter Lennig, Dr. Max Dornbusch, Oswald Hecht, Dr. Jürgen Block (von links) in Steckby 1976

Fachgruppenexkursion in der Dübener Heide 1976

Dr. Placke, F. Böhme und Dr. Jakobs (von links) bei der Wasservogelzählung am Bergwitzsee

Wissenschaftliche Vogelberingung durch Dr. Manfred Schönfeld 1975 in der Ackeraue bei Dabrun (links stehend: Alfred Rehn)

Gemeinsame Exkursion mit der BSG Göttingen an der ehemaligen innerdeutschen Grenze

Die Storchenfreunde Jessen nach der Weißstorchberingung 2007 (unten: U. Bieselt; mitte von rechts: K. Nehring, U. Simon, P. Burckhardt, U. Lehmann, J. Raschig; oben: P. Raschig, Dr. K. Heyroth)

Aufn.: P. Raschig

G. Schmidt (FG Wittenberg) bei der Kontrolle einer Nisthilfe für den Wiedehopf 2008 auf dem ehemaligen Truppenübungsplatz Wittenberg, Nordendstraße

Derzeit trifft sich die Fachgruppe „Ornithologie und Vogelschutz" Wittenberg in den Räumen des Kulturbundes Wittenberg e.V., Lutherstraße 41/42 (von links: H. Heiner, H. Rehn, Dr. U. Zuppke, G. Seifert, Dr. M. Schönfeld). (Quelle: www.kulturbund-wittenberg.de)

Alljährlich unternimmt die Fachgruppe eine Fahrt in ornithologisch interessante Gebiete Mitteleuropas (im Bild: Fahrt zum Dollart 2008). Aufn.: I. Elz

Die beteiligten Ornithologen

In der nachfolgenden Darstellung der Vogelwelt im Gebiet um Wittenberg sind Beobachtungsergebnisse folgender Beobachter aus der Wittenberger Region und Beobachtungsgäste aufgenommen und für diese Übersicht ausgewertet worden:

AMMERSDÖRFER, A. (Bad Schmiedeberg)
ALBRECHT, H. (Bergwitz) †
BECHER, H. (Wittenberg) †
BERG, J. (jetzt Kemberg)
BEHRENDT, G. (Gräfenhainichen)
BEICHE, Dr. S. (jetzt Jessen)
BERGMANN, A. (jetzt Jahmo)
BIRKE, P. (Dessau)
BLOCK, Dr. J. (später Waren)
BÖHME, F. (Wittenberg) †
BÖHME, Dr. G. (jetzt Berlin)
BRAUN, P. (Wittenberg) †
BRÄSE, M. (jetzt Bergen)
BRÄUTIGAM, H. (Windischleuba)
BUB, H. (Wilhelmshaven) †
DANNENBERG, R. (Wittenberg)
DESEIFE, S. (Pratau)
DITTRICH, F. (Wartenburg)
DOMS, G. (Bad Schmiedeberg)
DORNBUSCH, G. (Steckby)
ELZ, I. (Apollensdorf)
FISCHER, W. (Wittenberg) †
FRANKE, P. (WITTENBERG)
FRIEDEMANN, W. (Seegrehna)
GABRIEL, H. (Kapenmühle)
GERSTENBERGER, J. (Leipzig)
GNIELKA, R. (Halle)
GLÖCKNER, K. (jetzt Leipzig)
GRAFF, H. (Dessau-Alten)
GREMPE, G. (Rostock)
GROßMANN, W. (Seegrehna) †
HAMPE, H. (Dessau)
HANNEMANN, G. (Wittenberg)
HECHT, O. (Wittenberg) †
HEIDECKE, Dr. D. (Halle)
HEINRICH, D. (Templin)
HENNIG, G. (Klöden)
HENNIG, R. (Heinrichswalde)
HEPNER, M. (Pretzsch)
HERRMANN, J. (Eutzsch)
HINKEL, A. (jetzt Hamburg)
HINSCHE, A. (Dessau) †
HIRSCHFELD, R. (Schmilkendorf)
HIRSCHFELD, U. (Wittenberg)
JAGE, Dr. H. (Kemberg)
JAKOBS, Dr. W. (Wittenberg) †
JAKOBS, V. (Neuenhagen/NWM)
JASCHKE, M. (Dommitzsch)
JAUER, K. (Rackith)
KAHLE, R. (Leipzig) †
KAUERAUF, D. (Zahna)
KELLER, M. (jetzt Wahlsdorf)
KINAST, H. (Kemberg) †
KINAST, H. (Bad Schmiedeberg)
KINAST, U. (Bad Schmiedeberg)
KOCH, D. (Jessen) †
KÖCK, Dr. U.-V. (Halle)
KOHL, L. (Mühlanger)
KÖHLER, G. (Bergwitz) †
KRAUSE, H.-J. (Wittenberg)
KRUMMHAAR, B. (Wittenberg)
KULISCH, E. (Griebo)
KUMKE, G. (Wittenberg)
LENNIG, G. (Elster)
LOHMANN, R. (Wittenberg)
LUBITZKI, P. (Wartenburg)

LÜTZKENDORF, M. (Wittenberg) †
MARTIN, K.-H. (Bergwitz)
MICHAELIS, K.-H. (Pratau)
MOTL, E. (Seyda)
MÜLLER, D. (Rostock)
NOACK, J. (Söllichau)
PAKULL, C. (jetzt: Berlin)
PATZAK, U. (Wörlitz)
PESCHKE, D. (Wittenberg)
PLACKE, Dr. J. (Wittenberg) †
PÖTZSCH, A. (Ateritz)
PSCHORN, A. (Köthen)
PUHLMANN, G. (Griebo)
RASCHIG, P. (Jessen)
RAUCHFUß, Dr. G. (Bad Schmiedeberg)
REHN, A. (Wittenberg) †
REHN, H. (Wittenberg)
RICHTER, B. (Gaditz)
RIEDEL, M. (Pratau)
RIEMER, Ch. (Wittenberg) †
ROST, F. (Borna)
SACHER, Dr. P. (jetzt: Blankenburg)
SCHMIDT, G. (Wittenberg)
SCHMIDT, H.-J. (Zahna)
SCHNEE, R. (Pratau)
SCHNEIDER, E. (Premsendorf)
SCHONERT, A. (Melzwig)
SCHONERT, P. (Luckau)
SCHÖNFELD, Dr. M. (Wittenberg)
SCHULZ, G. (Merschwitz)
SCHWARZE, E. (Roßlau)
SCHUBERT, P. (jetzt Brück)
SCHUNAK, V. (Mühlanger)
SEIFERT, G. (Mühlanger)
SELTER, D. (Gniebitz)
SIMON, Dr. B. (Plossig)
SIMON, U. (Prettin)
SITTE, S. (Wittenberg)
SOMMERKORN, H. (Reinsdorf)
STEUDTNER, J. (Leipzig)
TAUCHNITZ, H. (Halle)
TEICHERT, H. (Bergwitz)
TIEDE, G. (Coswig)
UHMANN, K. (Wittenberg)
WEIS, D. (ehem. Halle)
WENZEL, H. (Wittenberg)
WESER, H. (Reinsdorf) †
ZEHLER, H. (Tornau)
ZIEBARTH, R. (jetzt Wittenburg)
ZUPPKE, E. (Wittenberg)
ZUPPKE, H. (jetzt Dresden)
ZUPPKE, Dr. U. (Wittenberg).

Die Vogelarten der Region Wittenberg

Nachfolgend werden alle im Wittenberger Gebiet festgestellten Vogelarten vorgestellt (ein im November 2000 gesichteter Zwergflamingo [*Phoeniconaias minor*] wird nicht als „echte" Vogelart der Region betrachtet, da er nachweislich am Vortag der Beobachtung einer ortsansässigen Exotenhaltung entflogen war). Die Namen und die Reihenfolge der aufgeführten Vogelarten folgen der „Artenliste der Vögel Deutschlands" von BARTHEL & HELBIG (2005). Die Geschlechter werden mit folgenden Zeichen dargestellt: ♀ = Weibchen, ♂ = Männchen.

1. Höckerschwan - *Cygnus olor*

Der in Mittel-, West- und dem südlichen Nordeuropa verbreitete Höckerschwan ist in der Region um Wittenberg ein regelmäßiger Brutvogel auf den Altwässern und Altarmen in den Auen der Elbe und Schwarzen Elster sowie auf den Teichen der Dübener Heide und den Grubenrestseen, nachdem er in den Jahren vor 1950 völlig im Gebiet fehlte. Leider fehlen Hinweise darauf, ob der Höckerschwan früher in der Wittenberger Gegend gebrütet hat. Er wurde im Wittenberger Gebiet nach 1950 zunächst als seltener Gastvogel und ab 1965 vermehrt festgestellt. 1971 fand die erste Brut auf dem Crassensee statt. Danach entwickelte sich der Brutbestand im damaligen Kreis Wittenberg wie folgt: 1972 – 2; 1973 – 2; 1974 – 2; 1975 – 5, 1976 – 5, 1977 – 7, 1978 – 18, 1979 – 18, 1980 – 20. 2002 betrug der Brutbestand in den damaligen Kreisgrenzen 64 Brutpaare. Damit waren alle Gewässer, deren Größe den Revieransprüchen eines Schwanenpaares entspricht, besiedelt, so dass gegenwärtig der Brutbestand um diese Größe schwankt. Bei Bruten im Hochwasserbereich werden oftmals Gelege durch Frühjahrshochwasser vernichtet. 2002 zogen 40 Paare 194 Junge auf (BEICHE 2003). Im gleichen Jahr zog das Brutpaar auf den Wilden Kölken bei Melzwig 10, das Brutpaar auf dem Konradsteich bei Wartenburg 9 Junge auf.

Der Höckerschwan ist im Wittenberger Gebiet Jahresvogel, der nur in sehr strengen Wintern beim Zufrieren der Gewässer das Gebiet verlässt. Außerhalb der Brutzeit halten sich seit etwa 1985/90 auf vielen Gewässern Trupps von unverpaarten Höckerschwänen auf, die zur Nahrungssuche besonders Rapsfelder aufsuchen, so im Raum Bösewig im März 1998 – 200, Januar 1999 – 300, März 2000 – 200. Ein mit einem gelben Halsring versehener Schwan RY 12 hielt sich vom 8.1.1977 bis 13.11.1982 auf verschiedenen Wittenberger Gewässern auf und zeigte den längeren Aufenthalt unverpaarter Höckerschwäne im Gebiet an. Ringablesungen brachten Hinweise auf die Herkunft der im Gebiet rastenden Schwäne: Brandenburg, Fürstenwalde, Potsdam, Rathenow, Leipzig, Dessau, Torgau, Berlin, Magdeburg, Nauen, Hoyerswerda, Roßlau, Neuruppin, Bernau, Luckau, Schwedt, Borna, Grimma, Bad Doberan, Zerbst, Eberswalde, Plzen (Tschechische Republik), Rødsand (Dänemark). Nach den Ergebnissen der Wasservogelzählungen betrug im gesamten Gebiet der Winterbestand maximal: November 2006 – 586; Februar 2007 – 581; Januar 2003 – 508; Februar 2002 – 506.

2. Singschwan - *Cygnus cygnus*

Der auf Island, in Skandinavien und Nord-Russland und seit den 1990er Jahren mit wenigen Paaren auch in Deutschland brütende Singschwan ist im Wittenberger Gebiet ein regelmäßiger Wintergast, der sich von Ende Oktober bis Mitte März/Anfang April entweder in separaten Trupps oder vermischt mit Höckerschwänen auf Gewässern der Elbeaue, im Jessener Überflutungsgebiet und auf den Grubenseen bei Gräfenhainichen aufhält. Die Singschwäne fliegen zur Nahrungssuche auf die Wiesen oder nahe gelegenen Feldern. Bereits in den 1920er Jahren wurde in der Kuhlache bei Jessen ein Singschwan geschossen, der für eine Schule präpariert wurde (MERZWEILER 1965). Neuere Halsring-Ablesungen belegen die Herkunft einer Anzahl der im Gebiet weilenden Singschwäne aus Lettland. Die festgestellten Truppstärken sind unterschiedlich groß, maximal wurden gezählt: Dezember 2001 – 659 im Mündungsgebiet Schwarze Elster, Januar 1999 – 490 auf der Alten Elbe Bösewig, Februar 2006 – 422 im Jessener Überflutungsgebiet. Im westlich angrenzenden Wörlitzer Gebiet wurde 1980 eine Mischbrut von Höcker- und Singschwan festgestellt (SCHÖNFELD 1982b).

3. Zwergschwan – *Cygnus bewickii*

Der Zwergschwan von den Tundren Nordrusslands ist ein regelmäßiger Wintergast an der deutschen Ostseeküste und kommt unregelmäßig und selten auch ins Binnenland. In einigen Jahren halten sich auch in der Wittenberger Region meist kleinere Trupps dieser Art in der Zeit zwischen Ende Oktober bis Ende März auf den Gewässern der Elbeaue auf. Der Zwergschwan wurde 1967 zum ersten Mal im Wittenberger Gebiet auf der Alten Elbe Bösewig festgestellt (HAMPE & HINSCHE 1967a). Als bisher größte Truppstärke wurden am 7.3.2001 zwischen Höcker- und Singschwänen 16 Zwergschwäne bei Wartenburg beobachtet.

4. Schwarzschwan – *Cygnus atratus*

Der in Australien beheimatete Schwarzschwan (gebräuchlicher Name auch: Trauerschwan) wird im nahen Wörlitzer Park als Parkvogel gehalten. Nach dem Unterlassen des Flügelkopierens wanderten vereinzelt Schwarzschwäne ab, die auch gelegentlich das Wittenberger Gebiet erreichten, so 1983 bis 1986 mehrfach einer auf dem Bergwitzsee und anderen Gewässern, einer im Oktober bis Dezember 2000 auf mehreren Gewässern und einer im Mai 2001 auf der Alten Elbe Bösewig sowie 2 Altvögel und 4 Jungvögel (ob Familie?) im Oktober 2002 bei Dabrun. 2000 wurde ein vermutlicher Bastardschwan (Schwarz- x Höckerschwan) auf der Elbe bei Wittenberg gesichtet.

5. Rothalsgans - *Branta ruficollis*

Die auf den Tundren Westsibiriens brütende Rothalsgans verfliegt sich nur ausnahmsweise nach Mitteleuropa, so dass die im Wittenberger Gebiet vereinzelt in den Wintermonaten in Gänseschwärmen festgestellten Vögel dieser Art auch entflogene Gehegevögel sein können: 4.11.1985 – 3 auf dem Bergwitzsee, 23.10.1988 – 1 auf der Alten Elbe Bösewig, 13.10.2001 – 1 in der Feldflur Klitzschena, 29./30.12. 2003 – 2 in der Feldflur Kleindröben (AK ST 2008); 31.1.2006 – 1 in der Feldflur Merschwitz.

6. Kanadagans - *Branta canadensis*

Diese aus Nordamerika stammende und auf den Britischen Inseln sowie in Skandinavien fest eingebürgerte Art ist inzwischen auch ein verbreiteter Brutvogel in Deutschland, insbesondere in Parks. In der Region Wittenberg wurde die Kanadagans erstmals am 05.02.1956 bei Jessen (MERZWEILER 1965) festgestellt. Nach 1979 wurden öfters, ab den 1990er Jahren dann regelmäßig einzelne auf den Gewässern der Elbeaue beobachtet, in den Jahren nach 2000 stets auf der Alten Elbe Bösewig, wo 2004 auch ein Mischpaar (Kanadagans + Graugans) mit 5 Jungen festgestellt wurde. Ein vom 7.7. bis 1.8.2005 sich auf diesem Gewässer aufhaltender offensichtlicher Hybrid könnte aus dieser Brut stammen. 2006 hielt sich auf der Alten Elbe Bösewig und 2007 auf einem Kiesgrubengewässer bei Lindwerder eine abnorm gefärbte Kanadagans auf.

7. Weißwangengans - *Branta leucopsis*

Die ehemals nur in der hochnordischen Küstentundra von Spitzbergen und Nowaja Semlja brütende Weißwangengans überwintert an der Nordseeküste. Ob die im Wittenberger Gebiet 1976, 1982, 1983 sowie nach 1990 vereinzelt in den Wintermonaten Oktober bis März festgestellten Vögel dieser Art von diesen Wintertrupps stammten oder verflogene Gehegevögel waren, ist unklar. Nachdem völlig unerwarteterweise Weißwangengänse nicht nur auf Gotland und Öland sondern auch im westlichen Mitteleuropa begonnen haben zu brüten und mittlerweile in den Niederlanden eine 6.000 Paare umfassende Brutpopulation besteht, ist diese Art auch vereinzelt außerhalb des Winters im Gebiet zu sehen. So hielt sich zuletzt eine einzelne Weißwangengans vom 2.3. bis zum 13.6.2005 und vom 3.6. bis zum 6.10.2006 in der Feldflur und im Wiesengebiet bei Bösewig auf.

8. Schneegans – *Anser caerulescens*

Da die Schneegans im arktischen Norden Nordamerikas und in Grönland beheimatet ist, verfliegen sich nur ausnahmsweise einzelne nach Europa. Hier ist sie aber ein beliebter und häufig gehaltener Ziervogel, so dass die vereinzelten Schneegänse, die in jahrelangen Abständen mitunter im Wittenberger Raum gesehen worden sind, wohl entflohene Gehegevögel sind, obwohl diese Art inzwischen in Nordrhein-Westfalen und Schleswig-Holstein als brütende Neozoe auftritt..

9. Streifengans – *Anser indicus*

Auch die im mittelasiatischen Hochland brütende Streifengans ist natürlicherweise nicht in Mitteleuropa zu erwarten. Entflohene Gehegevögel brüten aber inzwischen in Deutschland, so dass diese Art als eingebürgerte Art (Neozoe) gelten muss. Nach einem längeren Aufenthalt einer Streifengans 1987 auf Gewässern in der Umgebung von Pratau wurde im Herbst 2002 wieder eine, diesmal auf dem Bergwitzsee und bei Seegrehna gesichtet.

10. Saatgans - *Anser fabalis*

Die in Skandinavien und Nordrussland brütende Saatgans ist im Wittenberger Mittelelbegebiet ein häufiger Durchzügler und Wintergast, der ab Ende September bis Mitte März in Scharen fliegend über dem gesamten Kreisgebiet gesehen werden kann. Auf den Elbwiesen, besonders der Großen Straube und westlich des Durchstichs bei Seegrehna, mitunter auch im Brehmer Luch Apollensdorf, insbesondere aber auf den Feldern der Elbeaue mit Wintergetreidesaaten halten sich die Gänse zur Nahrungssuche auf. Vereinzelt werden auch die Felder des Vorflämings nördlich von Wittenberg zur Nahrungssuche aufgesucht, so im Februar 1996 bei Teuchel. Die im Winter verbleibenden Gastvögel fliegen abends zum Bergwitzsee und zum Prettiner Kiessee, zunehmend auch zur Alten Elbe Bösewig, auf deren Wasserflächen sie schwimmend, vor Störungen geschützt, schlafen. Auf die sich im Mittelelbegebiet ständig vergrößerten Winterschwärme der Saatgans hat bereits HAMPE (1985, 1992) hingewiesen. Inzwischen wurden Schwärme von bis zu 25.000 Saatgänsen im Gebiet gezählt. Ringfunde bzw.

-ablesungen zeigen, dass die Saatgänse teilweise auf den Flug in die niederländischen Winterquartiere hier rasten, teilweise aber auch hier überwintern. Intensive Nachsuche von einzelnen mit Halsringen oder Minisendern versehenen Saatgänsen brachte den Hinweis, dass zumindest ein Teil dieser anwesenden Gänse mehrmals seinen Aufenthaltsort wechselt (z.B. nach Brandenburg oder Sachsen).

Die am 22.2.2006 als vogelgrippe-verdächtig im Veterinäramt Wittenberg eingelieferten Totfunde konnten eindeutig der Unterart *Anser fabalis rossicus* zugeordnet werden, die aus den nordischen Tundren Sibiriens zur Überwinterung nach Mitteleuropa fliegt. Einige Sichtbeobachtungen deuten auch auf Rast- bzw. Überwinterungsvorkommen der in der Taigazone brütenden Unterart *Anser fabalis fabalis*.

11. Kurzschnabelgans – *Anser brachyrhynchus*

Die Kurzschnabelgans, die auf Grönland, Island und Spitzbergen brütet, überwintert in Westeuropa, so dass sie von dort im Winter auch ins Mittelelbegebiet kommt. Bedingt durch die nur in günstigen Fällen mögliche feldornithologische Unterscheidung von anderen „grauen" Gänsen, liegen nur wenige relativ sichere Nachweise vor, so wie es bei einer am 23.11.1977 bei Eutzsch vom Beizhabicht geschlagenen möglich war (ZUPPKE 1978). Einige neuere Beobachtungen am Bergwitzsee und an der Alten Elbe Bösewig wurden von der Avifaunistischen Kommission Sachsen-Anhalt (AK ST) angenommen (AK ST 2008), so dass diese Art wohl auch als Rast- bzw. Überwinterungsgast angesehen werden kann.

12. Zwerggans - *Anser erythropus*

Die Zwerggans, die in der arktischen Tundra Skandinaviens und Russlands brütet, überwintert in Südosteuropa. Einzelne verfliegen sich wohl auch in den mitteleuropäischen Raum, so dass die am 25.11.1985 bei Bergwitz und am 5.10.2005 bei Bösewig gesehenen zu diesen zählen mögen, und die Zwerggans als seltener Gastvogel der Wittenberger Region einzustufen ist.

13. Blässgans - *Anser albifrons*

Während die in der Tundrazone Russlands brütende Blässgans früher nur vereinzelt in den überwinternden Gänsescharen festgestellt werden konnte, tritt sie seit etwa 1985 immer häufiger auf und gegenwärtig sind zu Hunderten oder manchmal auch zu Tausenden zählende reine Blässgansschwärme fast regelmäßig in den Wintermonaten zu sehen. Die in den Jahren 2004 bis 2007 abgelesenen Halsringe belegen sowohl den Zwischenaufenthalt der Blässgänse im Wittenberger Mittelelbegebiet auf ihren Zug zu oder von den Winterquartieren in den Niederlanden als auch den Winteraufenthalt im Gebiet sowie die Herkunft einer Blässgans aus dem Petschora-Gebiet in Nord-Russland (www.geese.org). Weitere Halsring-Ablesungen zeigen aber auch vereinzelten Zuzug aus dem ungarischen Überwinterungsgebiet z.B. nach Bösewig an. Oft überwintern sie auch vermischt mit Saatgänsen, suchen mit diesen Nahrung auf den Feldern (im Gegensatz zur Saatgans jedoch auch auf Rapsfeldern) und nächtigen gemeinsam mit diesen auf dem Bergwitzsee, dem Prettiner Kiessee und der Alten Elbe Bösewig. Wie die Saatgänse halten auch sie sich vom Oktober bis März im Wittenberger Raum auf, wechseln aber zwischendurch mehrmals ihren Aufenthaltsort.

14. Graugans - *Anser anser*

Nach 1945 war die überwiegend nord- oder osteuropäisch verbreitete Graugans in Deutschland ein seltener Brutvogel. Daher wurden bis Mitte der 1960er Jahre in der Wittenberger Region auch nur kleinere Gruppen Graugänse beobachtet, die im Februar/März und September/Oktober durchziehend oder kurzzeitig auf den Gewässern der Elbeaue oder den Lausiger Teichen rastend vorkamen. Ab 1975 übersommerten dann stets einzelne Graugänse im Gebiet, auch fanden zeitgleich Freilassungen von Gefangenschaftszuchten statt, die wohl im Gebiet blieben. Jedoch konnten erst ab 1986 brutverdächtigte Paare an der Alten Elbe Bösewig, an der unteren Schwarzen Elster und den Lausiger Teichen bemerkt werden, bevor ab 1997 brütende und ab 2000 jungeführende Graugänse erfolgreiche Bruten im Gebiet anzeigten, ohne dass der genaue Brutbestand bekannt ist. SIMON & SIMON (2007) geben für das EU SPA Mündungsgebiet der Schwarzen Elster 16 Paare im Jahr 2006 an. Somit ist diese Art erst in jüngster Zeit Brutvogel der Wittenberger Region. Ein Schwarm übersommernder Graugänse auf der Alten Elbe Bösewig ist inzwischen auf 400 – 500 angewachsen, so dass dort außerhalb der Wintermonate ständig Graugänse gesehen werden können.

15. Nilgans - *Alopochen aegyptiaca*

Als afrikanischer Brutvogel südlich der Sahara und Oberägyptens kommt die Nilgans natürlicherweise nicht nach Mitteleuropa. Ein am 25.3.1962 bei Bösewig gefundener Nilgansflügel (bestimmt von Dr. PIECHOCKI) und eine im Juli/August 1980 bei Melzwig sich aufhaltende Nilgans waren sicherlich Gefangenschaftsflüchtlinge. In Großbritannien und den Niederlanden wird sie inzwischen als Parkvogel gehalten und ist dort längst ein verwilderter Brutvogel, von wo sie Nordrhein-Westfalen, Niedersachsen und Hessen als Brutvogel erreicht hat. Auch in Sachsen-Anhalt wurden seit 1990 Bruten bekannt (WADEWITZ 2005). In der Wittenberger Region tauchten 1999 die ersten auf (SCHÖNFELD 2008b), zunächst in der Pretzscher Gegend, dann bei Wartenburg, wo 2006 auch erfolgreich gebrütet wurde (6 Junge), bei Iserbegka-Gallin und bei Seegrehna-Bodemar, also stets in der Elbeaue und bevorzugt an Altwässern. Im Jahr 2007 wurden dann an 9 verschiedenen Örtlichkeiten Nilgänse festgestellt, darunter am 31.3.2007 ein größerer Trupp von 12 Vögeln im Wittenberger Luch. Damit ist diese Art auch im Wittenberger Raum eine neu eingebürgerte Art (Neozoe).

16. Brandgans - *Tadorna tadorna*

Die ehemals in Deutschland nur im Küstengebiet von Nord- und Ostsee vorkommende Brandgans hat sich seit Mitte der 1970er Jahre entlang der großen Flüsse auch im Binnenland angesiedelt. Nachdem bis 1972 nur 4 Nachweise für die Wittenberger Region vorlagen (u.a. HAMPE & HINSCHE 1967b), mehrten sich seitdem besonders die Frühjahrsnachweise am Pratauer Durchstich, dem Manövergebiet Iserbegka und den Alten Elben Melzwig und Bösewig. 1981 wurde das erste Paar mit Revierverhalten im Manövergebiet Iserbegka und im nächsten Jahr auch am Durchstich Pratau festgestellt. Aber erst 1987 gelang der erste zweifelsfreie Brutnachweis durch die Beobachtung eines Brandganspaares mit 6 nicht flugfähigen Jungen im Gebiet bei Iserbegka. Seitdem ist diese Art im Gebiet ein alljährlicher, aber seltener Brutvogel mit 2-4 Paaren in der Elbeaue zwischen Pratau und Priesitz.

17. Rostgans - *Tadorna ferruginea*

Die Nachweise der in NW-Afrika und SE-Europa beheimateten Rostgans von 1986 und 1988 im Wittenberger Raum wurden als Gefangenschaftsflüchtlinge angesehen. Da seit geraumer Zeit aber diese Art bereits in NW-Deutschland freilebend brütet, sind die neueren Nachweise von Rostgänsen wohl Anlass, diese Art auch in der Wittenberger Region als im Gebiet brütende Neozoe anzusehen. Die Beobachtung eines Paares am 21.4.2005 auf der Alten Elbe Bösewig, das am 11.6.2005 vier Junge führte, deutet auf eine Brut im Gebiet, nachdem sich bereits 2003 ebendort 2-4 Rostgänse längere Zeit aufhielten.

18. Brautente – *Aix sponsa*

Diese amerikanische Entenart, die in Deutschland oft auf Parkteichen gehalten wird (auch auf dem Wörlitzer Parkteich) und in anderen Bundesländern auch als Neozoe brütet, wird gelegentlich als Gefangenschaftsflüchtling im Wittenberger Raum beobachtet, so am 22.4.1999 auf der Alten Elbe Bösewig und 2006 auf der Alten Elster bei Gorsdorf, wo sich ein ♂ mit einer Stockente verpaart hatte.

19. Mandarinente - *Aix galericulata*

Von der aus Ostasien stammenden und in Deutschland als Parkvogel beliebten Mandarinente gibt es inzwischen freifliegende Populationen, so auch in Köthen (ROCHLITZER 1993) und zeitweilig in Dessau (SCHWARZE & KOLBE 2006). Die gelegentlich in der Region um Wittenberg beobachteten Mandarinenten wurden bisher als Gefangenschaftsflüchtlinge angesehen, können aber auch diesen freifliegenden Populationen entstammen: am 15.10.1977 ein ♂ auf dem Bergwitzsee, am 4.12.1977 ein ♂ auf der Elbe, am 12.2.1978 (=dasselbe?) auf der Elbe sowie jeweils ein Paar am 23.3.2000 auf Hochwasserflächen und am 9.4.2005 auf einem kleinen Heideteich bei Parnitz.

20. Schnatterente – *Anas strepera*

Die in Deutschland nur in der Norddeutschen Tiefebene regelmäßig als Brutvogel vorkommende Schnatterente wurde bisher stets regelmäßig, aber in wechselnder Häufigkeit als Durchzügler von Mitte März bis Ende April und Ende Juli bis Mitte Oktober auf den Gewässern an der Elbe und Schwarzen Elster festgestellt. Die bedeutendsten Rastgewässer sind wie auch bei anderen Entenarten die Alte Elbe Bösewig, der Durchstich bei Pratau und zunehmend die Tagebaugewässer Gremminer und Gröberner See bei Gräfenhainichen. 1999 erfolgte der erste Brutnachweis mit einem ♀, das auf der Alten Elbe Bösewig 6 Junge führte, wo auch in den Folgejahren jungeführende Weibchen beobachtet werden konnten. 2004 schließlich wurden außerdem zwei Brutpaare mit 6 bzw. 8 Jungen im Wittenberger Luch festgestellt. Diese Entwicklung deckt sich mit der in Mitteleuropa großräumig verlaufenden Bestandsentwicklung, die auch die Brutbestände in Deutschland ansteigen ließ (SUDFELDT et al. 2008) und auf für diese Art günstige Veränderungen der Flachgewässer zurückgeführt wird.

21. Pfeifente – *Anas penelope*

Diese nord- und osteuropäisch verbreitete Entenart brütet nur gelegentlich in Deutschland. In der Region um Wittenberg ist sie ein regelmäßiger und häufiger Durchzügler auf den Gewässern der Elbeaue oder auf den Hochwasserflächen sowie auch auf den Grubenseen, wo sie von Mitte März bis Anfang Mai und im August/September beobachtet werden kann. Zunehmend gibt es auch Winterfeststellungen, wie z.B. am 16.12.

2006 von 125 auf dem Klödener Riß. Maximal wurden bisher je 1500 Pfeifenten am 24.3.2002 und am 30.3.2005 auf der Alten Elbe Bösewig festgestellt.

22. Chilepfeifente – *Anas sibilatrix*

Ein offensichtlicher Gefangenschaftsflüchtling dieser eigentlich in Südamerika beheimateten Entenart wurde vom 1.6. bis 7.7.2001 auf der Alten Elbe Bösewig und am 7.9.2002 auf dem Kleinen Lausiger Teich gesichtet.

23. Krickente - *Anas* crecca

Die in Deutschland verbreitete, aber nicht häufig brütende Krickente ist im Gebiet um Wittenberg ein regelmäßiger Durchzügler, der im Frühjahr und Herbst in Schwärmen auf den Gewässern der Elbeaue und der Aue der Schwarzen Elster rastet, in Hochwasserjahren im März und April auch auf den großen Überflutungsflächen. Als Maximalzahl hielten sich im Oktober und November 2002 auf der Alten Elbe Bösewig zeitweilig 1500 bis 2000 Krickenten auf, sonst sind es Scharen von 100 bis 300. In einzelnen Jahren hat die Krickente auch im Gebiet gebrütet, wie es Gelegefunde 1979 im Mündungsgebiet der Schwarzen Elster und jungeführende Weibchen anzeigen, so 1999 auf der Alten Elbe Bösewig ein ♀ mit 5 Jungen, 2002 ein ♀ mit 4 Jungen und 2003 ein ♀ mit 4 Jungen. Flache, deckungsreiche Gewässer, wie die Altwässer der Elbe und Schwarzen Elster, bieten dieser Art geeigneten Brutraum, so dass vermutlich weitere Bruten unbemerkt stattgefunden haben können.

24. Fahlente – *Anas capensis*

Da die in Afrika südlich der Sahara lebende Fahl- oder Kapente natürlicherweise kaum Europa erreicht, ist das am 24.4. und 5.5.2002 auf Gewässern bei Bösewig beobachtete ♂ sicherlich ein Gefangenschaftsflüchtling.

25. Stockente - *Anas platyrhynchos*

Wie in ganz Deutschland ist die Stockente auch in der Wittenberger Region die verbreitetste und häufigste Entenart. Da sie in ihrer Brutplatzwahl sehr vielseitig ist, kommt sie nicht nur in den Flussauen vor, wo sie allerdings ein regelmäßiger Brutvogel an allen Gewässern der Elbeaue und der Schwarzen Elster sowie deren angrenzenden Hochstauden- und Grünlandbereichen ist. So besiedelt sie auch die Bachtäler des Vorflämings und des Fläming-Hügellandes sowie der Dübener und Annaburger Heide ebenso wie kleine stehende Gewässer im Fläming und den Heiden. Auch auf den großen Heideteichen und in den sich entwickelnden Vegetationszonen der Tagebauseen brütet die Stockente. Sie ist aber auch ein regelmäßiger zahlreicher Durchzügler und Wintergast auf der Elbe, den größeren Gewässern der Auen von Elbe und Schwarzer Elster, den Heideteichen, den Tagebauseen, den Kiesseen und den Wittenberger Parkgewässern. Der Winterbestand im gesamten Gebiet schwankte in den letzten Jahren zwischen 3000 und 7000 Stockenten, maximal wurden 14.140 im Januar 1980 festgestellt. Ringfunde belegen die Herkunft einiger dieser Enten aus skandinavischen (Dänemark, Öland/Schweden) und baltischen (Litauen, Lettland) Ländern sowie aus Polen und Russland (Nowgorod). Vereinzelt festgestellte fehlfarbene Stockenten (bes. weißfleckige) zeigen, dass sich auch entflohene Parkvögel zu diesen Scharen gesellen.

26. Spießente - *Anas acuta*

Die überwiegend nordeuropäisch verbreitete und in weiträumigen, offenen Landschaften auf Nasswiesen brütende Spießente ist in Deutschland ein seltener Brutvogel. Aus dem Wittenberger Gebiet ist bisher ein einmaliges Brutvorkommen mit 3 Nestern am Durchstich bei Pratau und am Wiesenhof Piesteritz aus dem Jahr 1967 belegt (ZIEBARTH 1967, ZUPPKE 1968). Sonst ist sie ein regelmäßiger Durchzügler auf den größeren Auengewässern oder auf den Hochwasserflächen von Mitte März bis Anfang Mai und im August/September. Trupps von 500 Spießenten am 24.3.2002 und 400 am 28./30.3.2005 auf der Alten Elbe Bösewig stellen die Maximalzahlen dar.

27. Knäkente - *Anas querquedula*

Die auf eutrophen, deckungsreichen Gewässern brütende Knäkente ist in Deutschland ein sehr seltener Brutvogel. In der Wittenberger Region ist sie in Abhängigkeit von günstigen hohen Wasserständen ein vereinzelter und nicht alljährlicher Brutvogel im Wittenberger Luch, den gewässernahen und feuchten Wiesen an der Probstei, am Durchstich, in der Großen Straube und auf Altwässern an der Schwarzen Elster, wie der Kuhlache bei Jessen. 2006 wurden im EU SPA Mündungsgebiet der Schwarzen Elster 27 Revierpaare festgestellt (SIMON & SIMON 2007). Sie ist unter den mitteleuropäischen Entenarten der einzige Langstreckenzieher, der sonst im Wittenberger Gebiet als regelmäßiger Durchzügler zu den Zugzeiten im März/April und im August/September auf den größeren Auegewässern und im Frühjahr auch auf den Hochwasserflächen rastet.

28. Löffelente - *Anas clypeata*

Die Löffelente stellt ähnliche Biotopansprüche wie die Knäkente und ist in Deutschland ebenfalls ein seltener und nur lokal verbreiteter Brutvogel. Auf Gewässern der Wittenberger Region ließen Beobachtungen im Mai in mehreren Jahren Brutverdacht aufkommen, aber nur am 30.7.2000 zeigten ein ♀ mit 4 Jungen und am 24.6.2001 ein ♀ mit 2 Jungen auf der Alten Elbe Bösewig erfolgreiche Bruten an, so dass sie im Gebiet nach wie vor als unregelmäßiger Brutvogel anzusehen ist, wenn auch SIMON & SIMON (2007) im EU SPA Mündungsgebiet der Schwarzen Elster 4 Brutpaare vermuten. Sonst ist die Löffelente ein regelmäßiger Durchzügler von Mitte März bis Anfang Mai und Ende Juli bis Anfang Oktober (mitunter auch noch später) auf den großen Auengewässern und auf den Hochwasserflächen, der in Scharen von bis zu 200 Enten festgestellt werden kann.

29. Kolbenente – *Netta rufina*

Die vorwiegend im südlichen Europa vorkommende Kolbenente ist in Deutschland nur lokal (z.B. am Bodensee) häufig mit ansteigenden Beständen (SUDFELDT et al. 2008), sonst aber sehr selten. Wie in den angrenzenden Gebieten ist diese Tauchentenart auf den Gewässern der Wittenberger Region ein unregelmäßiger Gastvogel, von dem jeweils stets nur einzelne auf dem Crassensee (1973), dem Großen Streng und Falkenweiden Wartenburg (1986, 2002), dem Durchstichgewässer (1989), auf den Lausiger Teichen (1989, 1998), der Alten Elbe Bösewig (1974, 1978, 1980, 1999, 2001, 2002, 2003), dem Bergwitzsee (1974, 2002), dem Prettiner Kiessee (2001), dem Barbarasee Gräfenhainichen (2001), auf Überflutungsflächen bei Wartenburg (2001) und dem Gremminer See (2003, 2004, 2005, 2006) gesehen wurden. Da diese Entenart gern als Parkvogel gehalten wird, betreffen einige Beobachtungen möglicherweise auch Gefangenschaftsflüchtlinge.

30. Moorente – *Aythya nyroca*

Die überwiegend im östlichen Europa vorkommende Moorente ist in Deutschland ein sehr seltener Brutvogel, der gelegentlich vereinzelt außerhalb der Brutplätze gesehen wird, so auch als unregelmäßiger Gastvogel in der Wittenberger Region auf dem Rohrbecker Teich (1976), dem Kleinen Lausiger Teich (1979), der Alten Elbe Bösewig (1979, 1985, 1999, 2001), den Lausiger Teichen (1982), der Alten Elbe Melzwig (1998), dem Falkenweiden Wartenburg (1999) und dem Klödener Riß (2001). Auch bei dieser Art ist mit verflogenen Parkvögeln zu rechnen. Da bei den *Aythya*-Arten auch Hybridisation möglich ist, wurde am 4.8.2001 auf dem Ascheteich Zschornewitz eine Hybridente (Moorente x Tafelente) gesehen.

31. Tafelente - *Aythya ferina*

Die in Europa (außer Mittelmeerraum) und auch in Deutschland weit verbreitete Tafelente, die auf eutrophen Binnenseen mit üppiger Ufervegetation brütet, ist in der Wittenberger Region seit den 1960er Jahren ein nicht alljährlicher Brutvogel in wenigen Paaren, zunächst auf den Heideteichen (WODNER 1969), später auch in der Elbeaue (Crassensee/TUCHSCHERER 1971, Alte Elbe Bösewig) und Elsteraue (Altarme bei Gorsdorf). Im EU SPA Mündungsgebiet der Schwarzen Elster konnten 2006 jedoch 12 Paare ermittelt werden (SIMON & SIMON 2007). Sie ist aber vor allem auch ein regelmäßiger und zahlreicher Durchzügler im März/April und Juli bis Mitte Oktober sowie teilweise auch Wintergast auf den größeren Gewässern der Elbe- und Elsteraue sowie den Tagebauseen bei Gräfenhainichen. In den letzten Jahren verschob sich ihr Aufenthalt stärker zu den großflächigen Grubenseen, besonders dem Gremminer See Gräfenhainichen: 14.10.2006 – 2500; 18.11.2006 – 7375; 16.12.2006 – 1900. Andernorts wird diese Verlagerung der Aufenthaltsgewässer als Abnahme der Winterbestände wahrgenommen (z.B. SCHWARZE & KOLBE 2006).

32. Reiherente - *Aythya fuligula*

Die Reiherente ist in Deutschland ein mäßig häufiger Brutvogel. In der Wittenberger Region ist sie ein unregelmäßiger Brutvogel, von dem am 29.5.1979 ein erstes Gelege im Mündungsgebiet der Schwarzen Elster gefunden wurde, das später dem Hochwasser zum Opfer fiel. Im gleichen Jahr wurde auf der Alten Elbe Bösewig ein ♀ mit 2 Jungen gesehen. Eine weitere Brutansiedlung erfolgte 1981 auf einem Kleingewässer südlich des Wittenberger Bahnhofs „Elbtor“, jetzt „Altstadt“ (ein jungeführendes Weibchen). Danach folgten weitere sporadische Brutversuche, die in einigen Fällen auch erfolgreich verliefen: 2000 auf dem Gremminer See Gräfenhainichen, 2001 auf dem Ausreißerteich, 2002 auf der Alten Elbe Bösewig, 2003 auf dem Großen und Kleinen Lausiger Teich, 2004 auf dem Dorfteich Strohwalde, 2005 auf dem Kleinen Lausiger Teich und dem Roten Mühlteich Reinharz, 2006 wieder auf der Alten Elbe Bösewig.

Auch die Reiherente ist in der Wittenberger Region ein regelmäßiger Durchzügler, der von Mitte März bis Anfang Mai und Ende Juli bis Anfang September auf den Auengewässern, vor allem aber auf den Grubenseen beobachtet wird, z.B. am 18.11.2006 – 3000 auf dem Gremminer See Gräfenhainichen.

33. Bergente - *Aythya marila*

Die in den subarktischen Tundren Islands, Skandinaviens und Nordrusslands brütende Bergente ist an den deutschen Küsten ein regelmäßiger Wintergast, erscheint aber im Binnenland nur unregelmäßig und vereinzelt. Auch in der Wittenberger Region wird sie als unregelmäßiger Gastvogel in manchen Wintern auf der Elbe, den Auengewässern und den Grubenseen festgestellt, so am 28.3.1999 – 1 auf der Alten Elbe Bösewig, am 18.2.2001 – je 1 auf dem Ascheteich Zschornewitz und auf dem Prettiner Kiessee, am 17.11.2002 auf der Elbe bei Pretzsch, am 12.1.2003 – 1 auf Überschwemmungsflächen bei Dabrun, 3 am Durchstich Pratau und 4 auf der Alten Elbe Bösewig, am 15.1.2005 – 1 auf dem Grubensee Golpa II. Lediglich am 18. und 25.11.1969 hielt sich mit 13 schlichtfarbenen Bergenten ein größerer Trupp auf dem Bergwitzsee auf (TUCHSCHERER 1971).

34. Eiderente – *Somateria mollissima*

Eiderenten brüten nicht nur an den nordeuropäischen Küsten, sondern auch an der deutschen Nordseeküste und sind hier und an der Ostseeküste häufige Wintergäste. Vereinzelt gelangen auch einige ins Binnenland, so dass auch in der Wittenberger Region in manchen Wintern einzelne gesehen werden können, wie zuletzt am 15.2.2004 – 1 auf dem Gremminer See. Da insgesamt inzwischen mehr als 10 Nachweise vorliegen, ist diese Entenart im Gebiet als unregelmäßiger Gastvogel anzusehen (u.a. HAMPE & HINSCHE 1967; BÖHME, 1968).

35. Eisente – *Clangula hyemalis*

Eisenten aus der hochnordischen Tundra- und Fjällregion Europas überwintern an der deutschen Ostseeküste und kommen nur in Ausnahmefällen ins Binnenland. Aus der Wittenberger Region liegen jedoch einige Nachweise in den Wintermonaten auf der Elbe und dem Bergwitzsee vor, so dass diese Art als unregelmäßiger Wintergast angesehen werden kann. Bemerkenswert sind die späten Frühjahrsnachweise von je einem weibchenfarbenen am 9.4.2000 auf dem Ascheteich Zschornewitz, am 19.4.1986 auf der Alten Elbe Bösewig und am 19.5.2005 auf dem Gremminer See, da weder aus dem westlich benachbarten Dessauer Gebiet (SCHWARZE & KOLBE 2006) noch aus dem südlich angrenzenden Bitterfelder Gebiet (KUHLIG & RICHTER 1998) derart späte Beobachtungen bekannt wurden.

36. Trauerente – *Melanitta nigra*

Auch diese in der europäischen subarktischen Tundra brütende Entenart, die an den europäischen und nordafrikanischen Atlantikküsten überwintert, erscheint im Winter ziemlich regelmäßig, aber in geringer Zahl im Binnenland. In der Wittenberger Region wurde sie bereits über 10mal gesehen, besonders auf dem Bergwitzsee (u.a. TUCHSCHERER 1971) sowie am 3.11.-22.11.1998 – 4 auf der Alten Elbe Bösewig und am 15.3.2003 – 1 auf dem Klödener Riß, so dass die Trauerente ein unregelmäßiger Gastvogel in den Wintermonaten ist.

37. Samtente – *Melanitta fusca*

Mit der Samtente kommt eine weitere im Norden Europas beheimatete Entenart, die auf Seen in der Nadelwald- und Birkenzone der Taiga brütet, im Winter an die mitteleuropäischen Küsten und von dort vereinzelt ins Binnenland. Ähnlich wie von der Trauerente gibt es auch von dieser Art einige Nachweise aus der Wittenberger Region, so am 9.2.1981 auf dem Klödener Riß, am 31.12.1999 – 3 auf der Elbe bei Bösewig, am 2.4.2000 – 1 auf dem Ausreißerteich und am 9.2.2001 – 3 auf dem Gremminer See. Da jedoch 23 Beobachtungen mit insgesamt 50 Samtenten vorliegen, ist eine Einstufung als unregelmäßiger Gastvogel gerechtfertigt.

38. Schellente - *Bucephala clangula*

Da die Schellente als Höhlenbrüter auf höhlenreiche Altbäume angewiesen ist, brütet sie an Gewässern in Waldlagen. Sie ist in Deutschland nur lokal ein Brutvogel, allerdings mit zunehmender und ausbreitender Tendenz. Bis in den 1980er Jahren war die Schellente in der Wittenberger Region nur ein regelmäßiger Wintergast, besonders auf der Elbe, die in strengen Wintern das einzige eisfreie Gewässer war. Von Ende Oktober bis Mitte März halten sich hier und auf angrenzenden Gewässern meistens nur kleinere Trupps von Schellenten auf. Am 11.2.2006 hielten sich mit 663 und am 11.3.2006 mit 839 die Höchstzahlen an Schellenten im Gebiet auf, überwiegend auf der Elbe zwischen Bösewig und Elster.

Mit Beginn der 1990er Jahre mehrten sich die späten Frühjahrsbeobachtungen, besonders an den Teichen in der Dübener Heide. 2001 gelang mit der Beobachtung eines jungeführenden ♀ auf dem Roten Mühlteich bei Reinharz der 1. Brutnachweis im Wittenberger Gebiet, dem 2002 der nächste auf dem Heidemühlteich folgte. Weitere Paare zeigten auf den Lausiger Teichen Revierverhalten. In den Folgejahren wurden stets nur auf diesen Heideteichen balzende, revieranzeigende oder jungeführende Schellenten beobachtet, so dass sie zumindest als unregelmäßiger Brutvogel des Wittenberger Gebietes anzusehen ist.

39. Zwergsäger - *Mergus albellus*

Der Zwergsäger als Bewohner der nordischen Taigazone erscheint in Deutschland regelmäßig, aber nicht häufig an den Küsten als Durchzügler und Wintergast. In der Wittenberger Region ist er ab Ende November bis Mitte März als unregelmäßiger Gastvogel, aber nur in geringer Anzahl, besonders auf der Elbe, aber auch auf angrenzenden Altarmen und Altwässern der Aue anzutreffen.

40. Gänsesäger - *Mergus merganser*

Der an das Bruthabitat ähnliche Ansprüche wie die Schellente stellende Gänsesäger ist als Brutvogel in Deutschland nur im Nordosten und im Alpenraum verbreitet. Von vereinzelten Bruten in früheren Jahren in den Auenwäldern des Mittelelbegebietes wird berichtet (z.B. ROCHLITZER 1993). Im Wittenberger Gebiet wurden verschiedentlich vermeintliche Jungvögel gesehen, z.B. 1970 an der Mündung der Schwarzen Elster (LENNIG 1970) sowie 1969, 1973, 1977, 1979 und 1988 an der Alten Elbe bei Melzwig, weshalb auf ein mögliches Brüten dieser Art geschlossen wurde. Es wurden jedoch noch niemals flugunfähige Küken festgestellt, so dass es sich auch um durch Mauser flugunfähige, noch nicht brutreife Vögel handeln könnte, die im Gebiet übersommern (SCHÖNFELD et al. 1997). In den Folgejahren wurden zwar immer mal wieder einzelne ♀ bis in den Mai hinein beobachtet, stets jedoch ohne Anzeichen auf eine mögliche Brut.

Der Gänsesäger ist aber ein regelmäßiger und häufiger Wintergast von November (selten bereits im Oktober) bis März, besonders auf der Elbe. Der Winterbestand erreicht im Monat Januar seinen Höhepunkt, in denen sich etwa 100 bis 400 Gänsesäger im Gebiet aufhalten. In den 1980er Jahren wurden jedoch folgende Höchstzahlen gezählt: 13.1.1980 – 1663; 18.1.1981 – 609; 15.1.1982 – 615; 13.1.1985 – 630; 17.2.1985 – 1142; 17.3.1985 – 1028; 12.1.1986 – 1315; 16.2.1986 – 621; 16.3.1986 – 991; 15.2.1987 – 758; 15.3.1987 – 740.

41. Mittelsäger – *Mergus serrator*

Die deutschen Brutplätze dieser überwiegend nordeuropäisch verbreiteten Art liegen überwiegend an der Ostseeküste, einige kleine, isolierte an der Nordseeküste und in

Brandenburg. Die nordeuropäischen Mittelsäger überwintern auch an der deutschen Ostseeküste, einzelne erreichen das Binnenland. Er wurde in den Wintermonaten zunehmend, wenn auch nicht alljährlich, in der Wittenberger Region als unregelmäßiger Gastvogel, vorwiegend auf der Elbe, gesichtet, nachdem er 1985 noch als seltener Gast eingestuft wurde (SCHÖNFELD et al.1985).

42. Wachtel – *Coturnix coturnix*

Die in Europa weit verbreitete und häufige Wachtel wird überwiegend nur durch die Rufe der Männchen bemerkt. Sie muss früher in der Wittenberger Region nicht selten gewesen sein, denn der Gutsbesitzer und Jäger MATHIEU schoss in der Zeit von 1890 bis 1902 in seinem Raßdorfer Revier 26 Wachteln, die damals zum Niederwild gehörte. Nach 1950 war sie auf den Feldern des Wittenberger Gebietes ein äußerst seltener Brutvogel. Erst seit Beginn der 1980er Jahre wurde sie zunehmend in den Feldfluren der rechtselbischen Elbeaue, des Vorflämings und des Jessener Fläming-Hügellandes gehört und ist gegenwärtig wieder ein regelmäßiger Brutvogel des Gebietes. Dies kann in den für diese Art typischen langjährigen starken Bestandsschwankungen begründet sein, deren Ursachen nicht vollständig geklärt sind. Die Rufe dieses in Afrika überwinternden Langstreckenziehers sind im Gebiet von Anfang Mai bis Anfang August zu hören. Die Wachtel besiedelt die offene Feldflur, benötigt aber auch eine hochgewachsene Krautschicht zur Deckung. In der Wittenberger Region findet man sie vorwiegend auf Getreidefeldern und in Wiesengebieten der Elbeaue, wie in der Großen Straube bei Seegrehna-Bodemar, auf den Wiesen am Durchstich und an der Probstei bei Pratau. Auf Brachen wurde sie bisher nur ausnahmsweise festgestellt, so bei Buchholz nahe Gräfenhainichen.

43. Jagdfasan - *Phasianus colchicus*

Der ursprünglich nur in Transkaukasien beheimatete Fasan wurde seit dem Mittelalter in verschiedenen Gebieten Europas, so auch in Deutschland, zu Jagdzwecken eingebürgert. Diese Einbürgerung muss auch im Wittenberger Raum sehr zeitig erfolgt sein, denn in den Schussbüchern von MATHIEU sind für die Jahre 1895 bis 1905 auch 236 in seinem Revier bei Raßdorf erlegte Fasanen registriert. Nachdem dann der Jagdfasan in den 1950er Jahren an nur wenigen Stellen des Kreises Wittenberg festgestellt werden konnte, z.B. in den Randzonen des Auenwaldes Heinrichswalde, wurden in den 1970er Jahren an mehreren Stellen durch die Jägerschaft gezüchtete Volierenvögel ausgesetzt, so auch in der Elbeaue bei Dabrun. Gegenwärtig lebt ein ohne bestandsstützende Maßnahmen sich selbst erhaltender geringer Bestand in den nur begrenzt vorhandenen

Optimalhabitaten der gebüschreichen Offenlandschaft der Elbeaue und des Vorflämings, in der er als Jahresvogel beobachtet werden kann.

44. Rebhuhn - *Perdix perdix*

Das in Europa weit verbreitete und regional häufige Rebhuhn ist in Deutschland in seinem Bestand stark zurückgegangen und gebietsweise völlig verschwunden. Auch in der Wittenberger Region war das Rebhuhn bis zu Beginn der 1960er Jahre ein häufiger Brutvogel der freien Feldflur, sogar bis in den Vorstädten von Wittenberg. MATHIEU schoss in seinem Revier bei Raßdorf im Vorfläming in den Jahren 1888 bis 1905, also in 18 Jahren 1884 Rebhühner, das sind jährlich 105 Rebhühner! Während der militärischen Nutzung der Glücksburger Heide muss das Rebhuhn auch in der damaligen schütteren und niedrigen Vegetation und der Weiträumigkeit des Gebietes Brutmöglichkeiten gefunden haben, denn SIMON & SIMON (1996) nennen Nachweise aus dem südwestlichen Bereich. Mit der verstärkt in den 1970er Jahren durchgesetzten Großfelderwirtschaft und der damit einhergehenden Strukturverarmung der Feldfluren verschwand das Rebhuhn trotz der verfügten Jagdruhe fast völlig. Die Hauptursache für den Bestandsrückgang ist wohl das Verschwinden der kleinparzellierten Ackerwirtschaft mit abwechslungsreichen Fruchtfolgen und der Verlust der Deckungsstrukturen durch das Verschwinden der Feldhecken und Ackerraine. 13 Rebhühner im Oktober 1982 auf der Feldflur zwischen Rade und Schöneicho waren wohl ziemlich der letzte größere Trupp im Gebiet. Gegenwärtig werden nur noch selten vereinzelte Paare in den Fläminggebieten nördlich von Wittenberg und Jessen sowie den Ackerblößen in der Dübener Heide beobachtet, so dass das Rebhuhn zu den seltenen Brutvögeln des Gebietes zählt. Auch die früher häufigen zahlenstarken winterlichen Trupps treten nicht mehr auf.

45. Steinhuhn – *Alectoris graeca*

Diese auf dem Balkan, dem Apennin und den Alpen beheimatete Hühnerart ist seit 1979 kein Brutvogel Deutschlands mehr (SÜDBECK et al. 2007), der kleine Bestand im deutschen Hochgebirge ist erloschen. Dennoch wurden am 10.9.2007 Federn eines vom Raubsäuger gerissenen Steinhuhnes an der Straße zwischen Schadewalde und Lüttchenseyda gefunden, sicherlich eines entflohenen Gehegevogels, dessen eventuelle Herkunft in der Umgebung nicht geklärt werden konnte.

46. Haselhuhn – *Tetrastes bonasia*

Das vorwiegend in Nord- und Osteuropa im dichten Hochmischwald brütende Haselhuhn kommt in Deutschland im Wesentlichen nur im Alpenraum vor. Daher ist die Beobachtung eines Haselhuhns am 22.10.1977 in der Dübener Heide bei Reinharz äußerst ungewöhnlich, wurde jedoch nach Prüfung der Umstände vom Raufußhuhnkenner A. W. BOBACK für möglich gehalten. Es wäre als seltener Gastvogel anzusehen. 2001 und früher wurden im südlich angrenzenden Bereich (Landkreis Torgau) ebenfalls einzelne Haselhühner gesehen.

47. Birkhuhn – *Tetrao tetrix*

Das Birkhuhn mit seinen speziellen Habitatsanforderungen (halboffenes Gelände für Balzplätze, deckungsreiche Flächen als Versteckmöglichkeit, lockere Baumbestände für Schlafplätze und reichhaltiges Beerenangebot als Nahrung), findet in Deutschland nur noch im Alpenraum, in der Rhön und begrenzt in der nordwestdeutschen Tiefebene geeigneten Lebensraum. Aus den Schussbüchern von MATHIEU ist zu entnehmen, dass er in den Jahren von 1894 bis 1905 im Gebiet Raßdorf, wohl dem Zemnicker Bruch, 14 Birkhähne geschossen hat und somit diese Raufußhuhnart damals dort vorkam. Aus der Glücksburger Heide berichtet THIENEMANN (1881): „Das Birkhuhn nistet noch immer einzeln in den gemischten Beständen …“. Auch in westlich angrenzenden Flämingrevieren war das Birkhuhn bis Anfang des vorigen Jahrhunderts anzutreffen (SCHWARZE & KOLBE 2006). STENGEL (1877) schreibt, dass „im Annaburger oder Lochauer Forst“ „viele Birkhühner“ geschossen wurden.

48. Auerhuhn – *Tetrao urogallus*

Die Bemerkung STENGELs (1877), dass im Annaburger oder Lochauer Forst „… sogar Auerhühner, …“ geschossen wurden, lässt auf ein früheres Vorkommen dieser Art schließen. Darüber hinaus fand sich kein Hinweis auf ein ehemaliges Vorkommen dieser Art in der Wittenberger Region, die auch im westlich angrenzenden Bereich (besonders Fläming) nach SCHWARZE & KOLBE (2006) außer in einem Ansiedlungsversuch 1928-1930 nie gebrütet hat.

49. Zwergtaucher - *Tachybaptus ruficollis*

Der in Deutschland weit verbreitete und häufige Zwergtaucher brütet auf kleineren stehenden oder langsam fließenden Gewässern, wenn sie eine ausgeprägte Verlandungszone aufweisen. In der Wittenberger Region ist er daher als regelmäßiger Brutvogel auch auf vielen derart geeigneten Gewässern sowohl in den Auen der Elbe und Schwarzen Elster als auch in der Dübener Heide und dem Fläming in der Zeit von Ende März/Anfang April bis August zu finden. Ob der gegenwärtige negative Bestandstrend nur eine der üblichen Bestandsschwankungen oder ein Bestandsrückgang ist, kann noch nicht schlüssig beurteilt werden. Außerhalb der Brutzeit ist er als Durchzügler in geringer Zahl von März bis April und von August bis Oktober auch auf größeren Gewässern anzutreffen, jedoch stets einzeln oder in kleinsten Gruppen.

50. Haubentaucher - *Podiceps cristatus*

Auch der in Europa nur im Norden fehlende Haubentaucher ist in Deutschland weit verbreitet und häufig. Da er fischreiche Gewässer mit gut ausgeprägter Ufervegetation benötigt, ist er in der Wittenberger Region vorwiegend auf den größeren Gewässern der Elbe- und Elsteraue sowie den großen Heideteichen als regelmäßiger Brutvogel vertreten. Die großen Tagebauseen um Gräfenhainichen wurden erst besiedelt, als sich eine umfangreichere Röhrichtzone entwickelt hatte. Als Brutvogel ist er von Ende März/Anfang April bis im August auf den Brutgewässern anzutreffen. Gegenwärtig bemerkte geringe Nachwuchsraten werden als Ergebnis des prädatorischen Einwirkens des sich in den Auen etablierten Neubürgers Mink gehalten. Als Durchzügler rastet er in geringer Zahl von Mitte März bis Ende April und im Juli/August bis September besonders auf den größeren Altarmen, vereinzelt auch auf der Elbe. Auf den größeren Wasserflächen halten sich mitunter größere Scharen auf, wie im Juni 2007 mit über 100 Haubentauchern oder 119 am 18.10.2008 auf dem Gröberner See. Bei Eisfreiheit dieser Gewässer können dort auch in den Wintermonaten Haubentaucher festgestellt werden, wie 88 am 15.11.2008 auf dem Gröberner See oder 11 auf dem Bergwitzsee, die auch am 26.12.2008 sich noch dort aufhielten.

51. Rothalstaucher – *Podiceps grisegena*

Der vorwiegend im östlichen Europa vorkommende Rothalstaucher ist in Deutschland sehr lokal verbreitet und nirgends häufig. Als Bewohner von Gewässern mit ausgedehnten Verlandungszonen wurde er in der Wittenberger Region in den 1950er Jahren nur auf den Lausiger Teichen mit 1-2, maximal 3 Brutpaaren festgestellt. 1978 konnte er auch auf dem Bergwitzsee brütend festgestellt werden. Mit wechselndem Bruterfolg siedelte er auf weiteren Heideteichen und dem Ascheteich Zschornewitz, vereinzelt auch auf Altwässern der Schwarzen Elster (SEELIG et al. 1997), so dass bis 1990 maximal 8 Brutpaare im Gebiet brüteten. Danach konnten stets nur ein Brutpaar auf dem

Ausreißerteich und 2-4 Brutpaare auf dem Ascheteich Zschornewitz festgestellt werden. 2002 brütete ein Rothalstaucherpaar auch wieder auf dem Kleinen Lausiger Teich, 2004 auch auf dem Roten Mühlteich bei Reinharz, ab 2005 auf dem Gremminer See bei Gräfenhainichen (jedoch ohne Bruterfolg). Demzufolge ist sein Status im Wittenberger Gebiet als regelmäßiger Brutvogel anzusehen. Außerhalb der Brutzeit ist der Rothalstaucher im März und August/September vereinzelt auf größeren Gewässern der Elbe- und Elsteraue und den Tagebauseen bei Gräfenhainichen als unregelmäßger Durchzügler anzutreffen, vielleicht wird er im Schlichtkleid auch manchmal mit dem Haubentaucher verwechselt.

52. Ohrentaucher – *Podiceps auritus*

Der Ohrentaucher ist ein Brutvogel der vegetationsreichen Binnenseen Islands, Skandinaviens, Finnlands und Russlands. In Mitteleuropa erscheint er nur als Wintergast an den Küsten, von wo er vereinzelt auch in das Binnenland gelangt. In der Wittenberger Region erscheint er als unregelmäßiger und vereinzelter Durchzügler im Dezember und Januar vorwiegend auf der Elbe (ebenso wie im angrenzenden Dessauer Gebiet/SCHWARZE & KOLBE 2006). Eine Spätbeobachtung liegt vom 17.4.1983 vor, wo sich ein ♂ im Prachtkleid auf Überschwemmungsflächen bei Wittenberg aufhielt.

53. Schwarzhalstaucher – *Podiceps nigricollis*

Der Schwarzhalstaucher bewohnt nur im östlichen Europa ein geschlossenes Brutareal, während er in West-, Mittel- und Südeuropa nur lokal verbreitet ist. Er brütet auf eutrophen Gewässern mit reicher Verlandungs- und Unterwasservegetation. In der Wittenberger Region konnte er bisher nur als unregelmäßiger Brutvogel auf dem Ascheteich Zschornewitz mit 2-4 Paaren als Brutvogel festgestellt werden, nachdem sich 1970 ein Paar im Mai auf der Alten Elbe Bösewig aufgehalten hatte, so dass Brutverdacht aufkam. Ab 2005 hielten sich auch Schwarzhalstaucher paarweise auf dem Gremminer und Gröberner See bei Gräfenhainichen während der Brutzeit auf. Darüber hinaus sind während der Durchzugszeiten März/April und Oktober vereinzelte Schwarzhalstaucher auf den Gewässern der Elbeaue und dem Bergwitzsee als unregelmäßige Durchzügler zu beobachten. Einzelne wurden auch in den Wintermonaten November bis Februar als Wintergäste festgestellt.

54. Sterntaucher – *Gavia stellata*

Diese an nordeuropäischen Seen brütende Seetaucherart erscheint regelmäßig als Wintergast an den deutschen Küsten und auf Binnenseen. Auch auf den Gewässern der

Wittenberger Region wird sie in manchen Wintern, besonders im November, aber sehr unregelmäßig und nur vereinzelt gesehen. Ungewöhnlich war der lange Aufenthalt eines Sterntauchers von Mitte März bis Mitte September 1987, also über den Sommer (!), auf der Elbe zwischen Elster und Wittenberg.

55. Prachttaucher – *Gavia arctica*

Auch dieser nordeuropäisch brütende Seetaucher erscheint als Durchzügler und Wintergast an deutschen Küsten und Binnenseen. In der Wittenberger Region erscheinen nicht alljährlich einzelne Prachttaucher überwiegend im November auf den größeren Gewässern, z.B. dem Bergwitzsee und neuerdings auf den Tagebauseen bei Gräfenhainichen. Maximal waren am 30.11.1997 auf dem Bergwitzsee 6 des sonst nur einzeln rastenden Prachttauchers gleichzeitig anwesend.

56. Eistaucher – *Gavia immer*

Der Eistaucher, der auf Island und Jan-Mayen brütet, wird nur selten in Deutschland als Wintergast festgestellt. In der Wittenberger Region ist er ein seltener Gast, von dem 4 Nachweise vorliegen: 20.12.1964 – 1 auf dem Bergwitzsee; 20.-27.12.1984 – 2 auf dem Bergwitzsee; 17.11.1988 – 1 auf der Alten Elbe Bösewig; 13.11. – 12.12.1998 – 1 auf dem Bergwitzsee.

57. Basstölpel – *Sula bassana*

Auch den ausgesprochenen Meeresvogel Basstölpel, der auf Felsinseln im nördlichen Atlantik und seit Kurzem auch auf Helgoland brütet, muss es schon bis in die Wittenberger Region verschlagen haben, denn NAUMANN (1897) nennt einen, der „vor vielen Jahren" bei Wittenberg erschlagen wurde und den auch PIECHOCKI (1979) aus den Briefen von CH. L. NITZSCH erwähnt.

58. Kormoran - *Phalocrocorax carbo*

Die „Festlandrasse" *Ph. c. sinensis* besiedelt Europa von den Niederlanden bis zum Baltikum sowie SE-Europa und brütet kolonieartig an Binnenseen auf Bäumen. Sein Bestand war zu Beginn des 20. Jahrhunderts bis auf Restbestände in den Niederlanden und Polen zusammengebrochen. Erst ab den 1970er Jahren erfolgte eine explosionsartige Zunahme im gesamten Verbreitungsgebiet. Bis zu dieser Zeit war der Kormoran in der Wittenberger Region ein Ausnahmegast in der Elbeaue. 1979 kam es zu einer einmaligen Brutansiedlung von 5 Brutpaaren in der Graureiherkolonie im Probsteiwald bei

Pratau (ZUPPKE 1979). Danach kam es erst 1994 zu einer weiteren Ansiedlung von zunächst 14 Brutpaaren im Mündungsgebiet der Schwarzen Elster (SEELIG et al. 1997), die 2005 auf 51 Brutpaare angewachsen war (FISCHER & DORNBUSCH 2006). Danach wurde sie aber aufgegeben (FISCHER & DORNBUSCH 2008). Am Ascheteich Zschornewitz in der Dübener Heide bestand zu dieser Zeit eine weitere Kolonie, die wohl 1994 begründet wurde und 2001 aus 318, 2005 aus 133 Brutpaaren bestand. 2005 siedelten sich am Klödener Riß 9 Brutpaare und 23 Brutpaare auf Eichen am Fuchsberg Gallin an, so dass er nunmehr als regelmäßiger Brutvogel angesehen werden kann. Mit dem in ganz Deutschland zu verzeichnenden Anstieg des Brutbestandes des Kormorans stieg auch die Anzahl der im Wittenberger Raum nahrungssuchenden Kormorane. Waren 61 Kormorane im Jahr 1968 noch bemerkenswert (GERSTENBERGER 1970), so sind gegenwärtig an allen größeren und fischreichen Gewässern einschließlich der Elbe, zum Leidwesen des Fischers natürlich auch an den fischereilich genutzten Teichen in der Dübener Heide, fischende oder gefiedertrocknende Vögel in größerer Zahl zu sehen. Die bei einer zentralen Erfassung der Mitwinterbestände an Schlafplätzen 2003 ermittelte geringe Zahl von 50 Kormoranen (DORNBUSCH, G. & FISCHER 2004) ist wohl der damaligen Kälteperiode geschuldet, bei der alle stehenden Gewässer völlig zugefroren und daher die Kormorane weggezogen waren. Gegenwärtig werden bei den Wasservogelzählungen 350 bis 450 Kormorane im gesamten Gebiet erfasst.

59. Sichler – *Plegadis falcinellus*

Von dem nur lokal in Feuchtgebieten SE-Europas brütenden und südlich der Sahara überwinternden Sichler erhielt KLEINSCHMIDT (1942) am 23.10.1943 einen unausgefärbten Jungvogel von Bösewig (vermutlich von der Alten Elbe). SCHWARZE & KOLBE (2006) erwähnen einen gebietsnahen Nachweis vom Oktober 1978 aus der Kliekener Aue.

60. Löffler – *Platalea leucorodia*

Der nur lokal in SE-Europa bis zum österreichischen Neusiedler See und in den Niederlanden brütende Löffler hat in Deutschland (Niedersachsen, Schleswig-Holstein) Brutversuche unternommen und ist neuerdings auf Norderney Brutvogel. Als Zugvogel überwintert er an west- bzw. nordafrikanischen Küsten und kommt auf dem Zugweg dorthin nicht durch Mitteleuropa. Dennoch wird er vereinzelt auch in der Wittenberger Region gesehen: Am 2.8.1980 wurde einer zwischen Weißstörchen auf den Elbwiesen bei Pratau festgestellt. In der Zeit vom 13.6. bis 31.8.2000 hielten sich zwei im Gebiet an der Alten Elbe Bösewig auf, ebenfalls einer im Folgejahr vom 14.6. bis 1.7.2001 ebendort, sowie am 10.4.2002 einer auf den Elbwiesen bei Melzwig und vom 3.6. bis 6.6.2003 wiederum einer an der Alten Elbe Bösewig (AK ST 2008).

61. Rohrdommel - *Botaurus stellaris*

Die in dichten Röhrichtbeständen versteckt lebende Rohrdommel wird überwiegend nur durch ihre markanten Rufe bemerkt, die jedoch nicht immer auf eine Brutansiedlung schließen lassen, so dass die wahre Größe des Brutbestandes unerkannt bleibt. Dennoch ist sie im europäischen Verbreitungsgebiet, in dem sie nur stellenweise vorkommt, seit der Mitte des 20.Jahrhunderts stark rückgängig und in Deutschland überall sehr selten. FRENZEL (1801) beschreibt eine Rohrdommel, die „in dem Wittenberger Stadtgraben im Schilfe gefunden, geschossen und an das Churfürstl. Naturalienkabinet abgeliefert wurde.“. Nach MERZWEILER (1965) soll sie „früher“ bei Gorsdorf und Hemsendorf vorgekommen sein. Folgende Rufnachweise während der Brutzeit könnten als Hinweise auf Brutvorkommen in der Wittenberger Region gedeutet werden: Roter Mühlteich Reinharz - 1945 (H. TAUCHNITZ, briefl.), Crassensee Heinrichswalde - 1955 Totfund; 2002; Großer Lausiger Teich - 1960 (G. GREMPE, briefl.), 1978, 2003; Schwarzes Loch Kleinzerbst - 1977, 1978; Kleiner Lausiger Teich - 1978, 1979, 2002, 2003, 2004, 2005; Alte Elbe Bösewig - 1977, 1978; Rötkolk Wartenburg - 1978, 1979; Pfählen bei Wartenburg/Bleddin – 1979; Priesitzer See – 1980; Neuer Teich Sachau - 2002 Totfund, 2003, 2005; Ausreißerteich – 2003; Brauhausteich Reinharz - 2004, 2006; Pöplitzer Teiche Zschornewitz - 2004, 2005; Ascheteich Zschornewitz – 2004; Elsteraue Gorsdorf – 2006. Da in keinem Fall das Brüten belegt ist, wird sie nur als unregelmäßiger Brutvogel betrachtet. 1996 konnte die Art im Frühjahr im Wittenberger Luch beobachtet werden, wohl als seltener Durchzügler. Eine bei Milkel in der Oberlausitz nestjung beringte und bei Globig in der Wittenberger Elbeaue gefundene Rohrdommel deutet das Umherstreifen dieser Art an. Einzelne Beobachtungen in den Wintermonaten (12.1. – 20.1.2002 am Großen Streng Wartenburg und am 15.1.2005 an der Elbe bei Apollensdorf) künden von Überwinterungsversuchen oder von Wintergästen aus nördlicheren Brutgebieten (?).

62. Zwergdommel - *Ixobrychus minutus*

Die in Europa mit Ausnahme von Nordeuropa verbreitete Zwergdommel ist in Deutschland sehr selten und kleine Restbestände kommen nur noch an optimalen Standorten (Verlandungszonen von Seen) vor. Aus der Wittenberger Region gibt es nur einen direkten Brutnachweis durch einen Nestfund mit Eiern im Jahr 1954 am Crassensee. Aus dem gleichen Jahr stammt ein Sichtnachweis vom Bleesern-See Seegrehna und von 1967 ein weiterer vom Zehn-Ruten-Kolk Dabrun. MERZWEILER (1965) kennt sie von den Elster-Altwässern. Ein Totfund vom Wittenberger Schwanenteich, der am 23.5.1948 im Riemer-Museum abgeliefert wurde, lässt sich schwer zuordnen. Danach gelangen lange Zeit keine Nachweise mehr. 1993 wurde wieder eine Zwergdommel am Crassensee, 2001 eine an Pötzsches Teiche Melzwig und bei Schköna rufend festgestellt. Insgesamt muss die Zwergdommel wohl als unregelmäßiger und sehr seltener Brutvogel und wohl auch als seltener Gastvogel angesehen werden. Die Dämmerungsaktivität der Art und ihre nicht sehr auffällige Stimme mögen dazu beitragen, dass Brutreviere auch unentdeckt bleiben.

63. Nachtreiher – *Nycticorax nycticorax*

Der besonders im südlichen Europa als Brutvogel vorkommende Nachtreiher ist in Deutschland sehr selten und brütet nur unregelmäßig in SW-Deutschland. Im Wittenberger Gebiet ist er ein sehr seltener Irrgast, der nur am 16.8.1978 am Durchstich, am 26.7.1984 am Klödener Riß, am 17.8.1987 an einem Gewässer bei Pratau und am 20.08.1995 am Klödener Riß (DEUTSCHE SELTENHEITENKOMMISSION 1997) festgestellt wurde. Bei BAUER & BLOTZHEIM (1966) findet sich der bemerkenswerte Hinweis, dass der Nachtreiher auch in anderen Teilen Deutschlands gebrütet hat, so auch „bei Wittenberg a. d. Elbe um 1825 (GUEINZIUS, J.Orn. 1927)“.

64. Kuhreiher – *Bubulcus ibis*

Der in SW-Europa brütende Kuhreiher verfliegt sich nur ausnahmsweise nach Mitteleuropa. In vielen Zoos gibt es aber Brutkolonien freifliegender Kuhreiher, so dass mitunter von dort einige in die freie Natur entfliegen. Vom 1.-6.7.2008 hielt sich einer in der Wittenberger Elbeaue bei Melzwig bei einer Kuhherde auf der Weide auf. Ein grüner Ring wies ihn als Gefangenschaftsflüchtling aus.

65. Silberreiher – *Casmerodius albus*

Eine überaus positive Bestandsentwicklung weist der ursprünglich nur in dichten Altschilfbeständen südosteuropäischer Länder nistende Silberreiher auf, der jetzt in vielen Ländern Europas brütet, in Deutschland allerdings bisher nur erfolglose Brutversuche in Bayern unternahm. So ist der Silberreiher, nachdem er nur in den Jahren 1977, 1982, 1984, 1987, 1988, 1989, 1992 und 1994 einige Male im Elbeauengebiet und am Klödener Riß gesehen werden konnte, jetzt ein regelmäßiger Gastvogel, dessen Beobachtungen nach 1995/96 stark zunahmen. Besonders im Gebiet zwischen Wittenberg und Bösewig hielten sich zunächst einzelne, später auch kleinere oder größere Gruppen auf.

Im November 2006 waren 64 Silberreiher allein im Gebiet um Wartenburg vorwiegend auf den Elbwiesen, aber auch auf Feldern anzutreffen. 1977/78 und ab 1998 kam es auch zu Überwinterungen.

66. Graureiher - *Ardea cinerea*

Der Graureiher (auch: Fischreiher) ist ein häufiger Brutvogel in weiten Teilen Europas, der auch in Deutschland weit verbreitet und nicht selten ist und kolonieweise auf Bäumen brütet. In der Wittenberger Region ist er als regelmäßiger Brutvogel von Ende Februar/Anfang März bis Juli/Anfang August in mehreren Brutkolonien anzutreffen. Außerhalb der Brutzeit erfolgt teilweise Zuzug, der sich mit Ausnahme ganz harter Frostperioden auch im Winter im Gebiet aufhält, so dass fast ganzjährig Graureiher an der Elbe, der Schwarzen Elster und ihren Nebengewässern als regelmäßige Gastvögel zu sehen sind. Nach der Heuernte und der Ernte der Ackerkulturen sind nahrungssuchende Graureiher auch stets auf den Wiesen und Feldern der Ackeraue anzutreffen. Ein im Juni 1988 in Lettland nestjung beringter Graureiher wurde im Dezember des gleichen Jahres in der Feldflur bei Rackith vom Beizhabicht geschlagen und deutet auf die Herkunft der winterlich sich im Gebiet aufhaltenden Reiher.

Bis in den 1970er Jahren bestand im Gebiet nur eine Brutkolonie im Auenwald Kleine Mühlberge westlich von Heinrichswalde aus durchschnittlich 30-35 Brutpaaren, die seit 1906 bekannt ist (SCHWARZE & KOLBE 2006) und sich 2006 (ob durch die Ansiedlung eines Seeadlers?) auflöste und an einem anderen Standort neu begründete. Eine im Auenwald Fleischerwerder bei Dabrun existierende weitere Kolonie, die „vor 20 Jahren" aus fast 100 Brutpaaren bestanden haben soll, ist um 1955 erloschen (MORCHE 1955). Auch eine Kolonie bei Klöden (MERZWEILER 1965), in der 1956 rund 50 Reiherpaare brüteten, besteht nicht mehr. 1975 gründete sich im Auenwald Probstei bei Pratau eine neue Kolonie auf Alteichen aus zunächst 2 Brutpaaren, die sich bis zum Jahr 1990 auf 70 Brutpaare entwickelte, sich aber 2003 ebenfalls auflöste, ob durch die Ansiedlung eines Seeadlers oder durch die Anwesenheit von Waschbären bleibt ungeklärt. Ein Teil dieses Brutbestandes gründete zwei kleine Ausweichkolonien: 20-25 Brutpaare in einem kleinen Kiefernwäldchen in der Feldflur südöstlich von Pratau und 5-6 Brutpaare im Wittenberger Luch. Seit 1973 besteht eine Graureiherkolonie im Kiefernwald auf der holozänen Sanddüne bei Wartenburg, die sich bis zu einer Bestandsgröße von 100-120 Brutpaare entwickelt hat und gegenwärtig die zweitgrößte Brutkolonie in Sachsen-Anhalt ist. Eine weitere Brutkolonie mit ca. 15 Brutpaaren besteht an der Schwarzen Elster bei Premsendorf, seit 2003 eine mit 17 Brutpaaren im Wäldchen bei Lindwerder im Jessener Fläming-Hügelland. Kleinere Brutansiedlungen bestehen seit 2004 bei Annaburg und seit 2005 bei Zahna. Eine Neugründung mit 6 Brutpaaren an der Elbe gegenüber von Apollensdorf hatte keinen Bestand. Mit insgesamt 195 Brutpaaren brüteten 2007 etwa 13 % des Gesamtbestandes von Sachsen-Anhalt (2007 = 1470 Brutpaare/FISCHER & DORNBUSCH 2008) in der Wittenberger Region.

67. Purpurreiher – *Ardea purpurea*

Dieser südeuropäisch brütende und südlich der Sahara überwinternde Reiher brütet zwar unregelmäßig und selten auch in SW-Deutschland, verfliegt sich aber wohl nur ausnahmsweise nach Mitteldeutschland. So blieb auch die Beobachtung eines Purpurreihers am 6.8.1967 im Durchstichgebiet bei Pratau (HINSCHE 1967) die einzige, bevor erst Ende Oktober 2008 wieder einer, diesmal in der Elbeaue bei Prettin gesehen wurde.

68. Seidenreiher – *Egretta garzetta*

Der in Südeuropa und 1992 und 1996 auch in Deutschland (am Inn in Bayern) brütende Seidenreiher bewohnt Sümpfe und Verlandungszonen, wo er aber auf Bäumen brütet. Im Mittelelbegebiet der Wittenberger Region wurde er einmal am 11.6.1967 im Durchstichgebiet bei Pratau gesehen (BÖHME 1968a) und ein weiteres Mal am 22./23.5.2007 am Tagebausee Gröberner See.

69. Schwarzstorch – *Ciconia nigra*

Der in Waldgebieten, die mit Feuchtwiesen oder Sümpfen durchsetzt sind, brütende Schwarzstorch ist nur im östlichen Europa ein regelmäßiger Brutvogel, westwärts kommt er nur in Deutschland und Spanien noch gebietsweise vor und ist hier relativ selten. In der Wittenberger Region wurde er wiederholt brutverdächtig in den Auenwäldern festgestellt (BÖHME 1974a), ohne dass eine Brut bekannt wurde. Seit 1978 brütet er aber mit 1-2 Brutpaaren in der Dübener Heide, wo ihn allerdings schon THIENEMANN (1881) aus dem jetzt sächsischen Teil kannte. Darüber hinaus berichtet derselbe Autor vom Vorkommen in der Glücksburger Heide: „Ein Horst dieses langbeinigen Herren stand in der Glücksburger Haide auf einer Eiche, welche fast ebenso schwer zu umspannen war wie der Schmerbauch des Abts von St. Gallen, …“. Nach 1990 wurde auch das Brutvorkommen in der Annaburger Heide bekannt, das möglicherweise aber schon länger besteht. 2005 wurde dann ein Brutvorkommen im Fläming bei Zahna entdeckt, das auch in den Folgejahren erfolgreich war. 2007 überlebten hier 4 Jungstörche einen Blitzeinschlag in den Nestbaum (Stiel-Eiche). Demzufolge kann nunmehr der Schwarzstorch im Wittenberger Gebiet als regelmäßiger Brutvogel angesehen werden. Als regelmäßiger Durchzügler ist der Schwarzstorch Ende März/April (früheste Beobachtung: 15.3.1984) und im August/September (späteste Beobachtung: 18.10.1981) vereinzelt oder in kleinen Gruppen im Wiesengebiet der Elbeaue, besonders im Durchstichgebiet bei Pratau-Seegrehna oder im Gebiet Bleddin-Bösewig-Merschwitz zu sehen (ZUPPKE 1988). Dabei konnten bisher folgende Höchstzahlen festgestellt werden: 10.9.1976 – 30; 26. 9.2000 – 26; 15.8.1998 – 22. Während einzelne Schwarzstörche auf Alteichen am Rande der Auenwälder Probstei oder Fleischerwerder nächtigen, deuten die Beobachtungen in Bösewig auf ein Nächtigen der Rastgemeinschaften im Flachwasser. Gelegentlich werden die rastenden Schwarzstörche in lockerer Gemeinschaft mit Weißstörchen oder Graureihern angetroffen (ZUPPKE 1972a).

70. Weißstorch - *Ciconia ciconia*

Der mit Ausnahme von Skandinavien, den Britischen Inseln und Italien in ganz Europa vorkommende Weißstorch zeigt nach einer Phase der Abnahme gegenwärtig eine Bestandsstabilisierung an. Er ist in der Wittenberger Region, da er grundwassernahe und gewässer- sowie grünlandreiche Gebiete bevorzugt, in der Aue von Elbe und Schwarzer Elster als regelmäßiger Brutvogel anzutreffen.

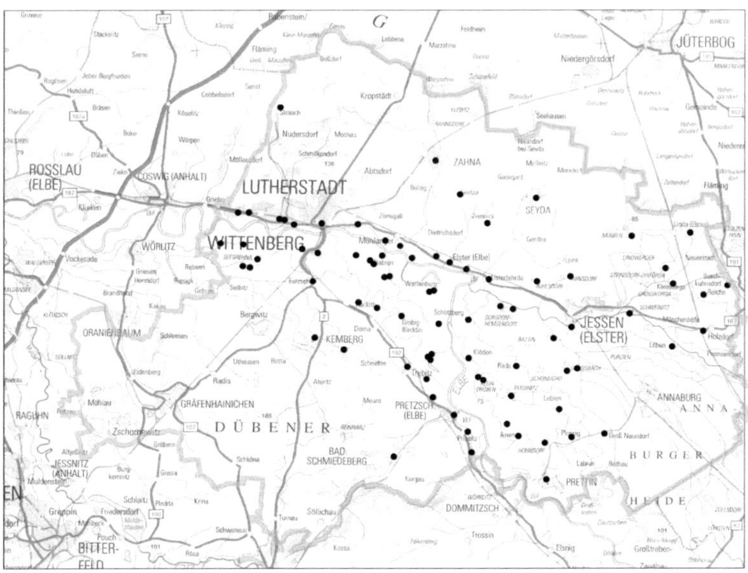

Standortverteilung der Weißstorchnester

Er brütet in den Dörfern und sucht auf dem Überflutungsgrünland sowie nach der Ernte auch auf den Feldern der Ackeraue Nahrung. Vereinzelt gibt es auch Ansiedlungen außerhalb dieses Bereiches, wie im Fläming, in der Dübener Heide und im Jessener Fläming-Hügelland, die mitunter jedoch nur temporär sind.

Der Brutbestand in den Gebieten der „Altkreise“ Wittenberg und Jessen wird seit 1955 kontinuierlich erfasst (BÖHME 1957; BÖHME & ZUPPKE 1974; BÖHME & ZUPPKE 1976; ZUPPKE 1982; SIMON, B. 1992; RASCHIG & SIMON 1993; ZUPPKE 2008a). Die Anzahl der Brutpaare und ausgeflogenen Jungstörche betrug in diesem Gebiet in den letzten zehn Jahren:

1999: 71 Brutpaare	161 Jungstörche	2004: 74 Brutpaare	143 Jungstörche
2000: 73 Brutpaare	153 Jungstörche	2005: 60 Brutpaare	85 Jungstörche
2001: 71 Brutpaare	148 Jungstörche	2006: 63 Brutpaare	149 Jungstörche
2002: 66 Brutpaare	127 Jungstörche	2007: 56 Brutpaare	135 Jungstörche
2003: 68 Brutpaare	115 Jungstörche	2008: 67 Brutpaare	153 Jungstörche

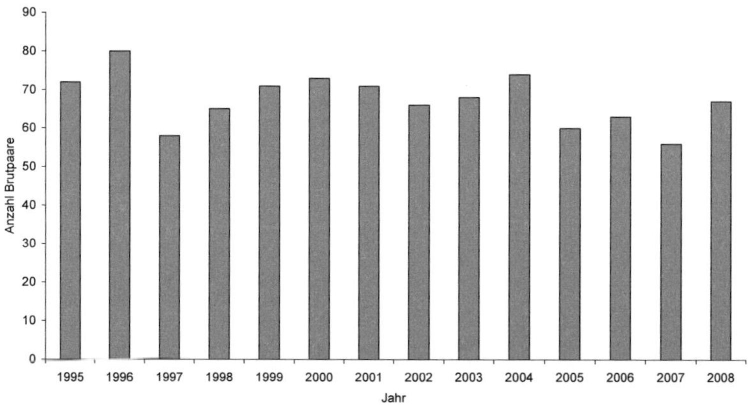

Die Entwicklung des Brutbestandes zeigt bei Berücksichtigung der beim Weißstorch typischen Bestandsschwankungen einen fast konstanten Verlauf.

Innerhalb von Sachsen-Anhalt ist die Region Wittenberg ein Schwerpunktgebiet des Weißstorch-Vorkommens (u.a. ZUPPKE 1993). Als bisher einmalig muss ein kolonieartiger Ansiedlungsversuch von acht Weißstorchpaaren auf Eichen im Auenwald Probstei im Jahre 1978 bezeichnet werden, der jedoch erfolglos blieb und in den nächsten Jahren keine Wiederholung fand. Ebenfalls 1978 konnte eine bisher einzige Brut mit 6 ausgeflogenen Jungstörchen auf dem Nest in Bösewig festgestellt werden. Durch Ringablesung konnte 2002 die Bigamie eines Weißstorch-♂ in Elster festgestellt werden (RASCHIG 2005 und 2008).

Neben den Brutstörchen können in manchen Jahren Trupps von vermutlich noch nicht fortpflanzungsfähigen Weißstörchen auf den Elbwiesen, besonders am Durchstich, bei der Probstei, im Brehmer Luch Apollensdorf sowie im Gebiet Bleddin-Bösewig-Merschwitz (maximal 119 am 25.6.1979), aber auch in anderen Grünlandgebieten, wie den Heidewiesen bei Gerbisbach, beobachtet werden. Vereinzelt kam es auch zu Überwinterungsversuchen, die jedoch nicht erfolgreich verliefen. Während der Zugzeiten im April und August halten sich auch offensichtliche Durchzügler in den Flussniederungen auf.

Die überwiegende Anzahl der Jungstörche wurde beringt (SIMON, B. 1984; RASCHIG 2005a, GRAFF 2008). Durch Wiederfunde beringter Störche lässt sich für die Mehrzahl der hiesigen Störche der östliche Zugweg über den Bosporus bis nach Natal und Transvaal in Südafrika belegen. Einige sind jedoch auch auf der „Westroute" über Gibraltar unterwegs, wie es 1979 zwei aus Hohndorf stammende und in Südfrankreich verunglückte Jungstörche und 2000 drei aus Elster, Linda und Mühlanger stammende und in Spanien gesichtete Störche beweisen (RASCHIG 2005a). 2004 wurde auch ein 2001 in Melzwig beringter Jungstorch bei Sevilla (Spanien) gefunden. Brutansiedlungen beringter Störche erfolgten aus der näheren und weiteren Umgebung, der weiteste kam 2002 auf dem Nest in Elster aus Basel am Oberrhein (RASCHIG 2005b, 2008). Andererseits siedelten sich Wittenberger Jungstörche u.a. in Bremen, Braunschweig, Hagenow, Bautzen und Niesky an. Erwähnung verdient auch der von KLEINSCHMIDT 1935 am Nest in Leetza beobachtete Weißstorch (HELMSTAEDT 1972), der mit einem längeren Holzpfeil (mit Metallspitze) in der Schulter (flacher Rückenschuss von hinten) aus dem afrikanischen Winterquartier zurückkehrte und der, von ihm präpariert, im Kirchlichen Forschungsheim in Wittenberg gezeigt wird. Auch das hohe Alter einiger beringter Weißstörche wurde erkennbar (GRAFF 2008): Neben mehreren 15-20 Jahre alten wurde auch ein 23-jähriger und ein 26jähriger aus dem Wittenberger Gebiet stammender Weißstorch bekannt. Weiterhin brachten diese Ringablesungen den Hinweis, dass Weißstörche bereits im 3. Lebensjahr erfolgreich brüten können.

71. Fischadler - *Pandion haliaetus*

Der fast kosmopolitisch verbreitete Fischadler ist in Europa jedoch nur mit etwa 8.000 Brutpaaren auf die nördlichen und östlichen Regionen beschränkt, wobei seine südwestliche Verbreitungsgrenze durch Deutschland verläuft. Nach der Einstellung der Verfolgung und dem DDT-Verbot erholte sich der auf ca. 70 Brutpaare zusammengeschrumpfte Bestand wieder und ab den 1990er Jahren erfolgte eine Wiederausbreitung dieser ausschließlich fischfressenden Greifvogelart, so dass wieder etwa 470 Brutpaare, überwiegend in Brandenburg und Mecklenburg-Vorpommern, hier brüten (GEDEON et al. 2004).

In der Wittenberger Region ist der Fischadler ein regelmäßiger Durchzügler auf dem Heim- und Wegzug. Die großen, fischreichen Gewässer der Aue einschließlich der Elbe und Schwarzen Elster bieten lohnende Nahrung zur Zugkonditionierung, so dass er hier im April und August/September zu beobachten ist. Ein früheres Brüten wird nur von MERZWEILER (1965) für 1956 bei Kleindröben erwähnt. 1994 erfolgte ein Nestbauversuch in der Annaburger Heide (SIMON, B. 2005). 1998 und 1999 versuchte (erfolglos) ein Brutpaar auf einer Nisthilfe auf einem Hochspannungs-Gittermast im Brehmer Luch bei Apollensdorf zu brüten. Erst 2007 konnte die erste erfolgreiche Brut auf einem Mast der gleichen Leitung, jedoch südlich der Elbe festgestellt werden. Seit 2006 versucht ein weiteres Paar auf einem Hochspannungsmast nahe der Pöplitzer Teiche bei Zschornewitz zu brüten, wie auch bereits weitere in den angrenzenden Dessauer, Bitterfelder und Torgauer Bereichen brüten.

72. Wespenbussard – *Pernis apivorus*

Der in Europa weit verbreitete Wespenbussard kommt auch in ganz Deutschland vor, ist aber nirgends häufig. In der Region um Wittenberg ist er ein regelmäßiger Brutvogel lichter Wälder, sofern diese an Feldern, Wiesen oder Heiden angrenzen. So ist er in den Waldungen des Vorflämings, des Jessener Fläming-Hügellandes, der Dübener und der Annaburger Heide, stets jedoch nur vereinzelt, von Ende April bis September anzutreffen. Auch in den Auenwäldern konnte er brütend nachgewiesen werden (z.B. HINSCHE 1971). Im April und September kann der Wespenbussard in der Wittenberger Region auch als Durchzügler beobachtet werden.

73. Schlangenadler – *Circaetus gallicus*

In Europa ist der Schlangenadler auf die südlichen und östlichen Länder beschränkt, wo er aufgrund seiner Spezialisierung auf Reptiliennahrung in offenen, reich gegliederten Niederungsgebieten vorkommt. In Deutschland hat es vereinzelte Bruten gegeben, er gilt aber seit 1969 als ausgestorben (SÜDBECK et al. 2007). In der Wittenberger Region ist er allenfalls ein sehr seltener Gast. 1819 schrieb C. L. NITZSCH an J. F. NAUMANN, das er „im vorigen Winter einen von Wittenberg … erhielt" (PIECHOCKI 1979). Ansonsten wurde nur je einer am 17.5.1975 zwischen Trebitz und Dorna sowie am 9.5.2000 bei Söllichau (AK ST 2008) gesehen.

74. Schreiadler – *Aquila pomarina*

Der Schreiadler brütet in Osteuropa, erreicht in Ostdeutschland seine westliche Arealgrenze und ist hier bis auf Splittervorkommen auf Brandenburg und Mecklenburg-Vorpommern beschränkt, wo er ausgedehnte, geschlossene Wälder mit angrenzenden offenen Flächen bewohnt. In der Wittenberger Region wird er sehr selten als Durchzügler beobachtet, insgesamt liegen nur 14 Beobachtungsdaten vor. Im Mai 1979 hielten sich 2 Schreiadler längere Zeit im Mündungsgebiet der Schwarzen Elster auf. Im brandenburgischen Teil der Annaburger Heide wurde 2001 ein Schreiadler-Riss gefunden (Jahresbericht der FG Torgau), wo SIMON, B. (2005) ein Brutpaar vermutet.

75. Steinadler – *Aquila chrysaetos*

Der Steinadler kommt als Brutvogel in Mitteleuropa nur noch in den Alpen vor. Bis Ende des 19.Jahrhunderts war er auch in den Wäldern Brandenburgs heimisch. SCHALOW (1919) nennt ein Brutvorkommen von 1860 „bei Brandsheide zwischen Belzig (Mark) und Wittenberg (Sachsen)“. Am 14. und 19.3.1972 wurde im Probsteigebiet ein Steinadler von anderen Greifvögeln attackiert und am 5.9.2006 konnte ein Altvogel auf einer Brache bei Schmilkendorf beobachtet werden. Beides kann als Beleg für einen gelegentlichen vereinzelten Durchzug dieser Art im Gebiet gelten.

76. Kaiseradler – *Aquila heliaca*

Der überwiegend südosteuropäisch verbreitete Kaiseradler wurde nach DORNBUSCH, M. (2001) wenige Male im Gebiet von Sachsen-Anhalt gesichtet, darunter im März/April 1993 und im März 1994 zwischen Dahlenberg und Korgau in der Dübener Heide (Grenzgebiet zu Sachsen).

77. Kornweihe - *Circus cyaneus*

Die nur in SE-Europa und Teilen Skandinaviens fehlende Kornweihe ist in Deutschland ein sehr seltener Brutvogel, überwiegend im Norden, dessen Bestand weiter stark rückgängig ist. In der Wittenberger Region ist sie ein regelmäßiger, aber vereinzelter Wintergast in der Elbeaue, besonders im Wiesengebiet, und kann von Mitte Oktober bis zum März (vereinzelt auch noch im April) bei der im niedrigen Suchflug ausgeübten Mäusejagd beobachtet werden. Maibeobachtungen 1997 bei Bösewig, 1999 bei Klitzschehna, 2000 bei Klebitz und Schmilkendorf und 2002 bei Lammsdorf betrafen wohl nur Spätdurchzügler. Ausnahmsweise gelangen vereinzelte Sommerbeobachtungen, die

Brutverdacht nährten. Im Winter 2005/2006 hielten sich bis zu 12 Kornweihen in der Elbeaue auf, die abends zum gemeinsamen Schlafplatz an der Alten Elbe Bösewig flogen.

78. Wiesenweihe – *Circus pygargus*

Die in Mitteleuropa drastische Bestandsrückgänge aufweisende Wiesenweihe ist nur lückenhaft über Europa verbreitet. Sie brütet bei entsprechender Vegetationshöhe in Mooren, auf Wiesen und zunehmend auch auf Feldern. Im Wittenberger Raum wurde sie bisher nur vereinzelt als Durchzügler in der Offenlandschaft festgestellt. Seit 1995 kam es zu einzelnen Brutversuchen im Gebiet der unteren Schwarzen Elster, die wohl scheiterten, nachdem bereits im Juni 1980 ein Gelege mit 3 Eiern auf den Elbwiesen bei der Probstei gefunden wurde, das aber beim Heuwenden vernichtet wurde. Vereinzelte Brutzeitbeobachtungen, u.a. auch im Fläming-Hügelland, waren nie langanhaltend, so dass kein Brutverdacht aufkam.

79. Rohrweihe - *Circus aeruginosus*

Diese in fast ganz Europa vorkommende Weihe ist auch in Deutschland verbreitet und fehlt nur in den bewaldeten Höhenlagen als Brutvogel. Als röhrichtbrütende Art ist sie im Wittenberger Raum als regelmäßiger Brutvogel in der Elbe- und Elsteraue (auch innendeichs), den Gewässern der Dübener und Annaburger Heide, den Pöplitzer Teichen, am Bergwitzsee (bei Störfreiheit) sowie vereinzelt an Kleingewässern (Feldsöllen) des Vorflämings und Fläming-Hügellandes, sofern hohe Vegetation vorhanden ist, anzutreffen. Beobachtungen deuten auf Getreidebruten, die aber noch nicht bestätigt wurden. Ihr Bestand schwankt in Abhängigkeit vom Vorkommen der Mäusenahrung, die abnehmenden Beobachtungen lassen jedoch einen leicht negativen Trend vermuten. Die Rohrweihen treffen hier Mitte März im Gebiet ein und verlassen es bis Mitte September wieder, um im tropischen W-Afrika zu überwintern. Eine im Juni 1965 nestjung bei Wartenburg beringte Rohrweihe wurde bereits im September des gleichen Jahres bei Venedig in Italien gefunden. Nahrungssuchend werden sie in der gesamten Offenlandschaft der Elbe- und Elsteraue angetroffen, wo sie sich auch zu den Zugzeiten (April und September), verstärkt durch Durchzügler, aufhalten. Eine von Jugendlichen 1978 illegal am Roten Mühlteich Reinharz ausgehorstete junge Rohrweihe konnte vom Verfasser mit Genehmigung bis 1999 gehalten werden, erreichte also das bemerkenswerte Alter von 21 Jahren (ZUPPKE 1987).

80. Habicht - *Accipiter gentilis*

Der mit Ausnahme von Island in ganz Europa brütende Habicht ist auch in Deutschland ein verbreiteter Brutvogel dichter Wälder. In der Wittenberger Region ist er zwar als regelmäßiger Brutvogel in den größeren Wäldern des Vorflämings, der Dübener Heide, des Fläming-Hügellandes und der Annaburger Heide verbreitet, jedoch überall nur spärlich in geringen Dichten. Nachdem in den vergangenen Jahren immer wieder einzelne Fälle von illegalem Fang oder Tötung bekannt wurden, ist diese Gefährdung auch jetzt noch nicht völlig auszuschließen. Im Winterhalbjahr (Oktober bis März) wird der hiesige Bestand durch Zuzügler verstärkt. Zwei Ringfunde zeigen das Umherstreifen der Habichte an: Ein Totfund 1976 bei Jessen stammte von Radegast bei Köthen und ein 1965 nestjung bei Bad Schmiedeberg beringter Habicht wurde im November des gleichen Jahres bei Altjeßnitz/Kr. Bitterfeld gefunden.

81. Sperber - *Accipiter nisus*

Der Sperber, der in Europa ein ähnliches Verbreitungsbild aufweist wie der Habicht, ist in ganz Deutschland weit verbreitet, wies aber bis zum Beginn der 1970er Jahre starke Bestandsrückgänge auf, die zum lokalen Verschwinden führten. Diese negative Entwicklung verlief gleichermaßen in der Wittenberger Region, so dass hier 1968 das letzte besetzte Sperbernest gefunden wurde, wobei die Wälder der Dübener Heide nicht umfassend abgesucht werden konnten. Ein Hinweis auf frühere Bestandsstärken gibt das Schussbuch des Jägers MATTHIEU, in dem für die 10 Jahre von 1893 bis 1903 27 Abschüsse in dem Gebiet um Raßdorf verzeichnet sind. Seit Beginn der 1980er Jahre mehrten sich wieder die Sperberbeobachtungen und Brutnachweise, so dass er gegenwärtig in den Wäldern mit Kiefern-Jungbeständen wieder regelmäßig brütet, in unregelmäßigen Abständen sogar im Stadtwald von Wittenberg (zuletzt 1996). Sonst wird er regelmäßig von Oktober bis März in der Offenlandschaft, aber auch vereinzelt in den Ortschaften auf Kleinvogeljagd angetroffen, besonders in den Parks, Gartenanlagen und kleinen Gehölzen in der freien Feldflur. Hierbei handelt es sich um Zuzügler aus nördlichen Gebieten auf der Winterflucht, wie es der Fund eines am 4.10.1982 in Litauen beringten Sperbers am 3.1.1984 in Wittenberg andeutet. Dabei kam es auch mehrfach zu Anflügen an Gebäuden mit Todesfolgen, wie 1978 in Patzschwig, 1979 in Mühlanger, 1979 und 1980 in Apollensdorf, 1984 am Stadtrand und in der Stadtmitte von Wittenberg.

82. Rotmilan - *Milvus milvus*

Bis auf kleine Populationen in Mittelasien brütet der gesamte Weltbestand des Rotmilans in Europa und davon wiederum fast 2/3 in Mitteleuropa. Deutschland hat daher eine besondere Verantwortung für die Erhaltung und den Schutz des Rotmilanvorkommens in der Welt. Der in offener, reich gegliederter Landschaft auf Altbäumen brütende Rotmilan ist in der Wittenberger Region ein regelmäßiger Brutvogel, der besonders in den Auen der Elbe und Schwarzen Elster und in den Randlagen des Flämings und der Dübener Heide nistet. SIMON, B. (1995) konnte auf einer 245 km² großen Fläche in der Elbeaue südlich von Jessen 40 Brutpaare feststellen (=16 Brutpaare je 100 km²). Auch im geschlossenen Waldgebiet der Annaburger Heide brütet der Rotmilan mit etwa 5 Brutpaaren (SIMON, B. 2005). Auch ist er als zahlreicher Nahrungsgast bei der Wiesen- oder Getreidemahd auf den Wiesen und Feldern der Aue und des Vorflämings zu beobachten, wo mitunter Trupps von 50-60 Rotmilanen gemeinsam mit anderen Greifvögeln die günstige Erreichbarkeit der Kleinnager nutzen. Diese Ansammlungen dürfen jedoch nicht darüber täuschen, dass die Beobachtungszahlen insgesamt einen negativen Trend für diese Art signalisieren. Da die Rotmilane auch zwischen den Windenergieanlagen der Windparks bei Elster, Kemberg und Schnellin Nahrung suchen, kommt es hier auch zu Verlusten durch Kollissionen mit den Rotoren. Ansonsten ist er im März/April und September/Oktober als regelmäßiger Durchzügler in der Elbeaue anzutreffen, einzelne halten sich bis Mitte November im Gebiet auf. In den zurückliegenden Jahren mit ungeordneter Deponiewirtschaft (Ratten = Nahrung!) hielten sich einzelne Rotmilane auch in den Wintermonaten hier auf. Ein im Probsteiwald bei Pratau gefundener beringter Rotmilan stammte aus dem Saaleauenwald bei Bernburg.

83. Schwarzmilan - *Milvus migrans*

Der in mehreren Unterarten weit verbreitete Schwarzmilan (Europa, Asien, Afrika, Australien) brütet in gewässernahen Wäldern mit Altholzbeständen im überwiegenden Teil Deutschlands, wobei sein Bestand mehreren Schwankungen unterlag. In der Wittenberger Region ist er als regelmäßiger Brutvogel weitestgehend auf die Auen von Elbe und Schwarzer Elster beschränkt. Hier bezieht er auch Einzelbäume oder Altbaumgruppen als Nistplatz. Er kommt in wesentlich geringeren Dichten vor als der Rotmilan, wie es auch die Untersuchungen von SIMON, B. (1995) belegen (14 Brutpaare auf 245 km² = rund 6 Brutpaare je 100 km²), wobei dieser Bestand gegenwärtig stabil erscheint. Als Langstreckenzieher erscheint er aus seinem Winterquartier südlich der Sahara Mitte März im Gebiet, das er im September wieder verlässt. Zu den Zugzeiten lassen anwesende Durchzügler den Bestand höher erscheinen. Der Schwarzmilan erscheint ebenfalls als Nahrungsgast auf abgeernteten Feldern der Elbe- und Elsteraue und vereinzelt am nördlichen Stadtrand von Wittenberg.

84. Seeadler - *Haliaetus albicilla*

Der überwiegend nord- und osteuropäisch verbreitete Seeadler war in der Vergangenheit von drastischen Bestandseinbußen betroffen, so dass er oft nur noch lokal und selten vorkam (in Deutschland um 1900 nur noch 20 Brutpaare!). Nach dem DDT-Verbot erhöhte sich die Reproduktionsrate und seit den 1980er Jahren wächst der Seeadlerbestand und das Brutareal wird wieder ausgedehnt. So kam es auch in der Wittenberger Region 1982 und 1983 zu einem Ansiedlungsversuch des Seeadlers auf einer Alteiche im Auenwald Probstei, der jedoch erfolglos blieb (ZUPPKE 1985a). 1984 und 1985 errichtete ein Paar im Gebiet der Lausiger Teiche ein Nest, es kam aber zu keiner Brut. Ab 1986 brütet ein Seeadlerpaar im Stieleichen-Rotbuchen-Altholz im südlichen Teil der Dübener Heide, jedoch erst seit 1992 erfolgreich. In den 7 Jahren bis 1999 sind in diesem Nest 13 Jungadler aufgezogen worden. Seit 1992 brütet noch ein zweites Brutpaar im südlichen Bereich der Dübener Heide, ab 1993 auch erfolgreich. Nachdem sich seit 1993/94 ständig zwei Seeadler im Auenwald Heinrichswalde aufhielten, ist seit 1998 der Horststandort bekannt, in dem auch erfolgreich gebrütet wurde, bevor das Paar 2005 zur Graureiherkolonie Kleine Mühlberge umsiedelte. Seit 1998 werden auch im Bereich des Ascheteiches Zschornewitz Seeadler gesichtet, ein möglicher Brutstandort wurde noch nicht lokalisiert. Im August 2001 wurde ein geschwächter einjähriger Seeadler in der Annaburger Heide ergriffen und über den Tierpark Wittenberg zum Zoo Halle gebracht, wo er nach kurzer Zeit wieder freigelassen werden konnte. 2003 wurde der dortige Brutstandort gefunden (SIMON, B. 2005), wo auch in den Folgejahren (mit Standortwechsel) erfolgreich gebrütet wurde. 2003 wurde ein weiteres Seeadlerpaar beim Brutversuch in der Graureiherkolonie Probstei entdeckt, wo 2006 erstmals erfolgreich gebrütet wurde. Somit kommen inzwischen 5 (evtl. sogar 6) Seeadlerpaare wieder in der Wittenberger Region als regelmäßige Brutvögel vor.

Darüber hinaus war der Seeadler bereits immer ein regelmäßiger Wintergast, der vereinzelt in der gesamten Aue an der mittleren Elbe überwintert (HINSCHE 1966a). Auch in der Wittenberger Elbeaue werden jährlich einzelne Seeadler vom Oktober bis März angetroffen (ZUPPKE 1972b), in strengen Wintern wurden sogar schon 8 Seeadler beobachtet.

85. Raufußbussard - *Buteo lagopus*

Der in der skandinavischen und russischen Tundra- und Fjällregion brütende Raufußbussard ist in Deutschland regelmäßiger und vereinzelter Wintergast von Ende Oktober bis Anfang März. Da sein Bestand vom stark schwankenden Vorkommen des Lemmings im Brutgebiet abhängt, ist der Winterbestand ebenfalls starken Fluktuationen unterworfen. In der Wittenberger Region ist er in der Offenlandschaft (Felder und Wiesen) der Elbeaue regelmäßig in den Wintermonaten (zumindest bis zur geschlossenen Schneedecke) zu sehen. Die späteste Beobachtung im Frühjahr ist vom 20.4.1978 datiert. Am 13.4.1979 wurde bei Seegrehna ein flugunfähiger, aber nicht abgemagerter Raufußbussard ergriffen, der von den Anwohnern bereits seit Januar dort gesehen wurde. Demnach müsste dieser Vogel seine Beute „zu Fuß" gefangen haben. Einige Sommerbeobachtungen erscheinen nicht gesichert, da in keinem Fall das einzig sichere Merkmal, die bis zu den Zehen reichende Fußbefiederung, erkannt wurde.

86. Mäusebussard - *Buteo buteo*

Der Mäusebussard fehlt in Europa nur im äußersten Norden als Brutvogel und ist in Deutschland der häufigste und weit verbreitete Greifvogel. Auch in der Wittenberger Region ist er ein regelmäßiger und verbreiteter Brutvogel in allen Waldungen (Randbereiche) sowie in Kleingehölzen und sogar auf Einzel- und Straßenbäumen (SCHÖNFELD 1996), der auf den Feldern und Wiesen seine vorwiegend aus Kleinnagern bestehende Nahrung sucht. Das Innere von geschlossenen Waldungen meidet er weitgehend. In den Auenwäldern nistet er häufig (HINSCHE 1971). Auch die Kleingehölze des landwirtschaftlich geprägten Fläming-Hügellandes nördlich von Jessen werden ausnahmslos von Mäusebussarden als Brutgebiet genutzt, selbst wenn Windenergieanlagen in unmittelbarer Nähe stehen, wie im Windpark Elster. SIMON, B. (1995) ermittelte für die ostelbische Elbeaue südlich von Jessen eine Bestandsdichte von rund 70 Brutpaaren je 100 km². Auch vom Mäusebussard können bei der Wiesen- oder Getreidemahd größere Ansammlungen von bis zu 30-40 Vögeln beobachtet werden, die aus weiten Entfernungen kommend, sich infolge der günstigen Nahrungserreichbarkeit auf den gemähten Flächen konzentrieren. Ein im Juni 1984 bei Gehmen nestjung beringter Mäusebussard kollidierte nach 2 Jahren bei Melzwig (15 km entfernt) mit einem Kraftfahrzeug. Ab Oktober/November erfährt der Bestand Verstärkung durch Zuzügler aus nördlichen Ländern, die hier im Gebiet bei Schneefreiheit als Wintergäste verbleiben und in feldmausreichen Jahren Bestandsgrößen von 100-150 Mäusebussarden erreichen (ZUPPKE 1972b; HINSCHE 1980b). Winterverluste treten in langen und strengen Frostperioden auf, wie es PIECHOCKI (1964) für den Winter 1962/63 auswertet.

87. Merlin - *Falco columbarius*

Der in den Tundren Nordeuropas brütende Merlin ist in den Offenlandschaften Deutschlands ein regelmäßiger Durchzügler oder Wintergast. In der Wittenberger Region wurde er nur unregelmäßig und selten als Wintergast von November bis März gesehen, eventuell aber auch übersehen! Besonders in der strukturierten Offenlandschaft der Elbeaue wurde er gesichtet, wo er in der Nähe von Hecken und Feldgehölzen, aber auch am Rande der Dörfer auf Kleinvogeljagd fliegt. Auch am Stadtrand von Wittenberg hält er sich auf und im Juni 1968 wurde in einem Garten in der Nähe des Stadtzentrums ein toter Merlin gefunden.

88. Rotfußfalke – *Falco vespertinus*

Der Rotfußfalke kommt von der Ungarischen Tiefebene an, wo er ein Charaktervogel ist, über die Steppenzone Russlands bis nach Zentralsibirien in Asien vor und hat auch gelegentlich in Deutschland gebrütet. Für die Wittenberger Region muss er als ein seltener Gast angesehen werden. Es wurden bisher nur 5 Beobachtungen bekannt: am 15.9.1968 auf den Elbwiesen bei Melzwig (HINSCHE 1969), am 9.8.1993 auf den Elbwiesen bei Merschwitz, am 13.6.2001 im Mündungsgebiet der Schwarzen Elster, am 10.6.2002 bei Külso und am 16.5.2003 auf den Elbwiesen bei Bösewig.

89. Baumfalke - *Falco subbuteo*

Der Baumfalke ist in Deutschland ein zwar verbreiteter, aber nicht sehr häufiger Brutvogel lichter Wälder oder der Randzonen der Waldungen. Sommerbeobachtungen in der Wittenberger Region deuten auf das hiesige regelmäßige Brüten dieser Art. MERZWEILER (1965) kannte 3 Brutplätze in der Umgebung von Jessen. Den Beobachtungen nach könnte der Baumfalke in den lichten Kiefernwäldern bei Straach – Kerzendorf sowie bei Abtsdorf im Fläming, in der Glücksburger und Annaburger Heide sowie den Kiefernwäldern bei Trebitz – Österitz, im Wäldchen in der Feldflur bei Bergwitz, im Gebiet am Ausreißerteich und den Pöplitzer Teichen in der Dübener Heide brüten. Während der Aufenthaltszeit vom Mai bis September können in der Offenlandschaft der gesamten Region vereinzelt jagende Baumfalken gesichtet werden, wo sogar in der Elstervorstadt von Wittenberg am 2.6.1985 ein Baumfalke von einem Luftgewehrschützen flugunfähig angeschossen wurde. Zu den Zugzeiten handelt es sich dabei auch um Durchzügler.

90. Wanderfalke – *Falco peregrinus*

Der außer auf Galapagos, Neuseeland und Hawaii in der ganzen Welt verbreitete Wanderfalke ist in Deutschland ein seltener Brutvogel mit wieder zunehmender Tendenz, der sowohl an Felswänden, als auch auf hohen Gebäuden und auf Bäumen brütet. Mitte der 1950er Jahre setzte eine katastrophale Bestandsabnahme ein, die zum Erlöschen vieler Brutbestände in Deutschland führte. Intensive Schutzmaßnahmen gemeinsam mit Wiedereinbürgerungen gezüchteter Wanderfalken führten zur langsamen Bestandserholung seit den 1980er Jahren. In der Wittenberger Region war der Wanderfalke bislang ein sehr seltener Gast, von dem es nur wenige Sichtnachweise gab. Es gibt auch keinen verbürgten Brutnachweis für die Region, wenngleich KLEINSCHMIDT mehrfach von Wanderfalkenbeobachtungen „über den Türmen Wittenbergs" erzählte und auch O. HECHT diese Art an der Stadtkirche Wittenbergs „in den dreißiger Jahren" gesehen hat. Auch MATHIEU schoss 1897 und 1899 insgesamt drei in seinem Revier bei Raßdorf. Schließlich gab auch THIENEMANN (1881) zwei Brutpaare für die Glücksburger Heide an, wo „hohe Kiefernbestände" seine „Lieblingsaufenthalte" gewesen sein sollen und wo auch die beiden Nester „auf hohen, starken Kiefern" gestanden haben sollen. Von dort stammt auch ein Jungvogel, den KREIBIG Anfang der 1930er Jahre erhalten haben soll (MERZWEILER 1965). Auch bei Seyda soll in dieser Zeit „ein recht altes Weibchen" geschossen worden sein, das „den Weg zur Vergessenheit über das Scheunenthor passieren" musste. Nach der Brutansiedlung am Kraftwerk Vockerode 1996 wurden auch in der Wittenberger Offenlandschaft wiederholt jagende Wanderfalken beobachtet, auch bei der Jagd auf Limikolen an der Alten Elbe Bösewig oder auf rastende Kiebitze in der Rackither und Melzwiger Feldflur. Vom Arbeitskreis Wanderfalkenschutz werden seit 2001 in der Oranienbaumer Heide gezüchtete Wanderfalken ausgewildert, um sie auf ein späteres Baumbrüten zu prägen. Möglicherweise stammen die in jüngster Zeit mehrfach in der Ackeraue beobachteten Wanderfalken von dort.

91. Gerfalke – *Falco rusticolus*

Der in den europäischen arktischen und subarktischen offenen Tundren brütende Gerfalke erscheint nur ausnahmsweise im deutschen Binnenland. HINSCHE & SCHWARZE (1970) führen jedoch für die Zeit von 1957 bis 1969 für das Mittelelbegebiet 5 Gerfalkenbeobachtungen auf, darunter eine vom 22.2.1969 im Stadtgebiet von Wittenberg.

92. Lannerfalke – *Falco biarmicus*

Diese südeuropäisch und nordafrikanisch verbreitete Falkenart, die im trockenen, felsigen und vegetationslosen Berg- und Hügelland brütet, wird von BARTHEL & HELBIG

(2005) nicht in der Artenliste der deutschen Vögel aufgeführt. Da er von Falknern abgetragen wird, könnte es sich bei dem im Sommer 2000 bei Söllichau sich aufhaltenden Lannerfalken um einen entflogenen Beizvogel gehandelt haben.

93. Turmfalke - *Falco tinnunculus*

Der in Deutschland weit verbreitete und sehr häufige Turmfalke kommt in ganz Europa (außer Island) vor, besiedelt die unterschiedlichsten Lebensräume und fehlt wohl nur in ausgedehnten, geschlossenen Waldgebieten. So ist er auch in der Wittenberger Region ein regelmäßiger Brutvogel der offenen Kulturlandschaft, wo er auf Gebäuden oder Bäumen, auch in Nisthilfen (SIMON et al. 2000) nistet. Allein im Stadtgebiet von Wittenberg brütet er auf Stadtkirche, Schlosskirche, Lutherhaus, Kreisverwaltung, Neues Rathaus, Christuskirche und anderen Gebäuden der Innenstadt sowie in den Industriegebieten (Stickstoffwerk, ehem. Gummiwerk, WIKANA, Stadtwerke u.a.) und in den Vorstadtbereichen auf Baumgruppen oder Elektromasten und in Kleingehölzen. Auf dem Kirchturm in Kemberg befindet sich eine kleine Brutkolonie (2007 = 6 Brutpaare) ebenso wie auf und am Schloss Jessen und in der Altstadt von Prettin (2007 = 3 Brutpaare). Auf der 245 km^2 großen Untersuchungsfläche von SIMON, B. (1995) in der ostelbischen Elbeaue betrug der Brutbestand im Mittel von 9 Jahren 29 Paare, er schwankte aber zwischen 12 und 54! Als Nahrungsgast ist der Turmfalke in der gesamten Offenlandschaft der Elbeaue anzutreffen, wobei sich im Winterhalbjahr auch Zuzügler aus nördlichen Gebieten während der schneefreien Perioden einfinden. So stammte ein am 12.2.2003 in Straach im Fläming gefundener Turmfalke aus Neubrandenburg, wo er am 19.6.2001 nestjung beringt worden war.

94. Jungfernkranich – *Grus virgo*

Der in Südostrussland und den sich östlich angrenzenden asiatischen Steppen brütende Jungfernkranich kommt wohl natürlicherweise nicht nach Mitteleuropa. Daher wird es sich bei dem vom 5.6. bis 8.7.2006 sich ständig und im September sich kurzzeitig in einem Kranichtrupp an der Alten Elbe Bösewig aufhaltenden Vogel dieser Art sicherlich um einen Gehegeflüchtling gehandelt haben.

95. Kranich - *Grus grus*

Das Brutgebiet des Kranichs erstreckt sich von Nord- und Mitteleuropa bis nach Ostsibirien, wo er die Waldtundra, Wald- und Waldsteppenzonen besiedelt. Bis zur Mitte des 20. Jahrhunderts war sein Bestand sehr ausgedünnt und seine Verbreitung sehr lückenhaft. Erst danach stieg sein Bestand wieder an, so dass er gegenwärtig in Deutschland wieder mit rund 5.500 Brutpaaren vorkommt (GEDEON et al. 2004). Auch in der Mittelelberegion, aus der er fast völlig verschwunden war, ist er wieder ein regelmäßiger Brutvogel (SCHWARZE 1974 und 2003). Als Bodenbrüter errichtet der Kranich sein Nest im Flachwasser als Schutz vor Bodenfeinden, ist also auf Feuchtgebiete mit ausreichendem Wasserstand angewiesen. Diese findet er in der Wittenberger Region am ehesten in den Verlandungszonen der Gewässer. Nachdem der Kranich hier bis zum Ende des 20. Jahrhunderts nur als Durchzügler vorkam, gab es erste Hinweise auf Bruten zu Beginn der 1990er Jahre an den Teichen in der Dübener Heide, vermutlich aber auch im Sperrgebiet der Annaburger Heide. Beide Gebiete beherbergen gegenwärtig mit jeweils etwa 5 Brutpaaren den größten Brutbestand der Region. Auch im EU SPA Mündungebiet der Schwarzen Elster ermittelten SIMON & SIMON (2007) 5 Revierpaare. Weiterhin versuchen einzelne Brutpaare in der Elbeaue (Crassensee) sowie in Vernässungsgebieten des Vorflämings mit wechselndem Erfolg zu brüten. Insgesamt schwankt der Brutbestand zwischen 10 und 15 Brutpaaren (DORNBUSCH & SCHEIL 2006) und weitern 5-10 Revierpaaren. Ein großer Teil dieses Kranichbestandes brütet jedoch erfolglos, 2007 wurden nur 6 Jungkraniche flügge (FISCHER & DORNBUSCH 2008).

Der Kranich ist auch regelmäßiger Durchzügler (SCHWARZE 1974), der während der Zugzeiten (März und September/Oktober) über dem Gesamtgebiet gruppenweise fliegend gesehen werden kann. Einzelne Trupps rasten auch in der Elbeaue (an der Probstei, am Durchstich, in der Großen Straube und dem Brehmer Luch Apollensdorf) und der Elsteraue, besonders aber an der Alten Elbe Bösewig, wo sich seit Mitte der 1990er Jahre bereits im Sommer kleine Gruppen (vermutlich Nichtbrüter) sammeln, die dann zum Herbst anwachsen. Am 27.10.2006 konnte die bisherige Höchstzahl mit 611 Kranichen festgestellt werden (ZUPPKE 2008b). Diese Kranichscharen suchen auf den abgeernteten Feldern, besonders Maisfeldern, Nahrung und fallen vor dem Einbruch der Dämmerung im weiträumigen Wiesengebiet ein, wo sie bis zur völligen Dunkelheit weiter Nahrung suchen, um dann im Flachwasser der Alten Elbe zu nächtigen. Es wird vermutet, dass Ende Oktober/Anfang November die Kraniche dem starken Druck der dann hier verweilenden Gänse weichen.

96. Großtrappe – *Otis tarda*

Die in großräumigen, störungsarmen Grassteppen brütende Großtrappe kommt in Europa nur noch sehr lückenhaft vor. Dramatische Bestandsrückgänge ab Mitte des 19. Jahrhunderts führten zum Erlöschen des Vorkommens in weiten Teilen Europas. Auch in Deutschlands sank der Bestand auf weniger als 100 Vögel, die nur noch in 3 räumlich getrennten Gebieten Brandenburgs vorkommen. In der Wittenberger Region kam die Großtrappe bis in den 1960er Jahren auf den weiträumigen landwirtschaftlichen Flächen des Hochflämings bei Rahnsdorf – Klebitz - Blönsdorf – Niedergörsdorf vor, wo noch 1965 5-7 Vögel beobachtet werden konnten, sie aber mit der Zunahme der Intensivierung der Landwirtschaft verschwand. Allerdings wurden im März 1983 nochmals 7 Großtrappen bei Kerzendorf – Berkau beobachtet. Sonst gab es nur Feststellungen einzelner Vögel, überwiegend im März/April, die sicherlich auf längeren Flügen kurzzeitig im Gebiet rasten. Am 5.4.1988 wurde ein flugunfähiges ♀ bei Grabo im Fläming ergriffen. Der letzte Nachweis eines ♂ erfolgte am 12.11.2001 auf der Feldflur Selbitz- Bergwitz.

97. Wasserralle – *Rallus aquaticus*

Die Wasserralle ist von Spanien an ostwärts über ganz Europa (außer im Norden) verbreitet und ist in Deutschland ein relativ häufiger Brutvogel. Durch ihre heimliche Lebensweise in dichten Röhrichten ist ihre wahre Bestandsgröße aber wohl kaum bekannt. Auch für den Wittenberger Raum liegen nur wenige Nachweise vor, jedoch ist auch hier ihr tatsächlicher Bestand unbekannt. Zumindest gibt es Nachweise (meist Rufnachweise) für eine Reihe von Gewässern in der Elbe- und Elsteraue (Kuhlache [MERZWEILER 1965], Crassensee, Durchstich [BÖHME 1968b], Wittenberger Luch, Alte Elbe und Bräken Bösewig, Rohrbecker Teich, Klödener Riß, Krumme Elster) sowie den Lausiger Teichen und dem Ausreißerteich, dem Roten Mühlteich Reinharz, den Pöplitzer Teichen bei Zschornewitz, dem Bergwitzsee sowie einigen Kleingewässern im Vorfläming, z.B. Grützmühlmoor und Wolfswinkel, die Brutvorkommen vermuten lassen. Sichtnachweise jungeführender Altvögel gelangen 2000 auf Pötzsches Teiche bei Melzwig, 2003 auf dem Gleinermühlenteich bei Söllichau, 2004 auf dem Heideteich Reinharz, dem Gleinermühlenteich und dem Bräken Bösewig, 2004 und 2005 wieder auf dem Gleinermühlenteich. Eine im Oktober 2002 in der Ortschaft Reinsdorf ermattet ergriffene Wasserralle deutet auf herbstlichen Durchzug.

98. Wachtelkönig - *Crex crex*

Der versteckt in Wiesen mit hoher Vegetation lebende Wachtelkönig ist in den mittleren Breiten Europas Brutvogel, wo er allerdings ungleichmäßig verbreitet ist und im Laufe des 20. Jahrhunderts im Bestand stark abgenommen hat. In Deutschland ist er vorwiegend im extensiv genutzten Grünland anzutreffen mit lokal isolierten Vorkommen, die oft nur unregelmäßig besetzt sind. In der Wittenberger Region war er Brutvogel auf den Überflutungswiesen von Elbe und Schwarzer Elster. Bis etwa 1985 konnte er auch direkt bei Wittenberg am Elbtor und am Flutteich Pratau gehört werden (SCHÖNFELD & ZUPPKE 1994). In der Gesamtübersicht von STIEFEL & SCHMIDT (1980) wird für den Zeitraum 1971 – 1975 die größte Bestandsdichte für die Region ausgewiesen. Die mit Wasserschwaden (*Glyceria*) und Rohrglanzgras (*Phalaris*) bestandenen Senken und Flutrinnen waren bevorzugte Habitate. Auch auf den Marcolinischen Wiesen im Jessener Fläming-Hügelland soll er bis 1970 vorgekommen sein (SIMON et al. 2008). Danach war er wie vielerorts verschwunden. Sein Verschwinden muss ursächlich mit der intensivierten Nutzung des Grünlandes im Zusammenhang gesehen werden (ZUPPKE 1984). Erst nach 1990 konnten in der Elbeaue wieder vereinzelt Wachtelkönige vernommen werden, die auf erneutes Brüten dieser Art im Gebiet hoffen lassen, jedoch auch späte Durchzügler betreffen können: so auf den Feuchtwiesen südlich der Probstei, am Wiesenhof Piesteritz, im Brehmer Luch Apollensdorf, im Wittenberger Luch, am Durchstich Pratau, an der Alten Elbe Bösewig sowie an der Krummen Elster, auf den Grauen Wiesen Iserbegka, den Brachholzwiesen Gentha und in der Wiesenniederung bei Söllichau. Die gegenwärtig praktizierten frühen Wiesenmahdtermine lassen den Bruterfolg des späten Rückkehrers aus den Winterquartieren gering ausfallen. In einigen Fällen konnte durch Abstimmung mit den Landwirten ein späterer Mahdtermin erreicht werden (Bösewiger Elbwiesen, Brehmer Luch). Im Juni 2006 wurde auf den Wiesen am Wiesenhof Piesteritz ein durch Raubsäuger zerstörtes Gelege gefunden. Ein am 10.8.2007 auf dem Neumühlenweg in der Schlossvorstadt von Wittenberg weitab von zusagenden Habitaten gefundener toter Wachtelkönig zeigt, dass diese Vögel nach der Brutzeit auch weiter umherstreifen.

99. Tüpfelsumpfhuhn – *Porzana porzana*

Der Bestand und die Verbreitung des Tüpfelsumpfhuhns als weitere heimlich und versteckt lebende Rallenart sind nur unzureichend bekannt. In großen Teilen Europas vorkommend, ist es in Deutschland selten und vielerorts fehlend. Aus der Wittenberger Region sind einige Rufnachweise bekannt, die jedoch nicht direkt auf Brutvorkommen schließen lassen, da gerade unverpaarte Männchen vermehrt rufen. Dichte Röhrichte, Seggenbestände und Verlandungszonen findet das Tüpfelsumpfhuhn in der Elbe- und Elsteraue, so dass mit Brutvorkommen gerechnet werden kann. Rufnachweise könnten auf gelegentliches Brüten am Durchstich (BÖHME 1968), am Crassensee, am Großen See Bleesern, im Wittenberger Luch (2002 – 6 Rufer), den Pöplitzer Teichen, in der Kuhlache bei Jessen und an der Alten Elbe Bösewig deuten. MERZWEILER (1965) nennt einen Nachweis mit Jungen von 1956 auf einem Teich bei Rade. Es bleibt weiterhin unklar, ob das Tüpfelsumpfhuhn wirklich so selten im Gebiet ist oder nur wegen seiner heimlichen Lebensweise nicht nachgewiesen wird.

100. Teichhuhn - *Gallinula chloropus*

Das in Europa weit verbreitete Teichhuhn ist in Deutschland ein fast überall häufiger Brutvogel, der allerdings in den letzten Jahren ursächlich ungeklärte Bestandsrückgänge aufweist. In der Wittenberger Region ist das Teichhuhn in den Uferbereichen und Verlandungszonen der Gewässer in der Elbe- und Elsteraue ebenso regelmäßiger Brutvogel wie an den Heideteichen und anderen Gewässern im gesamten Gebiet, auch an Kleingewässern und Dorfteichen mit Schilfbestand. Bei Eisfreiheit verbleibt es im Winter im Gebiet. Beobachtungen vereinzelter Teichhühner in den Wintermonaten in für die Art unzureichenden Habitaten (wie z.B. an der Elbe) und einzelne Totfunde unter nächtlich brennenden Hof- oder Stalllampen in den Dörfern der Elbeaue deuten auf ein Umherstreifen dieser Art.

101. Blässhuhn - *Fulica atra*

Das Verbreitungsgebiet des Blässhuhns erstreckt sich über fast ganz Europa. In Deutschland ist es ein weit verbreiteter und häufiger Brutvogel der eutrophen Gewässer mit Ufervegetation. Die gewässerreiche Elbe- und Elsteraue der Wittenberger Region, aber auch die Heideteiche und mit zunehmendem Schilfbewuchs der Ufer auch die Tagebaugewässer um Gräfenhainichen werden vom Blässhuhn besiedelt, wo es ein regelmäßiger und häufiger Brutvogel ist. In den letzten Jahren wird jedoch eine geringe Nachwuchsrate festgestellt, es werden hohe Jungenverluste durch den Mink vermutet. Außerdem ist das Blässhuhn ein regelmäßiger Wintergast auf vielen großen Gewässern, zunehmend aber auf den großen Tagebauseen bei Gräfenhainichen, solange sie eisfrei sind. Im November 2006 wurde auf dem Gremminer See mit 6.500 Blässhühnern die bisherige Höchstzahl ermittelt. Im Oktober 2008 hielten sich auf dem Gröberner See 3500 und auf dem Gremminer See 2133, im November des gleichen Jahres 4000 auf dem Gröberner See und auf dem Gremminer See 1240 Blässhühner auf. Bei geschlossener Eisdecke der stehenden Gewässer sind dann besonders auf der Elbe Blässhühner zu beobachten.

102. Triel – *Burhinus oedicnemus*

Der Triel als Brutvogel der Steppen, Halbwüsten und Trockengebiete W- und S-Europas ist in Deutschland seit 1987 (SÜDBECK 2007) als Brutvogel ausgestorben. Ob er früher in der Wittenberger Region gebrütet hat, wie es für die nahe gelegene Muldeaue bei Eilenburg und Bitterfeld erwiesen ist, kann nicht belegt werden, wenn auch BENECKE (1935) schreibt: „…noch vor 10 Jahren häufig, jetzt nicht mehr um Schmiedeberg.“. Aus neuerer Zeit gibt es zwei Nachweise, die wohl selten durchziehende Vögel betreffen: am 6.4.1985 im Mündungsgebiet der Schwarzen Elster und am 23.5.2002 bei Söllichau (1 rufender Vogel gegen 23.30 Uhr von S nach E ziehend).

103. Austernfischer – *Haematopus ostralegus*

Der auf Salzwiesen und im Dünengebiet europäischer und afrikanischer Küsten brütende Austernfischer besiedelte ab Beginn der 1970er Jahre auch das deutsche Binnenland entlang der großen Flüsse, wo 1970 bei Wittenberge (JAHN 1971) und Genthin (FRENZEL 1972) erstmals in der Elbeaue gebrütet wurde. In der Wittenberger Region gehörte der Austernfischer bis 1978/80 zu den ganz seltenen Gastvögeln (BÖHME 1962). Ab 1981 wurde dann ständig zu den Brutzeiten ein Paar auf dem Manövergelände bei Iserbegka gesehen, 1982 ein Paar mit Jungvögeln am Bleddiner Riß und 1983 ein weiteres auf schüttere Wiesen an der Wendel. Im gleichen Jahr wurde auf einem Rübenfeld am alten Elbarm bei Pretzsch ein Brutversuch (Zweiergelege) festgestellt (SCHULZ 1983), dem 1985 der nächste (1 erbrüteter Jungvogel) auf einem Kleefeld bei Gallin folgte (SEIFERT 1986). Auf dem gleichen Feld (diesmal mit Lupinen) wurde auch 1987 und 1988 gebrütet. 1990 fand sich das Gelege wieder auf dem unweit befindlichen Manövergebiet. Die Sukzession nach der Einstellung der militärischen Nutzung entwertete das Gebiet als Bruthabitat für den Austernfischer, der dann auf das neu errichtete Deckwerk an der Elbe auswich. 2006 wurden im gesamten EU SPA Mündungsgebiet der Schwarzen Elster 4 Paare festgestellt (SIMON & SIMON 2007). Ein weiterer Brutplatz befindet sich seit mindestens 1992 am Kiessee Prettin (SIMON, U. 1993). Abseits dieser 2-3 Brutgebiete werden Austernfischer auch als seltene Durchzügler Ende März/Mitte April und September/Oktober an den elbnahen Gewässern beobachtet.

104. Säbelschnäbler – *Recurvirostra avosetta*

Der typische Küstenbewohner Säbelschnäbler, der auch an den deutschen Nord- und Ostseeküsten brütet, ist ein ausgesprochen seltener Gast im Binnenland. Aus der Wittenberger Region sind bisher nur die Nachweise eines Säbelschnäblers am 25.12.1956 an der Schwarzen Elster bei Jessen (MERZWEILER 1957) und von 2 Säbelschnäblern am 26.6.1998 an der Alten Elbe Bösewig bekannt.

105. Kiebitzregenpfeifer – *Pluvialis squatarola*

Der in der nordrussischen Tundra brütende Kiebitzregenpfeifer ist wie an den westeuropäischen auch an den deutschen Küsten häufiger Wintergast und kommt auf dem

Durchzug, besonders dem Wegzug, auch vereinzelt ins Mittelelbegebiet (SCHWARZE 1975a). In der Wittenberger Region ist er ein unregelmäßiger Gastvogel: 39 Wegzugdaten im September/Oktober stehen nur 4 Heimzugdaten im März bis Mai gegenüber. Sie wurden an der Alten Elbe Bösewig und am Durchstich bei Pratau beobachtet, wo der Kiebitzregenpfeifer jedoch nicht alljährlich erscheint.

106. Goldregenpfeifer – *Pluvialis apricaria*

Die Tundren, Heiden und Moore des nördlichen Eurasiens (von Island und Schottland an ostwärts) bilden das Brutgebiet des Goldregenpfeifers. In Deutschland ist er, abgesehen von einem sehr kleinen Restbestand an Brutvögeln in Niedersachsen, zu den Zugzeiten ein sehr häufiger Durchzügler auf dem küstennahen Grünland. Da er auch im Mittelmeerraum überwintert, überqueren Scharen das Binnenland und erscheinen nicht alljährlich als Gastvögel rastend auch in der Wittenberger Region. Besonders im Herbst (ab Mitte September, besonders aber im November) halten sich auch größere Trupps entweder für sich oder mit Kiebitzen vergesellschaftet auf den Feldfluren der Elbeaue auf (HINSCHE 1986), wo sie oftmals bis zum Schneefall verweilen. Trupps von bis zu 400 Goldregenpfeifern wurden hier festgestellt. Vom Frühjahr (März/April) liegen dagegen nur 32 Beobachtungen vor.

107. Kiebitz - *Vanellus vanellus*

Der Kiebitz ist ein verbreiteter und häufiger Brutvogel in Europa (mit Ausnahme von Island) bis zum Fernen Osten Asiens. Auch in Deutschland ist er weit verbreitet und im Küstenbereich häufig. Im Wittenberger Raum, wo er als Bewohner des kurzen und lückigen Grünlandes besonders auf den Überflutungswiesen der Auen von Elbe und Schwarzer Elster geeignete Brutmöglichkeiten findet, war er ehemals ein verbreiteter, ist jetzt aber ein seltener Brutvogel. Untersuchungen auf Kontrollflächen am Durchstich belegen den starken Rückgang (ZUPPKE 1984): 1965 = 10,6 BP/10ha; 1970 = 10,8 BP/10 ha; 1975 = 9,7 BP/10 ha; 1980 = 1,6 BP/10 ha. Auf den Marcolinischen Wiesen im Fläming-Hügelland nördlich von Jessen ist er seit etwa 1970 völlig als Brutvogel verschwunden (SIMON et al. 2008). Während er früher (bis Mitte der 1970er Jahre) auf den Elbwiesen sogar „vor den Toren Wittenbergs", am Elbtor, am Wiesenhof, an der Angerschanze, an der Wendel und am Luthersbrunnen gebrütet hat, gibt es zur Zeit nur noch wenige Brutzeitnachweise vom Gebiet zwischen Elbe und Deich sowie vom Mündungsgebiet der Schwarzen Elster. Hauptursache sind wohl die hohen, dichten Grasbestände, die sich durch Mineraldüngung und andere Intensivierungsfaktoren gebildet haben. Demzufolge versucht der Kiebitz auch auf Feldern zu brüten, was sich in den meisten Fällen als ökologische Falle erwies, da die Bearbeitungsintensität und das schnelle Wachstum der Ackerkulturen die anfänglich günstigen Habitatbedingungen zunichte machen. STENGEL (1877) konnte noch vom erwerbsmäßigen Sammeln der Kiebitzeier berichten: „Damals sind die Kiebitz- und Schnepfeneier fuhrenweise nach Potsdam und Berlin geschafft worden.“ und „Eine Folge dieses abscheulichen Verfahrens ist, dass ganze Niederungen einzelner Ortschaften, woselbst vor ungefähr 20 Jahren die Kiebitze noch zu Tausenden brüteten, jetzt nicht einen dieser hübschen Vögel aufweisen können.“.

Als Kurzstreckenzieher, der im Mittelmeergebiet überwintert, erscheinen die Kiebitze Ende Februar/Anfang März im Gebiet, das sie im Oktober wieder verlassen. Zu diesen Zugzeiten sind aber Kiebitze in großen Scharen als regelmäßige Gastvögel in den Auen der Elbe und Schwarzen Elster zu beobachten. Bei günstigen Witterungsbedingungen oder Hochwassersituationen mit flach überschwemmten Wiesen verweilen sie jedoch auch länger, wie im Oktober/November 1998, wo sich 10.000-15.000 Kiebitze zwischen Wittenberg, Pratau und Dabrun aufhielten oder im Januar/Februar 2002, wo sich ebenfalls 10.000-15.000 Kiebitze auf den teilweise überschwemmten Elbwiesen aufhielten. Bereits im Sommer sammeln sich große Kiebitzscharen in der Elbeaue, so dass besonders im Gebiet an der Alten Elbe Bösewig bis zu 5.000 Kiebitze bei der Nahrungssuche oder beim Ruhen im Flachwasser zu sehen sind, am 21.8.2005 gar 8.000! Dies mag bereits vor über 100 Jahren Anlass zu folgender Zeitungsnotiz gewesen sein: „Trotz aller Verfolgung haben sich die Kiebitze in diesem Jahre in unserer näheren und weiteren Umgebung sehr vermehrt. Zu vielen Hunderten sind dieselben auf den zur Domäne Clöden gehörigen Wiesen zwischen den Dörfern Klein-Zerbst und Bösewig einerseits und dem Elbstrom andererseits anzutreffen.“ (WITTENBERGER TAGEBLATT 22.7.1899 in: MZ).

108. Flussregenpfeifer - *Charadrius dubius*

Von den Kanarischen Inseln bis nach Japan über ganz Eurasien verbreitet, ist der Flussregenpfeifer auch in Deutschland ein verbreiteter, aber nirgends häufiger Brutvogel, der auf kiesbedeckten Bereichen an Fließgewässern oder auch Kiesgruben brütet. In der Wittenberger Region ist er auf den Schotterbänken am Ufer der Elbe und Schwarzen Elster in Abhängigkeit vom Wasserstand regelmäßiger Brutvogel, aber auch an den Kiesgruben (z.B. Prettin, Dixförda, Jessen, Rackith, Luthersbrunnen, Oppin, Pretzsch, Nordendstraße, Zahna-Wüstemark) und bis zum Zuwachsen mit Vegetation an den Ufern der Tagebauseen. Diese wechselnden Faktoren bedingen einen schwankenden Brutbestand des Flussregenpfeifers in der Region. Der Flussregenpfeifer ist auch regelmäßiger Durchzügler, wenn er als Langstreckenzieher im Frühjahr (April) und Herbst (August/September) an den flachen Ufern der Gewässer der Elbeaue rastet.

109. Sandregenpfeifer – *Charadrius hiaticula*

Als Brutvogel der nord- und mitteleuropäischen Küsten erscheint der Sandregenpfeifer auf dem Durchzug von und zu den Winterquartieren auch im Binnenland. Im Gebiet um Wittenberg wird er als unregelmäßiger Durchzügler, meist jedoch nur vereinzelt, im April und in etwas größerer Anzahl im August an den Rändern und auf den Schlammflächen der sommerlich flach gefallenen Elbeauengewässer angetroffen.

110. Mornellregenpfeifer – *Charadrius morinellus*

Am 29.4.1943 wurde ein Weibchen dieser Art, die durch das Buch von BENGT BERG (1926) „Mein Freund der Regenpfeifer" bekannt wurde, bei Bösewig gefunden und von OTTO KLEINSCHMIDT präpariert. Das Präparat befindet sich seit 1987 im Besitz des Tierkunde-Museums Dresden (ECK, briefl.). Der Mornellregenpfeifer brütet in der Tundra Skandinaviens und der Kola-Halbinsel und rastet auf seinen Flügen von und nach dem Winterquartier (afrikanischer Mittelmeerraum) wohl gelegentlich in Mitteleuropa, wie es auch SCHWARZE & KOLBE (2006) in zwei Fällen für das westlich angrenzende Elbeauengebiet angeben.

111. Regenbrachvogel – *Numenius phaeobus*

Der in den Tundra- und Taigazonen Islands, Skandinaviens und Russlands brütende Regenbrachvogel erscheint als Durchzügler regelmäßig an den deutschen Küsten, aber seltener im Binnenland. Aus dem Mittelelbegebiet um Wittenberg liegen nur 17 Beobachtungen als unregelmäßiger Durchzügler vor, davon 7 auf dem Heimzug im Frühjahr (April), überwiegend vom Durchstich bei Pratau und der Alten Elbe Bösewig (HINSCHE 1970, BÖHME 1971).

112. Großer Brachvogel - *Numenius arquata*

Der Große Brachvogel ist von W-Europa bis E-Sibirien verbreitet. In Deutschland kommt er nur sehr lückenhaft mit abnehmenden Beständen vor, wo der ursprüngliche Bewohner von Mooren weitestgehend auf feuchtem Grünland brütet. In der Wittenberger Region war der Große Brachvogel regelmäßiger Brutvogel der Elbwiesen von Pretzsch bis zur Großen Straube und im Bereich Klöden – Schützberg – Listerfehrda sowie abseits der Elbe im Zemnicker Bruch, worauf sich vermutlich die Fußnote von J.VON WANGELIN/Merseburg bei NAUMANN & HENNICKE (1897-1905) bezieht: „Aus der Provinz Sachsen besitze ich Gelege aus der Nähe von Zahna …". Auf den Marcolinischen Wiesen im Jessener Fläming- Hügelland hat er bis etwa 1970 gebrütet (SIMON et al. 2008). Auch auf den Feuchtwiesen nördlich Buschkuhnsdorf sollen in den 1980er Jahren 2 Paare gebrütet haben. Der Brutbestand verringerte sich in der westelbischen Elbeaue von 25-28 Brutpaaren im Jahr 1960 auf 3 Brutpaare im Jahr 1985 und erlosch danach fast völlig. Im Zemnicker Bruch (1965 = 3 Brutpaare) brüteten ab Mitte der 1970er Jahre ebenfalls keine mehr. Als Ursache des Bestandsrückganges muss die intensive Bewirtschaftung des Grünlandes mit der Folge der Dicht- und Hochwüchsigkeit der Grasbestände und der Vorverlegung der Mahdtermine angesehen werden (ZUPPKE 1984). Nach 1990 waren vereinzelt Brachvögel wieder in der Elbeaue anwesend (1-2 Paare), die auch im Wiesenbereich bei Bösewig und möglicherweise bei Seegrehna Reviere anzeigten und vereinzelt Brutversuche unternahmen, jedoch konnten keine erfolgreichen Bruten festgestellt werden. 1999 wurde bei Klöden ein Paar mit 2 Jungvögeln gesichtet und 2006 im gesamten EU SPA 3 Revierpaare, allerdings ohne Bruterfolg beobachtet (SIMON & SIMON 2007).

Als regelmäßiger Durchzügler ist der Große Brachvogel auf dem Heimzug (Mitte März/Ende April) und dem Wegzug (September/Oktober) an verschiedenen Gewässern der Elbeaue zu sehen. Von Sommer bis Herbst, beginnend im Juli, sammeln sich im Bösewiger Gebiet Brachvögel, die abends im Flachwasser der Alten Elbe eine Schlafgesellschaft bilden: 1982 – bis 36; 1988 – ca. 15; 1989 – 49; 1990 – 72; 1991 – 28; 1992 – 60; 1993 – 40; 1996 – 60; 1997 – 63; 1998 – 100; 1999 – 39; 2000 – 67; 2001 – 105; 2002 – 42; 2003 – 35; 2004 – 42; 2005 – 54; 2006 – 65. Als Mittelstreckenzieher mit Überwinterungsquartieren an der europäischen Atlantikküste, dem Mittelmeergebiet und W-Afrika bleibt der Große Brachvogel bis zum Einbruch von Frost- und Schneeperioden im Gebiet. PIECHOCKI (1970) erhielt einen am 16.12.1957 bei Apollensdorf geschossenen (!), und am 25.12.2005 hielten sich noch 4 sowie am 27.12.2002 noch einer an der Alten Elbe Bösewig auf. Andererseits wurde ein am 24.5.1964 bei Sachau nestjung beringter Brachvogel am 19.7.1964 bereits an der Straße von Calais in Frankreich geschossen. Ein weiterer am 22.5.1965 ebenfalls bei Sachau nestjung beringter Brachvogel wurde am 20.3.1967 bei Gudo Gambaredo in Italien (wohl noch im Winterquartier) geschossen.

113. Uferschnepfe – *Limosa limosa*

Von Island und den Britischen Inseln aus ostwärts ist die Uferschnepfe bis ins westliche Sibirien verbreitet. In Deutschland ist sie, konzentriert auf Norddeutschland, nur lokal verbreitet und selten, wo sie vorwiegend Feuchtwiesen mit kurzer und lückiger Vegetation bewohnt. Im Mittelelbegebiet des Wittenberger Raumes wurde sie 1966 im Bösewiger Wiesengebiet entdeckt und danach auch im Durchstichgebiet bei Pratau als Brutvogel nachgewiesen. Auch im Mündungsgebiet der Schwarzen Elster konnte im Gebiet des Landlach-Altwassers mindestens ein Brutpaar festgestellt werden. Rechtselbisch bestand 1980 Brutverdacht bei Schützberg. Ab Beginn der 1980er Jahre konnten in der Elbeaue keine Brutvorkommen mehr nachgewiesen werden. Auch für diese Art wirken sich die dichten und hohen Grasbestände des intensiv bewirtschafteten Grünlandes nachteilig aus, da die benötigte Übersichtlichkeit des Brutreviers verloren geht. Nach 1990 wurden im Bösewiger Wiesengebiet wieder Uferschnepfen festgestellt, deren Erregungsrufe von manchen Beobachtern als „Balzrufe" verstanden und die Vögel als Brutvögel angesehen werden. Möglicherweise versuchen auch in einzelnen Jahren 2 bis 3 Paare zu brüten, da 1997 wieder ein Gelege gefunden und 2003 ein Jungvogel beobachtet werden konnte. 1997 wurden auch am Durchstich sich paarende Uferschnepfen gesehen. Als regelmäßiger Durchzügler kann die Uferschnepfe einzeln oder in kleinen Gruppen Ende März/Anfang April und Juli/August an den Gewässern der Elbe- und Elsteraue gesehen werden, wo auch eine Beobachtung auf das gelegentliche Durchziehen der Unterart *Limosa l. islandica* deutet.

114. Pfuhlschnepfe – *Limosa lapponica*

Die in der arktischen Tundra Skandinaviens und Russlands brütende Pfuhlschnepfe erscheint an den deutschen Küsten regelmäßig als Durchzügler und verbleibt vereinzelt im Wattenmeer als Wintergast, obwohl ihr eigentliches Überwinterungsgebiet an westeuropäischen und westafrikanischen Küsten liegt. Im Binnenland wird sie nur selten gesehen. So wurde sie in der Wittenberger Region auch nur am 17.9.1976 und 15.7.2004 an der Alten Elbe Bösewig, sowie am 2.10.2002 auf Hochwasserrestflächen bei Axien als seltener Gast gesehen.

115. Waldschnepfe - *Scolopax rusticola*

Die über Europa und auch über Deutschland weit verbreitete Waldschnepfe ist zwar nirgends häufig, kommt aber in reich gegliederten Wäldern mit einer ausgeprägten Kraut- und Strauchschicht vielerorts vor. In der Wittenberger Region sind es vor allem die Wälder der Dübener Heide, des Vorflämings, der Woltersdorfer, Glücksburger und Annaburger Heide sowie die Wälder um Jessen. Am 30.3.2002 konnten auf einer 3,5 km langen Wegstrecke am Bauerhaus/Dübener Heide 5-10 balzfliegende Waldschnepfen gesehen werden. GNIELKA (1998) schätzte den Bestand in der Dübener Heide auf

120-160 Reviere. Bis 1970 kam sie auch im stadtnahen Bereich von Wittenberg vor und wurde von Jägern im WASAG-Gelände bei Reinsdorf geschossen. Sogar aus dem Stadtwald Wittenberg gibt es zurückliegende Brutzeitnachweise (SCHÖNFELD & ZUPPKE 1994). In anderen Gebieten angetroffene Waldschnepfen (Probstei, Durchstich u.a.) betreffen wohl Durchzügler, da sie sich außerhalb der Brutzeit (Anfang März und September bis November) dort aufhielten.

116. Zwergschnepfe – *Lymnocryptes minimus*

Die infolge ihrer versteckten Lebensweise leicht zu übersehende Zwergschnepfe brütet in den Mooren der skandinavischen und russischen Taigazone, von wo sie als seltener Durchzügler auch in Deutschland erscheint. In der Wittenberger Region wird sie sowohl im Frühjahr (Mitte März bis Ende April) als auch im Herbst (vorwiegend im November) in sehr feuchten seggenreichen Wiesenbereichen der Auen (z.B. BÖHME1968b) und auch Bachtälern (z.B. Rischebach und Fliethbach) sowie des Klödener Risses vereinzelt nachgewiesen, wobei sie sicherlich auch übersehen wird. Mehrfach wurde sie am Bergwitzsee und am Ascheteich Zschornewitz (1999, 2000) gesehen. Die Beobachtungen von drei Zwergschnepfen im Januar 1970 bei Bösewig und von zwei im Februar 2000 auf den nassen, seggenreichen Wiesen am Rischebach nördlich von Reinsdorf deuten auf vereinzeltes Überwintern dieser Art im Gebiet bei zusagenden Witterungsbedingungen. Insgesamt ist sie als seltener Gastvogel im Gebiet anzusehen. Ihr versteckter und heimlicher Aufenthalt im unübersichtlichen Gelände erschwert ihre Feststellung.

117. Doppelschnepfe – *Gallinago media*

Die Doppelschnepfe brütet in der borealen Wald- und Tundrazone von Skandinavien bis Zentralsibirien und ist in Deutschland nur ein sehr seltener Durchzügler. Dennoch gibt es aus dem Wittenberger Raum 5 Nachweise vom 9.10.1966 (SCHWARZE 1975b), am 26.9.1977 und am 3.8.2002 an der Alten Elbe Bösewig, am 17.8.1971 an der Alten Elbe Melzwig und am 21.7.1997 in der Großen Straube Seegrehna. Sie ist also im Gebiet ein seltener Gast.

Vom 8.1.1977 bis 13.11.1982 hielt sich ein bei Brandenburg mit einem farbigen Halsring beringter Höckerschwan auf verschiedenen Gewässern der Wittenberger Elbeaue ohne zu brüten auf.

Die Brutnachweise der Spießente 1967 (hier: Gelege und ♀ am Nest auf den Kienbergwiesen bei Pratau am 4.5.1967) blieben bisher die einzigen.

Bereits 1955 konnten am Kleinen Lausiger Teich in der Dübener Heide Nester vom Rothalstaucher gefunden werden, so dass dieses Gewässer ein traditioneller Brutplatz ist.

Austernfischergelege am 30.5.1987 auf einem Lupinenfeld bei Gallin auf sandigem Boden, einem Brutplatz, der später aufgegeben wurde.

Der 1935 am Nest in Leetza mit einem 74 cm langen Holzpfeil (mit Eisenspitze) in der Schulter vermutlich aus Ost- oder Südafrika zurückgekehrte Weißstorch, der später an einer Starkstromleitung verunglückte und von Dr. KLEINSCHMIDT präpariert wurde (Quelle: Kirchliches Forschungsheim Wittenberg).

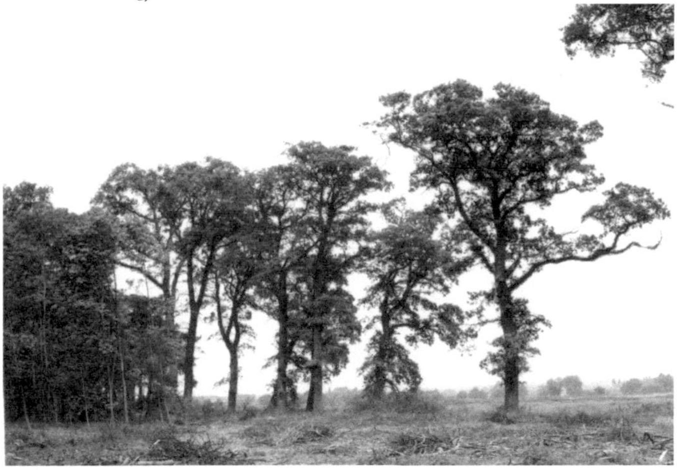

Standort der im Mai 1978 spontan gegründeten Weißstorchkolonie in der Elbeaue auf Alteichen am Rande des Auenwaldes Probstei mit 8 Brutpaaren, die jedoch in den folgenden Jahren wieder aufgegeben wurde.

Brutnachweise des Großen Brachvogels 1975 auf den Überflutungswiesen der „Groben Sau" bei Melzwig (oben) und 1982 auf der „Wartenburger Insel" (unten). Mit der intensivierten Nutzung des Grünlandes der Elbeaue ab etwa 1975, die zur Vorverlegung der Mahdtermine führte, verringerte sich der Brutbestand des Großen Brachvogels drastisch bis zum zumindest zeitweiligen Erlöschen. Auch gegenwärtig ist sein Brutvorkommen nicht gesichert, trotz einzelner Brutzeitbeobachtungen fehlen konkrete Brutnachweise. Die weiterhin sehr frühen Wiesenmahdtermine (1. bis 2. Maidekade) verhindern wohl immer noch einen erfolgreichen Brutverlauf dieser Art.

Seit 1967 wurden auf den Überflutungswiesen am Durchstich westlich von Pratau während der Brutzeit revieranzeigende Uferschnepfen beobachtet, die in mehreren Jahren auch dort brüteten (auf dem Bild: Uferschnepfe am 15.5.1967 auf einem Koppelpfahl im Weidegebiet am Durchstich; im Bildhintergrund Speichergebäude am Hafen Wittenberg). Nach 1975 hielten sich in diesem Gebiet Uferschnepfen nur noch als Durchzügler auf.

Erster Brutnachweis der Uferschnepfe am 15.5.1966 auf dem Grünland an der Alten Elbe bei Bösewig

Aufn. links: H. Hampe

Fotobeleg der 1953 und 1954 erfolgten Wiedehopfbrut in einer Stiel-Eiche in 5 m Höhe im Stadtwald am Rande Wittenbergs, in dem danach nie wieder Wiedehopfe beobachtet wurden (oben und rechts)

Fütternder Wiedehopf an der Bruthöhle in einer Altpappel 1963 in der Weichholzaue des „Pappelhegers“ bei Melzwig (unten)

Brutnachweis des Ziegenmelkers durch Gelegefund am 11.7.1965 unter Jungbirken und –kiefern bei Mochau im Fläming am Rande einer großen Lichtung (oben). Am 18.7. waren die Jungen geschlüpft und wurden stets ab 20.30 Uhr von beiden Altvögeln abwechselnd gefüttert (unten). Nach Einstellung der Kahlschlagwirtschaft und dem Zuwachsen der Freiflächen kommen jetzt Ziegenmelker nur noch auf den ehemaligen Truppenübungsplätzen vor.

Das erste in der Wittenberger Elbeaue 1962 im Pappelheger bei Melzwig gefundene Brutnest der Beutelmeise (links) mit einschlüpfendem Altvogel. In der Folgezeit siedelte die Beutelmeise an vielen Stellen der Elbeaue mit einer Konzentration um Wartenburg – Bleddin, im Bild rechts ein bauendes Männchen am 23.5.1980 am Pfählen (Kolk) bei Bleddin. Nach einer fast exponentiellen Zunahme nahm nach 2000 der Beutelmeisenbestand wieder ab.

Der Fitis ist ein verbreiteter Brutvogel in lichten, trockenen Wäldern der Wittenberger Region. Im Stadtwald Wittenberg (Bilder: 1977) war er bis 1995 infolge besserer Durchsonnung durch die vorhandenen Immissionschäden an den Kiefern häufiger als gegenwärtig.

Raubwürgerbrut 1970 in einem dichten Laubgebüsch in der Ackeraue bei Dabrun. Viele ehemalige Brutgebiete sind inzwischen verwaist.

Eine vom Raubwürger aufgespießte Schwanzmeise 1955 im Weißdorngebüsch bei Bodemar in der Elbeaue

In der demontierten Munitionsfabrik bei Reinsdorf 1965 brütender Steinschmätzer

Gebirgsstelzenbrut 1963 in einem Rüstloch eines Wohnhauses am Rischebach in Reinsdorf.

118. Bekassine - Gallinago gallinago

Die im mittleren und nördlichen Europa weit verbreitete Bekassine hat besonders in Deutschland starke Bestandsrückgänge erlitten, die durch die Vernichtung ihrer feuchten und nassen Bruthabitate auf Grünlandflächen oder Mooren verursacht wurden. Auch in der Wittenberger Region fand diese negative Entwicklung statt. Ursprünglich im Überflutungsgrünland der Elbeaue und auf anderen, auch kleineren Feuchtwiesen verbreitet vorkommend, ist sie jetzt nur noch Brutvogel in wenigen Paaren auf den noch vorhandenen Feuchtwiesenbereichen in der Elbeaue am Durchstich, südlich der Probstei und im Wittenberger Luch sowie in den nassen Bereichen an der Schwarzen Elster, einzelnen begrenzten Feuchtstellen am Faulen Bach und Fliethbach und in Abhängigkeit von der jährlich schwankenden Feuchtigkeit auf Ried- und Nassflächen in der Annaburger Heide. Von den Marcolinischen Wiesen nördlich von Jessen gibt es nur zurückliegende Brutzeitnachweise (SIMON & SIMON 1996). 1995 konnten allein im NSG „Untere Schwarze Elster“ 20-25 Brutpaare festgestellt werden (SEELIG et al. 1997), 2006 im gesamten EU SPA nur noch 14 (SIMON & SIMON 2007). Auch im Mauserbruch bzw. Grenzbachtal im südlichen Teil der Dübener Heide sowie in der Kuhlache bei Jessen finden sich einzelne Brutplätze. Der Fortbestand dieses geringen Brutbestandes ist abhängig vom Erhalt der wenigen noch vorhandenen Feuchtwiesenbereiche.

Als regelmäßiger Durchzügler erscheint die Bekassine im März/April und Juli/August an den Ufern der Gewässer der Elbeaue, mitunter auch in größeren Trupps. Eine Feuchtwiesenfläche am Rande der Alten Elbe Bösewig wird im Spätsommer wohl als Mausergebiet genutzt, da sich hier in dieser Zeit (Juli bis September) fast ständig 40 bis 60 rastende und mausernde Bekassinen aufhalten. Vom 30.8. bis 3.9.2001 hielten sich hier sogar 150-200 Bekassinen auf. Am 7.9.2002 konnten mindestens 400 auf flachen Hochwasserflächen in der Feldflur bei Hemsendorf – Schützberg festgestellt werden. Ringfunde belegen die Herkunft einiger der sich in Bösewig aufhaltenden Bekassinen aus dem nördlichen Russland und den Weiterzug nach Frankreich und Großbritannien (Atlantikküste). Obwohl die Bekassine als Kurz- bis Mittelstreckenzieher im Mittelmeerraum überwintert, verbleiben in einigen Jahren auch einzelne Vögel bis in den Wintermonaten im Gebiet.

119. Flussuferläufer - *Actitis hypoleucos*

Der Flussuferläufer ist von Spanien und den Britischen Inseln über ganz Europa verbreitet, kommt aber in Mitteleuropa nur sehr lückig auf bewachsenen Schotter- und

Kiesbänken in Flussniederungen vor, so dass er auch in Deutschland nur spärlich und lokal vorkommt. Der Status als Brutvogel ist in der Wittenberger Region bisher nicht gesichert. Beobachtungen einzelner Flussuferläufer während der Brutzeit in den Uferbereichen von Elbe und Schwarzer Elster (2006: 6 revieranzeigende Paare/SIMON & SIMON 2007) lassen Bruten jedoch möglich erscheinen. MERZWEILER (1965) nennt „balzende Altvögel" von der Kuhlache und dem Elsterufer bei Jessen. Sonst ist der Flussuferläufer ein regelmäßiger Durchzügler im Frühjahr (April) und Juli/August an vielen Gewässern der Elbeaue, besonders auch an den Ufern von Elbe und Schwarzer Elster.

120. Dunkler Wasserläufer – *Tringa erythropus*

Der in der nördlichen Taiga und Waldtundra Skandinaviens und Russlands brütende Dunkle Wasserläufer ist in Deutschland ein regelmäßiger Durchzügler, auch im Binnenland. In der Wittenberger Region rastet er regelmäßig auf dem Durchzug, besonders zum Wegzug ab Mitte Juli bis Anfang September an den Gewässern der Elbeaue. An den Altarmen (Bösewig, Melzwig) ist er mitunter sogar in größeren Anzahlen zu beobachten (GREMPE 1971). In einzelnen Jahren verweilt er an den Lausiger Teichen, wenn während der Zugzeiten im abgelassenen Zustand Schlammflächen vorhanden sind, wo im September 2002 bis zu 200 Dunkle Wasserläufer gesehen werden konnten.

121. Rotschenkel - *Tringa totanus*

Der Rotschenkel bewohnt feuchte oder nasse Wiesenflächen, besonders auch Salzwiesen an Europas Küsten. In Deutschland ist er ein regelmäßiger und häufiger Brutvogel an der Nord- und Ostseeküste, brütet küstenfern aber nur inselartig und in kleinen Beständen. In der Wittenberger Region ist er ein regelmäßiger Durchzügler im Frühjahr (April) und Herbst (Juli/August) an den großen Gewässern der Elbeaue sowie der Elsteraue, besonders am Durchstich und der Alten Elbe Bösewig. Balzverhalten während der Frühjahrsrast nährte in einzelnen Jahren Brutverdacht, z.B. 1983 und 1984 an der Wendel und nahe der Probstei, 2000, 2001, 2004 und 2005 an der Alten Elbe Bösewig.

122. Teichwasserläufer – *Tringa stagnatilis*

Der von Mittel-Russland an ostwärts brütende Teichwasserläufer ist in Mitteleuropa ein zwar regelmäßiger, aber seltener Durchzügler, so auch in der Wittenberger Region, aus der bisher 9 Nachweise einzelner Vögel in den Monaten Juni/Juli aus der Elbeaue vorliegen (u.a. HAMPE 1990), von denen die Beobachtungen 1999 bis 2003 an der Alten

Elbe Bösewig auch von der Avifaunistischen Kommission Sachsen-Anhalt anerkannt wurden (AK ST 2004, 2008).

123. Grünschenkel - *Tringa nebularia*

Aus seinen skandinavischen und nordrussischen Brutgebieten kommt der Grünschenkel regelmäßig und häufig auf dem Durchzug auch ins deutsche Wattenmeer und auf binnenländische Schlammflächen. Daher ist er in der Wittenberger Region ein regelmäßiger und häufiger Durchzügler, besonders zum Wegzug ab Mitte Juli bis Anfang September an vielen Gewässern der Elbe- und Elsteraue, auch an den Ufern von Elbe und Schwarzer Elster. 48 Ende Juli 2004 an der Alten Elbe Bösewig festgestellte Grünschenkel zeigen die maximale Truppstärke an.

124. Waldwasserläufer - *Tringa ochropus*

Der von Skandinavien und dem nördlichen Mitteleuropa an ostwärts bis E-Sibirien vorkommende Waldwasserläufer brütet auch selten in nassen Wäldern Norddeutschlands, ist sonst aber in Deutschland ein häufiger Durchzügler und gelegentlicher Überwinterer. In der Wittenberger Region ist er ein regelmäßiger Durchzügler, besonders zum Wegzug im August/September an vielen Gewässern der Elbeaue, auch am Elbeufer sowie in der Elsteraue. Da die Waldwasserläufer auf dem Heimzug in geeigneten Habitaten oftmals Revier- und Balzverhalten zeigen, wurden in einzelnen Jahren derartige Beobachtungen als Brutverdacht gedeutet. 2006 zeigte ein Paar noch Ende Juni echtes Revierverhalten in einem durch Biberstau total vernässten, absterbenden Erlenwald bei Friedenthal im Vorfläming und bei Iserbegka, Wartenburg, Bleddin, Gorsdorf und Hemsendorf konnten insgesamt 6 revieranzeigende Paare in der Elbe- und Elsteraue festgestellt werden (SIMON & SIMON 2007). 2007 wurde ein Paar mit 2 Jungvögeln im Gebiet des Ausreißerteiches beobachtet. Einzelne Vögel versuchen in günstigen Geländestrukturen, z.B. an den Gräben des Vorflämings oder des Fläming-Hügellandes bei Jessen, zu überwintern.

125. Bruchwasserläufer - *Tringa glareola*

Das Brutareal des Bruchwasserläufers reicht von Schottland bis nach E-Sibirien und umfasst die boreale Wald- und Tundrenzone. Abgesehen von einer fast erloschenen Restpopulation in NW-Deutschland ist diese Limikolenart hier nur Durchzügler. Auch in der Wittenberger Region ist er regelmäßiger Durchzügler, besonders zum Wegzug von Ende Juli bis August/September auf offenen Schlammflächen am Rande der Gewässer der Elbeaue sowie der Elsteraue. Der Wiederfang eines im August 1967 bei Melzwig beringten Bruchwasserläufers zeigte eine Aufenthaltsdauer von mindestens 16 Tagen an (ZUPPKE 1970). Ein weiterer Ende Juli beringter Vogel wurde Ende August in Südfrankreich (Etang de Bages) geschossen. Andererseits konnte ein im August 1968 in Schweden (Skanør) beringter diesjähriger Bruchwasserläufer im September im Bereich des Flämings nachgewiesen werden.

126. Kampfläufer - *Philomachus pugnax*

Der auf Feuchtwiesen und Seggenmooren des nordöstlichen Eurasiens brütende Kampfläufer ist in Deutschland ein sehr seltener Brutvogel in der norddeutschen Tiefebene, jedoch überall ein häufiger Durchzügler in Feuchtgebieten. In den Auen von Elbe und Schwarzer Elster der Wittenberger Region ist er ein regelmäßiger Durchzügler, besonders zum Wegzug im August/September, aber auch im Frühjahr (Anfang April/Mitte Mai), dann oft schon im Prachtkleid und mit dem bemerkenswerten Imponiergehabe der Männchen. Während des Wegzuges rasten mitunter auch größere Trupps, besonders an der Alten Elbe Bösewig, z.B. 120 am 6.9.1998 oder 250-300 am 7.9.2002 auf Hochwasserrestflächen in der Feldflur bei Klöden.

127. Steinwälzer – *Arenaria interpres*

Der an den skandinavischen und nordrussischen Küsten brütende Steinwälzer ist in Deutschland nur in Schleswig-Holstein ein seltener Brutvogel, sonst aber an den Küsten regelmäßiger und im Binnenland seltener Durchzügler. Im gesamten Mittelelbegebiet ist er ein sehr seltener Gast. Während er im Dessauer Gebiet nur einmal festgestellt worden ist (SCHWARZE & KOLBE 2006), gibt es aus der Wittenberger Region insgesamt 5 Nachweise: 8.5.1958 – 1 auf der Kiesbank Wiesenhof Piesteritz; 31.5.1986 – 1 im Manövergebiet Iserbegka; 23.5.1987 – 1 im Manövergebiet Iserbegka; 6./7.9.1998 – 2 an der Alten Elbe Bösewig; 15.7.2000 – 2 an der Alten Elbe Bösewig.

128. Sumpfläufer – *Limicola falcinellus*

Der in Skandinavien und auf der Kola-Halbinsel brütende Sumpfläufer überwintert in Ostafrika und am Persischen Golf, so dass er nur sehr selten auf seinen Zugwegen das deutsche Binnenland streift. So gibt es auch aus der Wittenberger Region nur 2 Beobachtungen als seltener Gast: 18.5.1969 – 3 an der Alten Elbe Bösewig (SCHWARZE 1970); 27.4.1998 – 1 an der Alten Elbe Bösewig.

129. Knutt – *Calidris canutus*

Der auf Grönland und in Sibirien brütende Knutt ist im deutschen Wattenmeer ein regelmäßiger Durchzügler und gelegentlicher Wintergast und erscheint nur ausnahmsweise im deutschen Binnenland. Aus der Wittenberger Region gibt es 8 Nachweise als seltener Gast, davon nur 1 Nachweis im Frühjahr (Mai), die restlichen im August/September, vorwiegend an der Alten Elbe Bösewig.

130. Sanderling – *Calidris alba*

Der Sanderling brütet in der hocharktischen Tundra Grönlands und Spitzbergens und ist an den Küsten Deutschlands ein regelmäßiger, im Binnenland aber seltener Durchzügler. Dennoch gibt es einige wenige Beobachtungen aus der Wittenberger Region, stets auf dem Wegzug: 16.8.1971 – 1 an der Alten Elbe Melzwig; 8.9.1971 – 1 am Durchstich Pratau; 24.7.1975 – 1 an der Alten Elbe Bösewig; 8.9.1981 – 2 und 13.9.1981 – 4 an der Alten Elbe Melzwig; 16.9.2001 – 1, 25.7.2002 – 1, 12.7.2003 – 3 und 17.9.2005 – 2 an der Alten Elbe Bösewig. Er ist also ein unregelmäßiger und seltener Durchzügler.

131. Zwergstrandläufer – *Calidris minuta*

Auch diese Strandläuferart brütet nur im hohen Norden Europas und Asiens, kommt aber auf ihrem Zug zu den afrikanischen Winterquartieren ziemlich regelmäßig durch Mitteleuropa, wo er auch an den Gewässern des Binnenlandes rastet. In der Region um Wittenberg ist er ein unregelmäßiger, vereinzelter Durchzügler, besonders zum Wegzug im August an den Gewässern der Elbeaue, jedoch nicht an den beiden Flüssen selbst.

132. Temminckstrandläufer – *Calidris temminckii*

Wesentlich seltener erscheint der in Skandinavien und dem nördlichen Russland bis Sibirien brütende Temminckstrandläufer in der Wittenberger Region, obwohl er im deutschen Binnenland ein regelmäßiger Durchzügler ist. Besonders zum Wegzug im August wurde er in einzelnen Jahren am Durchstich und den Alten Elben Bösewig und Melzwig als seltener Gastvogel festgestellt.

133. Sichelstrandläufer – *Calidris ferruginea*

Der im arktischen Asien brütende Sichelstrandläufer zieht auf seinem Zug zu den afrikanischen Winterquartieren auch regelmäßig durch Europa und erscheint dabei auch im deutschen Binnenland. In der Region um Wittenberg ist er ein unregelmäßiger, vereinzelter Durchzügler, besonders zum Wegzug im August an den Gewässern der Elbeaue.

134. Meerstrandläufer – *Calidris maritima*

Der in der Tundra des hohen Nordens (Island, Skandinavien, Spitzbergen, Kola-Halbinsel, Nowaja Semlja) brütende Meerstrandläufer überwintert auch an den deutschen Nord- und Ostseeküsten, kommt aber selten ins Binnenland. Am 27.8.1967 wurde einer als seltener Gastvogel am Durchstichgewässer bei Pratau gesehen.

135. Alpenstrandläufer - *Calidris alpina*

Der Alpenstrandläufer ist in mehreren Unterarten zirkumpolar verbreitet und brütet in Europa auf der arktischen Tundra Islands, Skandinaviens und Russlands sowie auf küstennahen Strand- und Salzwiesen Großbritanniens und im Ostseeraum, darunter ein sehr kleiner Bestand der Unterart *schinzi* an der deutschen Ostseeküste. Auf dem Durchzug ist er an den Küsten und Binnengewässern sehr häufig. Daher ist er auch in der Wittenberger Region ein regelmäßiger Durchzügler, besonders zum Wegzug im August an den Gewässern der Elbe- und Elsteraue.

136. Schmarotzerraubmöwe - *Stercorarius parasiticus*

Die zirkumarktisch verbreitete Schmarotzerraubmöwe brütet auf Mooren küstennaher Tundren. Sie erscheint besonders auf ihren herbstlichen Zügen gelegentlich an mitteleuropäischen Küsten und selten im Binnenland. Drei Nachweise belegen das vereinzelte Überfliegen des Wittenberger Raumes als seltener Gast: 22.7.1978 und 24.8.1980 an der Alten Elbe Bösewig und 21.6.1981 an der Stromelbe bei Piesteritz.

137. Falkenraubmöwe – *Stercorarius longicaudatus*

Die in der skandinavischen Fjällregion brütende Falkenraubmöwe zieht entlang der Atlantikküste zum Winter"quartier" im Süd-Atlantik und nimmt nur ausnahmsweise die Abkürzung über das Festland. Als Ausnahmeerscheinung in Deutschland bedarf die 2008 am Tagebausee Gröberner See gesehene Falkenraubmöwe noch der Bestätigung durch die Seltenheitskommission.

138. Krabbentaucher – *Alle alle*

Der an den hocharktischen Küsten auf Steilhängen brütende Krabbentaucher ist in Deutschland ein sehr seltener Durchzügler oder Wintergast. Dennoch wurde dieser kleine Alk einmal in der Wittenberger Region gesichtet: am 16.11.1968 auf dem Bergwitzsee (BÖHME 1972).

139. Dreizehenmöwe – *Rissa tridactyla*

Die Dreizehenmöwe, die an den arktischen Küsten Europas, Asiens und Nordamerikas, aber auch auf Helgoland brütet, überwintert überwiegend auf dem Atlantik und der Nordsee und verfliegt sich nur selten ins Binnenland. Daher ist sie auch im Wittenberger Gebiet ein sehr seltener Gast, der erst zweimal festgestellt wurde: am 17.2.1957 am Hochwasser bei Pratau und am 27.3.1963 an der Alten Elbe Melzwig. Möglicherweise wird sie manchmal übersehen.

140. Zwergmöwe - *Hydrocoloeus minutus*

Die Zwergmöwe als Brutvogel flacher, vegetationsreicher Binnengewässer brütet von Finnland südostwärts bis in Ost-Sibirien sowie selten im Ostsee-Küstengebiet. In Deutschland kommt sie nur in sehr geringer Zahl und wechselnder Häufigkeit als Brutvogel vor. Im Wittenberger Raum wurden bisher auch nur 25 als unregelmäßige Durchzügler überwiegend an der Alten Elbe Bösewig festgestellt, davon 7 im Frühjahr (2.4. – 19.5.) und 18 im Herbst (23.7.-15.11.). Eine bei Bösewig beringte Zwergmöwe wurde nach 28 Tagen bei Melbystrand in den Niederlanden gefunden.

141. Lachmöwe - *Larus ridibundus*

Die in Mittel- und Nordeuropa verbreitete Lachmöwe ist in Deutschland ein häufiger Brutvogel in Röhrichtzonen stehender Gewässer. Ihr Bestand ist seit den 1970er Jahren rückläufig. In der Region um Wittenberg ist sie ein ganzjähriger und häufiger Gastvogel an der Elbe, Schwarzen Elster und deren Nebengewässern. In Hochwassersituationen erfolgt ein Einflug und längerer Aufenthalt von großen Schwärmen (max. 50.000 Lachmöwen im März 2000) auf den flachen Wasserflächen der überschwemmten Elbwiesen, teilweise auch auf den Feldern beim Umbruch. Abgesehen von derartigen Masseneinflügen sind die Lachmöwenbeobachtungen jedoch rückläufig. Eine im Juni 1980 bei Legnica in Polen nestjung beringte Lachmöwe wurde schon im September des gleichen Jahres bei Kleinzerbst gefunden. Die Alte Elbe Bösewig und auch der Bergwitzsee werden in verschiedenen Jahren zeitweilig als Schlafgewässer genutzt. In einzelnen Jahren kam es auch zu Brutversuchen im Gebiet, so 1967 mit 12-15 Brutpaaren an der Alten Elbe Bösewig, 1975 mit 1 Brutpaar an der Alten Elbe Melzwig, 1978 mit 16-18 Brutpaaren an der Alten Elbe Bösewig (9 Nestfunde mit 18 Eiern und 2 Jungvögeln),

1988 mit 1 Brutpaar am Durchstich, 2005 mit 1 Brutpaar am Gremminer See und ab 2007 mit ca. 20 Brutpaaren auf dem neugefluteten Gröberner See, die bisher nur in wenigen Fällen Bruterfolg hatten, so dass die Lachmöwe zunächst nur als unregelmäßiger Brutvogel eingestuft werden kann. Im westlich angrenzenden Bereich bestand bis mindestens 2004 eine Brutkolonie von ca. 600 Brutpaaren auf der Alten Elbe Klieken, die danach jedoch geräumt wurde (SCHWARZE & KOLBE 2006). Auch der Gesamtbestand von Sachsen-Anhalt weist einen drastischen Rückgang von 2.500-3.000 auf 1.300-1.500 Brutpaaren innerhalb von 3 Jahren auf (GEDEON & FISCHER 2006).

142. Sturmmöwe - *Larus canus*

Als Küstenvogel des nördlichen Eurasiens brütet die Sturmmöwe an der Nord- und Ostseeküste, inzwischen jedoch auch an Seen des Binnenlandes. Im weiteren Umland des Wittenberger Raumes besteht am Muldestausee bei Bitterfeld eine Brutkolonie, deren Bestand von 130 auf 8 Brutpaare im Jahr 2007 zusammenbrach (FISCHER & DORNBUSCH 2008). Im betrachteten Gebiet versuchen seit 1998 einige Paare auf dem Gremminer See zu brüten (2005 – 3 Brutpaare). Ansonsten ist die Sturmmöwe regelmäßiger Durchzügler in steigender Anzahl (z.B. 1.500 am 23.3.2000), besonders im Frühjahr an der Elbe, aber auch an anderen Nebengewässern in der Elbeaue.

143. Mantelmöwe – *Larus marinus*

Als ausgesprochener Küstenvogel Nordeuropas brütet diese Art seit 1984 auch vereinzelt an der deutschen Ostseeküste, gelangt auf ihren Wanderungen jedoch selten ins Binnenland. Erst seit 1997 wurden 4mal einzelne Mantelmöwen an den Gewässern im Wittenberger Gebiet als seltene Gäste gesehen (1997, 1999, 2003, 2004).

144. Silbermöwe - *Larus argentatus*

Die in mehreren Unterarten in Nordeuropa, Asien und Nordamerika vorkommende Silbermöwe brütet auf Felsenküsten, im Dünengelände und sogar auf Gebäuden und ist in Deutschland ein häufiger Bewohner der Nord- und Ostseeküste, vereinzelt auch des Binnenlandes. In der Wittenberger Region war sie bis 1985/90 ein seltener, danach aber häufiger Gastvogel (ganzjährig), der besonders die Elbe überfliegend beobachtet wird. Auf dem Frühjahrshochwasser 2000 hielten sich sogar bis zu 200 Silbermöwen auf.

145. Steppenmöwe / Mittelmeermöwe – *Larus chachinnans / michahellis*

Diese erst seit 1997 als eigene Arten erkannten Möwen sind feldornithologisch im schnellen Flug nur unter günstigen Beobachtungsbedingungen von der Silbermöwe und untereinander zu unterscheiden. In der Wittenberger Region wurden bisher nur in wenigen Fällen Mittelmeermöwen sicher erkannt, die im westlichen Mittelmeerraum starke Bestandszunahmen zeigt. Inwieweit die östlicher vorkommende Steppenmöwe das Wittenberger Gebiet erreicht, ist ebenso unbekannt. Da von Zunahmen beider Arten in Sachsen-Anhalt berichtet wird (SÜDBECK et al. 2007), kommen sie vermutlich häufiger als Gastvogel im Gebiet vor, als es bisher bekannt ist.

146. Heringsmöwe – *Larus fuscus*

Die an den Küsten Nord- und Nordwesteuropas brütende Heringsmöwe ist an der deutschen Nordseeküste ein häufiger, an der Ostseeküste dagegen seltener Brutvogel. Im Binnenland erscheint sie nur gelegentlich. Daher ist sie auch im Wittenberger Raum ein seltener Gastvogel, der bis 1980 nur 6-mal (u.a. ZUPPKE 1971) und danach nur 7-mal beobachtet werden konnte. Da die Unterscheidung der beiden Unterarten feldornithologisch Probleme bereitet, bleiben die von den Beobachtern getroffenen Zuordnungen hier unberücksichtigt.

147. Zwergseeschwalbe – *Sternula albifrons*

Die Zwergseeschwalbe ist kosmopolitisch über alle Erdteile weit verbreitet. Ihre Brutvorkommen an den Flussufern im deutschen Binnenland sind seit dem 19. Jahrhundert erloschen, so dass sie gegenwärtig nur an den deutschen Nord- und Ostseeküsten brütet. Leider findet sich kein Hinweis, ob die Bemerkung NAUMANNs (1903) zum Brüten dieser Art „…häufig an der Elbe bis hoch nach Sachsen hinauf…“ auch für den Wittenberger Raum zutrifft. So liegen bisher nur 3 Nachweise als seltener Gastvogel vor: 24.8.1970 – 1 am Durchstich; 24.6.1988 – 1 an der Elbe bei Gallin und 1./2.7.2000 – 1 an der Alten Elbe Bösewig.

148. Raubseeschwalbe - *Hydroprogne caspia*

Die sonst weit verbreitete Raubseeschwalbe kommt in Europa nur in zersplitterten Kleinpopulationen im Ostseeraum vor. Da sie auf ihrem Zug nur gelegentlich im Binnenland erscheint, wurde sie auch erst einmal im Wittenberger Raum als sehr seltener

Gastvogel am 13.6.1987 an der Alten Elbe Melzwig gesehen.

149. Weißbart-Seeschwalbe – *Chlidonias hybrida*

Die in Südwest- und Osteuropa beheimatete Weißbart-Seeschwalbe ist in Deutschland ein seltener Durchzügler, seit 2002 aber auch ein seltener Brutvogel. In der Wittenberger Region wurden je 4 im Mai und Juni 2002 als seltener Gastvogel gesehen (AK ST 2004, 2008).

150. Weißflügel-Seeschwalbe – *Chlidonias leucopterus*

Abgesehen von einigen vorübergehenden Brutansiedlungen in Deutschland brütet die Weißflügel-Seeschwalbe in Europa überwiegend in der Biebrza-Niederung in Polen und in der Hortobagy in Ungarn, bevor in Russland das nach Osten reichende geschlossene Brutgebiet beginnt. Nach Bestandszunahmen kommt es in letzter Zeit öfters zu Einflügen nach Mitteleuropa. Im Wittenberger Raum wurden 1976 - 2, 1986 – 2, 1988 – 2, 1997 – 8, 1998 – 13 und 2005 – 2 Weißflügelseeschwalben (AK ST 2008) festgestellt, stets im Mai und an der Alten Elbe Bösewig, so dass sie hier als seltener Durchzügler anzusehen ist, wie es auch in dem sich westlich anschließendem Gebiet an der Alten Elbe Klieken der Fall ist (SCHWARZE & KOLBE 2006).

151. Trauerseeschwalbe - *Chlidonias niger*

Die in Kolonien auf Süßwasserseen mit Schwimmblattzonen brütende Trauerseeschwalbe weist im gesamten europäischen Verbreitungsgebiet, das von den Niederlanden über Norddeutschland bis nach Russland reicht, drastische Bestandsrückgänge auf. In Sachsen-Anhalt brüten nur noch 40-50 Brutpaare, die meisten davon an der Unteren Havel. Im Wittenberger Raum kam es nach einem Brutversuch 1975 (GERSTENBERGER 1975) zu weiteren versuchten Bruten von 2-5 Brutpaaren von 1979 bis 1981 auf der Alten Elbe Bösewig, die jedoch erfolglos und nicht dauerhaft waren. Auch 2006 hielten sich während der Brutzeit ständig 2 Trauerseeschwalben an der Alten Elbe Bösewig auf. Ansonsten ist die Trauerseeschwalbe nicht alljährlicher Durchzügler in kleinen Trupps (maximal: 2003 – 50, 1981 – 34), besonders beim Frühjahrsdurchzug (Mai) an den Gewässern der Elbe- und Elsteraue.

152. Flussseeschwalbe - *Sterna hirundo*

Die auf vegetationsarmen Sand- und Kiesbänken brütende Flussseeschwalbe ist in Europa weit verbreitet und hat früher auch an den Ufern vieler Flüsse gebrütet, so dass

NAUMANN (1903) schreiben konnte: „Die Elbe scheint einer der zur Nistzeit am häufigsten von ihr bewohnten Ströme, …“. Hier ist sie aber als Brutvogel verschwunden. 2003 und 2004 versuchte ein Paar am Kiessee Prettin zu brüten, 2005 wurde ein Paar an der Alten Elbe Bösewig bei Paarung und Nestbau beobachtet. Sonst erscheint sie nur als unregelmäßiger und seltener Durchzügler überwiegend einzeln im Juni/Juli, vermutlich umherstreifend, an Elbe, Schwarzer Elster und deren Nebengewässern. Eine Ausnahme bildet die Beobachtung von 12-15 Flussseeschwalben am 7.7.2004 am Großen Lausiger Teich.

153. Straßentaube - *Columba livia f. domestica*

Dem Vorkommen und Bestand der Straßentaube wurde seitens der Wittenberger Ornithologen bisher wenig Beachtung geschenkt. So wurde auch kaum darauf geachtet, ob es dem Habitus nach verwilderte Haustauben oder wie es BAUER & BERTHOLD (1997) vermuten, „verstädterte Abkömmlinge der Felsentaube“ sind. In den urbanen Ballungsräumen der Städte des Wittenberger Raumes halten sich Taubentrupps auf und brüten auf älteren, hohen Gebäuden. 2005 wurden in Wittenberg an den ehemaligen Speichern am Hafen 70-80, am Gebäudekomplex des OBI-Baumarktes Kleinwittenberg 80-100 und am Markt/Rathaus in der Innenstadt 60-70 Straßentauben ermittelt. In den anderen Städten sieht es ähnlich aus. Als willkürlich herausgegriffene Beispiele wurden an der Stadtmühle Pretzsch 35-40, am ehemaligen Agrochemischen Zentrum Rackith ca. 60 Straßentauben und ebenso viele an der Rinderstallanlage Kemberg festgestellt. In den dörflichen Bereichen halten sich die Tauben in Gewerbegebieten und an den Mühlen, Silos und Speichern auf. Nach der Errichtung des Biodieselwerkes in Piesteritz, für dessen Betrieb große Mengen Raps angefahren und gelagert werden, scharen sich im dortigen Werksgelände größere Anzahlen an Straßentauben, so dass nach Reduzierungsmöglichkeiten gesucht wird.

154. Hohltaube – *Columba oenas*

Die außer im Norden über fast ganz Europa verbreitete Hohltaube ist als Höhlenbrüter auf das Vorhandensein ausreichend dimensionierter Bruthöhlen angewiesen, die wohl nur vom Schwarzspecht stammen können. Sie kommt daher in Deutschland in Altholzbeständen (besonders Rotbuchen) vor und soll nach SUDFELDT et al. (2007) im Brutbestand leicht zunehmen. Durch ihre enge Bindung an höhlenreiche Rotbuchenbestände kommt die Hohltaube in der Wittenberger Region nur in der Dübener Heide, in einigen Waldbereichen des Flämings, im Fläming-Hügelland (bei Seyda) und in der Annaburger Heide als regelmäßiger Brutvogel vor. In dem 20 ha großen Altbuchenbestand Hohe Gieck in der Dübener Heide konnten 12-15 rufende Männchen 2002 festgestellt werden. Die Schätzung von 160-320 Brutpaare für die westliche Dübener Heide (GNIELKA 1998) erscheint jedoch zu hoch. Als Folge der gegenwärtig verstärkten Holzentnahme in der Dübener Heide wird hier eine Bestandsabnahme verzeichnet. In den ebenfalls höhlenreichen Hartholzauenwäldern konnte sie dagegen nur ganz vereinzelt nachgewiesen werden, wie auch PATZAK & SEELIG (2006) für die Auenwälder zwischen Mulde- und Saalemündung nur wenige Brutpaare angeben konnten. Als Besonderheit ist eine mehrjährig versuchte Brut als „Untermieter" im Seeadlernest in der Dübener Heide zu erwähnen. Auf dem Heimzug (Ende März/April) in den anderen Landschaften der Region verweilende und rufende Hohltauben täuschen öfters Brutvorkommen in anderen Habitaten vor. Eine im Juli 1967 nestjung bei Großkorgau beringte Hohltaube wurde im Oktober des gleichen Jahres in den französischen Pyrenäen geschossen. Obwohl sie eigentlich ein Zugvogel ist, verweilen mitunter einzelne Trupps auch im Winter im Gebiet, wie im Winter 2001/02 in der Feldflur bei Ruhlsdorf.

155. Ringeltaube - *Columba palumbus*

Die Ringeltaube, die in fast ganz Europa vorkommt, hat, obwohl sie ein jagdbarer Vogel ist, in ihrem Bestand zugenommen. Sie ist ein regelmäßiger und verbreiteter Brutvogel der Wälder und Gehölze des gesamten Wittenberger Gebietes. Seit etwa 1980 brütet sie auch verstärkt in den Ortschaften, sogar auf Straßenbäumen in den Städten (z.B. Lutherstraße, Breitscheidstraße, Dessauer Straße u.a. in Wittenberg) und in den Parkanlagen. In schneearmen Wintern wird sie auch überwinternd angetroffen, oftmals in großen Trupps, wie 400 am 11.12.1999 auf einem Feld bei Österitz oder 200 am 15.1.2003 auf einem Feld bei Pretzsch sowie 260 am 2.12.2008 in der Feldflur Schnellin oder 200 am 27.12.2008 in der Feldflur Globig. Insgesamt wird gegenwärtig eine Bestandszunahme dieser Art auch in der Wittenberger Region festgestellt. Während des Durchzuges im März/April und September/Oktober verweilen größere Trupps in der Offenlandschaft der Elbeaue.

156. Türkentaube - *Streptopelia decaocto*

Die ursprünglich in Vorder- und Südasien sowie in Nordafrika beheimatete Türkentaube hat sich seit 1930 über fast ganz Europa ausgebreitet und bewohnt hier durch Gärten aufgelockerte Siedlungen. Für die Wittenberger Region erwähnt MERZWEILER (1965) eine Feststellung von 1954 an der Alten Mühle Jessen. In Wittenberg erfolgte die Erstansiedlung 1956 in der Dresdner Straße in Wittenberg. Inzwischen ist sie regelmäßiger Brutvogel der Städte und Dörfer des gesamten Gebietes, auch in innerstädtischen Bereichen (SIMON, B. 1977). Der Brutbestand betrug 1975 in Wittenberg 25-30 BP, danach sank er ab und hat sich nunmehr wieder ungefähr auf diesem Niveau erholt. Diese Entwicklung zeichnet sich jedoch in den anderen Städten und Dörfern differenziert ab. In einigen Jahren, vermutlich bei Populationsdruck, wurden auch einzelne siedlungsferne Vorkommen, jedoch nie in ausgedehnten Waldgebieten, gefunden. Bei entsprechendem Nahrungsangebot kommt es zu größeren Ansammlungen, z.B. bis Ende der 1980er Jahre an den damals als Getreidespeicher genutzten Speicheranlagen am Hafen Wittenberg von bis zu 50 Türkentauben oder von 121 am 11.10.2006 auf einem frisch gesäten Feld bei Pratau. Auch in den Wintermonaten scharen sich die Türkentauben zu Trupps zusammen. So war z.B. der Bereich um den Rinderstall Neumühlenweg mit dem Maissilo ein wichtiger Überwinterungsplatz für die Wittenberger Türkentauben, wo sich von November bis Februar 30-40, maximal 70 (2002) Türkentauben aufhielten. Weitere derartige Plätze finden sich an den Stallanlagen Pretzsch und Kemberg, sowie bei Elster, Rackith, Bietegast und anderen Stellen.

157. Turteltaube - *Streptopelia turtur*

Die Turteltaube ist in Europa weit verbreitet und fehlt nur im Norden. In Deutschland bewohnt sie lichte und junge Wälder, wobei aus einigen Bundesländern von Abnahmen berichtet wird (SÜDBECK et al. 2007). In der Wittenberger Region ist sie vereinzelter Brutvogel (Mitte April bis August) in den Nadelwäldern des Flämings, der Dübener und Annaburger Heide, wo ein Bestand von 40-60 Brutpaaren geschätzt wird (SIMON, B. 2005). MERZWEILER (1965) kannte sie als „häufigen Brutvogel“ aus den trockenen, sandigen Kiefernwäldern um Jessen. Allerdings gibt es bei der Erfassung des Brutbestandes Probleme, da die Brutvögel dieser Art einen großen Aktionsradius besitzen und späte Durchzügler kurzzeitig Reviere anzeigen können, weshalb GLUTZ VON BLOTZHEIM et al. (1966-96) erkennen: „Über 80% der Angaben zur Verbreitung in Mitteleuropa beruhen nicht auf Brutnachweisen“. Während des Durchzuges im August/September verweilen manchmal größere Trupps in der Offenlandschaft der Elbeaue (HINSCHE 1968a).

158. Halsbandsittich – *Psittacula krameri*

Von dieser in nordafrikanischen Savannen beheimateten Vogelart haben sich seit Mitte des 19. Jahrhunderts aus entflogenen Gefangenschaftsflüchtlingen in mehreren Ländern Europas Brutbestände gebildet. In Deutschland begann die Ausbreitung etwa 1965 in Köln und Wiesbaden, von wo inzwischen weitere Ortschaften im Rhein-Main-

Gebiet fest besiedelt wurden. Nachdem diese Art seit 1994 fünfmal im Dessauer Gebiet gesehen wurde (SCHWARZE & KOLBE 2006), wurde im November 2006 ein Halsbandsittich auch mehrere Tage in Bad Schmiedeberg gesichtet, wobei nicht sicher ist, ob es ein Gefangenschaftsflüchtling oder ein freifliegender Neusiedler ist.

159. Kuckuck - *Cuculus canorus*

Der als Brutschmarotzer lebende Kuckuck fehlt in Europa nur auf Island und ist in Deutschland weit verbreitet, wo sein Bestand allerdings durch Veränderungen des Lebensraumes und Nahrungsmangel deutlich abgenommen hat (SCHÄFFER & STICKROTH 2008). Im Wittenberger Gebiet kommt er von Ende April/Anfang Mai bis Ende Juli/Anfang August in den Waldungen, Gehölzen der Offenlandschaft und Röhrichten der Gewässer als Brutvogel vor, wo auch seine Wirtsvogelarten, vorwiegend Grasmückenarten, Neuntöter, Bachstelzen, Rohrsängerarten u.a. leben. Infolge seines recht großen Aktionsradiuses sind die Kenntnisse über seine gebietsspezifische Bestandsdynamik, die wohl im Zusammenhang mit der seiner Wirtsvögel gesehen werden muss, sehr gering.

160. Schleiereule - *Tyto alba*

Die Schleiereule ist eine der am weitesten verbreiteten Landvogelarten, die in Europa in mehreren Unterarten vorkommt. Im Wittenberger Gebiet brütet sie in vielen Dörfern, besonders in den offenen Kirchturmhauben, aber auch in Scheunen und Stallanlagen sowie Hausböden, sofern sie durch eine Einflugöffnung zugänglich sind. In Wittenberg war sie Brutvogel auf dem Schlossturm. RASCHIG & SIMON (1987) fanden im damaligen Kreis Jessen in 29 Ortschaften Schleiereulen-Brutpaare und errechneten daraus eine Brutpaar-Dichte von 1,59 BP/100 km² bezogen auf die waldfreie Fläche, da geschlossene Waldungen von der Schleiereule gemieden werden. Gegenwärtig wird versucht, ihre Ansiedlung durch das Anbringen entsprechend dimensionierter Nisthilfen zu fördern, z.B. an stillgelegten Trafo-Häusern der Energieversorgung. Die Schleiereule ist im Wittenberger Gebiet Jahresvogel und erleidet in langen, schneereichen Wintern erhebliche Verluste. Ringfunde belegen das Zuwandern von Schleiereulen aus der näheren Umgebung, z.B. von Ruhlsdorf nach Pretzsch (13 km), von Battin nach Gallin (13 km), von Jessen nach Wartenburg (13 km), von Gallin nach Seegrehna (14 km), aber auch aus Entfernungen von über 100 km (von Altmerdingsen/Niedersachsen, Hille-Oberlübbe bei Detmold, von Oschatz und Mittweida/Sachsen sowie vom Oberspreewald/Brandenburg), sowie andererseits auch die Abwanderung bis nach Bamberg-Bayreuth, Güstrow oder Hamburg.

161. Raufußkauz – *Aegolius funereus*

Der Raufußkauz ist zirkumpolar verbreitet und brütet in Europa besonders im Baltikum, in Skandinavien, Finnland und Russland. In Deutschland kommt er vorwiegend in montanen Gebieten vor, besiedelt aber auch Nadelwald- oder Buchen-Altholzbestände mit reichem Höhlenangebot in der Tiefebene. Im Wittenberger Gebiet wurde sein Vorkommen erst durch den Fund eines fast flüggen Jungvogels am 14.5.2002 in der Kropstädter Heide (ZUPPKE 2002) entdeckt. Daher ist nicht bekannt, ob diese Eulenart schon früher hier vorkam, wie es Federfunde aus dem anhaltischen Fläming von 1965 (SCHWARZE & KOLBE 2006) andeuten, oder ob er im Zuge von Arealerweiterungen (vgl. MÖCKEL 1996) erst in jüngster Zeit das Gebiet erreicht hat. Im weiteren Verlauf wurde der Raufußkauz dann sowohl in der Kropstädter Heide als auch in der Straacher Wildbahn und der Senster Heide, also in weiteren Bereichen des Flämings nachgewiesen. Darüber hinaus konnte er im Nordteil der Annaburger Heide mit 3-5 Brutpaaren aktuell bestätigt werden (SIMON, B. 2005), wo er bei MÖCKEL (1996) bereits für 1988 genannt wird. Aus der waldreichen Dübener Heide fehlen bis auf ein Brutpaar 1995 am Jösigk (KUHLIG & RICHTER 1998) jegliche Nachweise. In einem Nadelwald-Stangenholz in den Jessener Bergen wurde 2000 in einem Sperberrevier eine Rupfung eines geschlagenen Raufußkauzes gefunden.

162. Steinkauz - *Athene noctua*

Der außer im Norden in ganz Europa vorkommende Steinkauz zeigt in Deutschland seit etwa 1950 einen dramatischen Bestandsrückgang. So ist er auch in der Wittenberger Region seit Mitte der 1980er Jahre ausgestorben, nachdem er bis dahin bevorzugt in der Offenlandschaft der Wittenberger Überflutungsaue nachgewiesen werden konnte, wo er auch in den Ortschaften der angrenzenden Ackeraue, wie z.B. 1965 in der Mühle in Melzwig vorkam. Auch in den Stadtrandlagen von Wittenberg (z.B. Puschkinstraße und Friedrichstadt) kam er vor. MERZWEILER (1965) kannte ihn aus Jessen und bezieht sich auf ZIEROLD, der ihn aus der Umgebung von Seyda kannte. Weiterhin vermutete er ihn im südlichen Kreisgebiet von Jessen, wo er auch von B. SIMON aus Plossig genannt wird. Hinweise gibt es auch auf ein ehemaliges Vorkommen in der Glücksburger Heide (IÖN 1992). Die letzten brutverdächtigen Nachweise gelangen im Mai 1985 auf der alten Streuobstwiese in der Groben Sau bei Wartenburg und im Mai 1986 am Rande des Probsteiwaldes bei Pratau. Letzte Rufnachweise gibt es 1992 aus dem Ortsteil Kienberge von Pratau und 1993 aus der Groben Sau. Da in der Umgebung der Wittenberger Region ebenfalls keine Steinkäuze mehr vorkommen, ist mit einer Zuwanderung nicht zu rechnen, zumal sich die Lebensraum-(Fehlen von alten Kopfbäumen und kurzgrasigen Wiesen) und Nahrungssituation (reichhaltiges Vorkommen von Großinsekten) noch nicht grundlegend gebessert haben.

163. Sperlingskauz – *Glaucidium passerinum*

Als Bewohner alter Nadelwälder kommt der kleine Sperlingskauz in Teilen Mittel-, Ost- und Nordeuropas vor und wird in Deutschland vorwiegend in den Alpen und den Mittelgebirgen angetroffen, wo gegenwärtig eine gewisse Ausbreitungstendenz festgestellt wird. Aus der Wittenberger Region liegt eine Beobachtung vom 20.6.2004 aus dem Gebiet am Ausreißerteich vor, nachdem er bereits im südlich angrenzenden Gebiet des Wildenhainer Bruchs (Sachsen) und in westlich angrenzenden Flämingbereichen festgestellt wurde.

164. Waldohreule - *Asio otus*

Die außer im hohen Norden im gesamten Eurasien, in Nordwestafrika und Nordamerika vorkommende Waldohreule ist in Deutschland weit verbreitet und bewohnt als Brutvogel Gehölze und Waldungen in der strukturierten offenen Landschaft, wo sie bevorzugt in alten Krähennestern brütet. In der Wittenberger Region ist sie als Brutvogel der Nadelwälder des Vorflämings und des Fläming-Hügellandes sowie der Auenwälder und Kieferndünen der Flussauen bekannt. MERZWEILER (1965) führt sie als Brutvogel in einem Feldgehölz bei Grabo (bei Jessen) und WODNER (1969) aus der Umgebung von Pretzsch an. Im Winterhalbjahr finden sich Schlafgesellschaften von bis zu 20 Waldohreulen in Waldrandlagen von vorwiegend hohen Nadelbäumen, auch auf Koniferen in Parks und den Stadtrandgebieten zusammen.

165. Sumpfohreule - *Asio flammeus*

Neben Teilen von Amerika besiedelt die Sumpfohreule das nördliche und östliche Eurasien und brütet in Deutschland bevorzugt in Küstennähe (z.B. Schleswig-Holstein), wo sie als Bodenbrüter offene Landschaften bewohnt und ihre Häufigkeit von der Vermehrungsrate der Wühlmäuse abhängt. In der Wittenberger Region ist sie kein Brutvogel, sondern nur vereinzelter Wintergast, obwohl auch wenige Brutzeitnachweise vorliegen, wie aus dem Gebiet der Glücksburger Heide (BRÄSE 1993a). Im Winterhalbjahr wird sie überwiegend in der Offenlandschaft der Elbeaue, vorwiegend den Elbwiesen, aber auch den Feldfluren, sowie der Aue der Schwarzen Elster bei Schneefreiheit in der Zeit von November bis Februar (selten bis Anfang März) festgestellt.

166. Uhu – *Bubo bubo*

Der Uhu, der als Brutvogel in großen Teilen West- und Mitteleuropas fehlte, besiedelt gegenwärtig auch wieder diese Gebiete (BEZZEL 2006), so dass in neuester Zeit schon Uhubruten im anhaltischen Fläming nachgewiesen werden konnten (KOLBE 2004). Aus dem Gebiet um Wittenberg gibt es bisher nur einen Totfund vom 4.12.1991 an der Eisenbahnstrecke Wittenberg – Berlin in Höhe des Wittenberger Ortsteiles Labetz. Ob der Verweis bei FRENZEL (1801) unter SCHUHU, *Strix Bubo* „Er war sonst in dem zerstörten Wittenberger Schlosse zu finden, und hatte seinen Horst in einem Kamine aufgeschlagen. Manches Gerippe habe ich daselbst gesehen." als ehemaliges Brutvorkommen zu werten ist, sei dahingestellt!

167. Schneeeule – *Bubo scandiacus*

Die zirkumarktisch vorkommende Schneeeule unternimmt in manchen Jahren auch weitere Wanderungen, die einzelne Vögel bis nach Mitteleuropa führen. Im Wittenberger Gebiet wurde eine vom Gutsbesitzer LINDNER am 28.1.1889 in der Ackeraue bei Pannigkau geschossen (PIRL 1889). In der neueren Zeit wurde sie nur einmal am 19.12.1970 im Elbwiesengebiet bei Melzwig gesichtet.

168. Waldkauz - *Strix aluco*

In Europa, außer im hohen Norden, überall vorkommend, ist der Waldkauz in Deutschland Brutvogel in stabilen Beständen in Wäldern mit höhlenreichen Baumbeständen. In der Wittenberger Region brütet er vorwiegend in den Laubwaldungen der Elbeaue, des Vorflämings, der Dübener und Annaburger Heide, aber auch in Stadtnähe wie im Stadtwald und nahe dem Krankenhaus in Apollensdorf-Nord und kann daher als regelmäßiger Brutvogel angesehen werden. Die nächtliche Mäusejagd erfolgt wohl vorwiegend in der angrenzenden Offenlandschaft, wie es Totfunde (Verkehrsopfer) auf den Landstrassen andeuten. Der Waldkauz ist ganzjährig im Gebiet anzutreffen und reagiert wohl nicht so stark auf die Schwankungen des Mäusebestandes wie andere Eulenarten, da er nicht nur Wühlmäuse mit ihren Gradationszyklen erbeutet. Wie bei allen Eulenarten ist die Kenntnis über seine Verbreitung im Gebiet unzureichend.

169. Ziegenmelker - *Caprimulgus europaeus*

Auch der Ziegenmelker fehlt in Europa nur im hohen Norden. In Deutschland besiedelt er Heide- und lichte Waldgebiete mit Freiflächen, auf denen er als nachtaktiver

Flugjäger fliegende Großinsekten fängt. Nach Einstellung der großflächigen Kahlschlagwirtschaft ist er im Wittenberger Gebiet nur noch auf den Offenflächen der ehemaligen Truppenübungsplätze Brutvogel (April bis August), so in den Nadelwäldern der Woltersdorfer, Kropstädter, Glücksburger, Annaburger und Oranienbaumer Heide. Aus der Teucheler Heide nördlich von Wittenberg ist er wohl verschwunden. Ob das von MERZWEILER (1965) genannte Vorkommen auf den „heideähnlichen Kiefernflächen zwischen Jessen und Schweinitz“ noch existiert, ist unbekannt. 1984 rief er noch im Wald zwischen Jessen und Gorsdorf und im Stadtforst Jessen, 1985 noch im Klödener Forst, 1986 im Wald südlich Löben und im Wald zwischen Seyda und Mügeln. Aus der Dübener Heide gibt es bisher nur Sichtnachweise aus dem Gebiet der Hohen Gieck (ein am 27.4.1999 auf dem Reichsapfelweg gesehener wird als ein auf dem Zug rastender Vogel gedeutet) sowie aus dem Wald westlich von Pretzsch (WODNER 1969). 1959 rief er noch am Ausreißerteich (GNIELKA 1968), wo gegenwärtig keiner vorkommt. Der Totfund vom 13.9.1965 bei Radis (PIECHOCKI 1966) kann auch einen Herbstzügler betreffen. SCHULZE & MEYER (2004) ermittelten in der Glücksburger Heide rund 150 Reviere und damit etwa 25% des Bestandes von Sachsen-Anhalt. In der Annaburger Heide fand SIMON, B. (2005) mit 75-100 und SCHULZE & PSCHORN (2006) in der Oranienbaumer Heide mit 60-70 Brutrevieren ebenfalls einen recht hohen Anteil, der jedoch als Folge der Sukzession dieser Offengebiete negativ tendiert. In den anderen Gebieten sind nur vereinzelte Vorkommen anzutreffen. Zwei Ziegenmelker am 16.8.2006 auf der Straße von Österitz nach Trebitz zeigen bereits den beginnenden Wegzug an. Totfunde (Verkehrsopfer) auf den Landstraßen bei Pratau-Wachsdorf und Pratau-Eutzsch zeigen, dass die Art auch in der Elbeaue, in der sie nicht brütet, durchzieht.

170. Mauersegler - *Apus apus*

Der in Siedlungen mit höheren Gebäuden brütende Mauersegler ist in Europa, Nordafrika und Innerasien verbreitet. Aufgrund der überwiegend im Luftraum abspielenden Lebensweise dieses Vogels gibt es methodische Probleme bei der Beobachtung und Bestandserfassung, so dass es kaum verlässliche Angaben über Bestandsgrößen und –tendenzen in Deutschland gibt. Im Wittenberger Gebiet ist er Brutvogel (Anfang Mai bis Ende Juli/Anfang August) an hohen Gebäuden der Städte und vereinzelt auch der Dörfer (z.B. Pratau, Wartenburg), wo aber vielerorts die von ihm benötigten Mauerlöcher und –nischen durch Sanierungsarbeiten abnehmen. Ob die mitunter über den Auenwäldern (Probstei, Heinrichswalde) angetroffenen Mauersegler Baumbrüter dieser Wälder sind, wie es PATZAK & SEELIG (2006) für die Auenwälder westlich von Dessau feststellten, konnte bisher nicht eindeutig ermittelt werden. Nach dem Ausfliegen der

Jungvögel im Juli kreisen größere Verbände im schnellen Flug über der Stadt Wittenberg. Bei längeren Schlechtwetterlagen jagen Trupps von bis zu 50 Mauerseglern im niedrigen Flug über der Elbe nach Fluginsekten.

171. Blauracke – *Coracias garrulus*

Die überwiegend süd- und südosteuropäisch verbreitete Blauracke ist als Brutvogel seit Beginn der 1990er Jahre aus Deutschland verschwunden, wofür ein Ursachenkomplex von Lebensraum- und Nahrungsangebots-Verschlechterung bis zu klimatischen Faktoren verantwortlich sein wird. In der Wittenberger Region wurde sie in neuerer Zeit (bis 1985) 1 – 2 mal im Vorfläming gesehen, hat aber in der Vergangenheit wohl im Gebiet gebrütet. So schoss MATTHIEU 1897 bei Raßdorf 3 „Mandelkrähen", THIENEMANN (1881) will sie „hin und wieder" in der Glücksburger Heide gesehen haben und MERZWEILER (1965) berichtet von einem Jungvogel 1953/54, der aus der „Annaburger Heide Richtung Arnsnesta" stammen sollte. Im Juli 1990 wurde eine bei Arnsdorf nördlich von Jessen (in der Nähe der Glücksburger Heide!) gesehen (SIMON et al. 2008). DORNBUSCH, M. (2001) erwähnt das Erlöschen des Brutvorkommens in der Oranienbaumer Heide um 1956.

172. Eisvogel - *Alcedo atthis*

Der Eisvogel, dessen Brutareal von Westeuropa bis nach Japan reicht, kommt in Deutschland an Gewässern aller Art vor, allerdings wirken sich Extremwinter stark bestandsmindernd aus. In der Region um Wittenberg ist er Brutvogel in Steilabbrüchen an oder in der Nähe fischreicher Gewässer, sowohl in der Elbe- und Elsteraue als auch in der Dübener Heide, eventuell auch an Flämingbächen. Außerhalb der Brutzeit streift er weiter umher und wird er auch an anderen Gewässern, in manchen Jahren sogar am Schwanenteich Wittenberg und an Gartenteichen in den Siedlungen angetroffen. In strengen Wintern, in denen alle Gewässer zufrieren, verlässt er das Gebiet und zieht in wintermildere Gebiete. Während mehrere 1966/67 beringte Eisvögel in der näheren Umgebung wiedergefangen wurden, zeigt ein im August 1998 am Helme-Stausee beringter und im März 2000 in Elster gefundener Eisvogel einen längeren Flug (136 km) an, wie auch etliche im März/April und August/September festgestellte Eisvögel Durchzügler sein können.

173. Wiedehopf - *Upupa epops*

Der Wiedehopf, der außer in Europa auch in Mittel- und Südasien sowie Afrika brütet, weist in Deutschland einen deutlichen Bestandsrückgang auf. Er kommt in warmtrockenen Gegenden mit niedriger Vegetation und weich-lockerem Boden vor, wo er Höhlungen aller Art zum Brüten finden muss. Im Wittenberger Gebiet ist er ein sehr seltener Brutvogel (April bis August), der um 1945 bei Ogkeln in der Dübener Heide (GNIELKA 1998) und noch 1953/54 im Stadtwald, im WASAG-Gebiet (bis 1964) sowie vermutlich (Rufnachweise) in der Teucheler Heide, die nicht betreten werden durfte, also in der unmittelbaren Umgebung von Wittenberg vorkam. Nach MERZWEILER (1965) war er in der Jessener Umgebung ein „verbreiteter Brutvogel", von dem er mehrere Brutplätze kannte. 1982 brütete noch ein Paar im Klödener Forst. Außerdem gelangen Nachweise bis 1975 im Siedlungsgebiet am Wasserwerk Belziger Chaussee sowie ein Totfund 1980 am Wiesigker Tor. Danach war die Art verschwunden und wurde erst 1996 wieder in der Teucheler Heide nachgewiesen, wo sie vermutlich auch gebrütet hat. Weiterhin brütet er gegenwärtig auf den Offenflächen am Nordrand der Stadt Wittenberg (1-2 BP), unregelmäßig in der Weichholzaue bei Melzwig (1 BP) und der Elsteraue gegenüber Hemsendorf (1 BP) sowie in der Annaburger (5 BP/SIMON, B. 2004) und Oranienbaumer Heide (1-2 BP). Nachweise im April und September/Oktober aus dem übrigen Gebiet zeigen den Durchzug dieser Art, der als Langstreckenzieher bis ins tropische Afrika zieht, in der Region an.

174. Wendehals - *Jynx torquilla*

Der Wendehals, der von Westeuropa bis nach Japan und in Nordafrika vorkommt, bewohnt offene, niedrig bewachsene, besonnte Flächen mit alten Bäumen als Nistplatz und Rufwarte. Sein Bestand nahm in Deutschland etwa ab den 1960/70er Jahren deutlich ab. Auch in der Wittenberger Region fehlt er an vielen Plätzen, an denen er früher vorkan, z.B. im Stadtwald Wittenberg. So ist er jetzt vereinzelter Brutvogel (Ende April bis August) der lichten Laub- oder Mischwälder des Flämings, der Auen und der ehemals militärisch genutzten Heiden, wo die infolge der Sukzession sich bildenden lichten Birken-Pionierwälder Bruthabitate bilden. So wurden in der Oranienbaumer Heide 14 Reviere kartiert (SCHULZE & PSCHORN 2006). Dagegen bieten die geschlossenen Waldungen der Dübener Heide nur in ihren Randlagen dem Wendehals Lebensraum. Als Langstreckenzieher ist er im Gebiet nur von Mitte April/Anfang Mai bis Ende August/Mitte September anzutreffen.

175. Grauspecht – *Picus canus*

Der Grauspecht, der in Mittel- und Osteuropa sowie im mittleren Asien vorkommt, fehlt in den nördlichen Teilen Deutschlands, so dass die Wittenberger Region an der nördlichen Verbreitungsgrenze, die vom Teutoburger Wald zur Oberlausitz verläuft, liegt. Als Bewohner von ausgedehnten Laub- oder Auenwäldern mit einer Bevorzugung der Rotbuche als Höhlenbaum wurde der Grauspecht als seltener Brutvogel in den Buchenwäldern der Dübener Heide nachgewiesen, wo GNIELKA (1998) einen Bestand von 25-50 Brutpaare schätzte. Nachdem HAMPE (1975) ihn im Auenwald am Crassensee gefunden hatte, wurde er dort später wiederholt bestätigt, ebenso wie in den Auenwäldern Probstei und Fleischerwerder, so dass der Grauspecht in diesen Wäldern gemeinsam mit dem Grünspecht vorkommt. Auch in der Annaburger Heide wurde ein Brutpaar nachgewiesen (SIMON, B. 2005). Ob die Elbe als Arealgrenze eine Rolle spielt, kann nur vermutet werden, jedenfalls fehlen eindeutige Hinweise auf ein Brüten dieser Art im Fläming, obwohl er dort nach 2000 mehrfach in geeignet erscheinenden Biotopen festgestellt wurde. Von August bis März streifen nach BLUME (1973) die Grauspechte weit umher, so dass auch in der Wittenberger Gegend zu diesen Zeiten Grauspechte an Stellen gesehen oder gehört werden, wo er niemals brütet, z.B. in der Elbeaue abseits der Auenwälder.

176. Grünspecht - *Picus viridis*

Im Gegensatz zum Grauspecht kommt der Grünspecht in ganz Deutschland vor, wo er aufgelockerte, parkähnliche Laubbestände bewohnt, aber Nadelwälder meidet. In der Wittenberger Region ist er Brutvogel in allen geeigneten Wäldern, besonders ihren Randlagen, aber auch in Parks und auf Friedhöfen der Städte. In den Auenwäldern der Elbe- und Elsteraue und den Mischwäldern mit Laubholzanteil im Vorfläming sowie der Dübener und Annaburger Heide ist er als Jahresvogel fast überall anzutreffen. Wie auch andere Spechtarten streifen Grünspechte nach der Brutzeit auch außerhalb der Brutreviere umher, so dass sie dann an Stellen angetroffen werden, an denen sie sonst nicht vorkommen, wie z.B. an Straßenbäumen. Voraussetzung für die Besiedlung mit Grünspechten ist das Vorkommen von Ameisen, da sie mit Ausnahme im Winter stark auf diese Nahrung spezialisiert sind.

177. Schwarzspecht - *Dryocopus martius*

Der Schwarzspecht, der von Frankreich und Norwegen an ostwärts in Europa und Asien vorkommt, ist auch in ganz Deutschland verbreitet. Da er zur Anlage seiner Bruthöhle Bäume mit einem Umfang von mindestens 35 cm benötigt, ist er als Brutvogel nur in Altbeständen zu finden. So kommt er in der Wittenberger Region in allen geschlossenen Waldungen vor, sofern derartige Altbäume vorhanden sind. Allein in der Annaburger Heide wurden von SIMON, B. (2005) 17 Brutreviere festgestellt. Das Ergebnis einer „grob-orientierenden“ Untersuchung im „Altkreis“ Wittenberg 1998-2001 erbrachte 45 Schwarzspechtreviere (je ca. 400 ha), ohne Anspruch auf Vollständigkeit zu erheben (FG WB/REHN 2002). Die jährliche Anzahl der Beobachtungen deutet auf einen gegenwärtig stabilen Bestand. Die vom Schwarzspecht errichteten Bruthöhlen werden auch von anderen Höhlenbrütern, im Wittenberger Gebiet Hohltaube und Raufußkauz, aber auch von Hornissen, Wildbienen und Fledermäusen „nachgenutzt", so dass der Erhaltung dieser Höhlenbäume große Bedeutung zukommt.

178. Buntspecht - *Dendrocopus major*

Der Buntspecht ist ein verbreiteter Brutvogel in Nadel- und Laubwaldgebieten in ganz Deutschland. Auch im Wittenberger Gebiet ist er weit verbreitet und häufig und brütet wohl in allen Waldungen und flächigen Gehölzen der Elbe- und Elsteraue, des Vorflämings sowie der Heidegebiete, aber auch in den Parks der Städte. Nach der Brutzeit streift der Buntspecht weiter umher und taucht dann auch in den Gärten der Stadtrandbereiche und der Dörfer auf. Da die Ernährung des Buntspechts sehr vielseitig ist, bleibt er auch im Winter im Gebiet, wo er besonders die Samen der Nadelbäume verzehrt, aber auch an Futterhäusern erscheinen kann.

179. Mittelspecht – *Dendrocopus medius*

Wenn auch der Mittelspecht mit Ausnahme von N-Schleswig-Holstein in ganz Deutschland vorkommt, ist seine Verbreitung auf Grund seiner engen Bindung an Altbäumen mit rauer Borke (besonders Eichen) doch recht inselartig. Im Wittenberger Gebiet wird er daher vorwiegend nur in den Auenwäldern der Elbeaue angetroffen, wo er zugleich mit dem Buntspecht vorkommt. Weitere Einzelvorkommen sind vom Schlosspark Reinharz, dem Schlosspark Kropstädt, dem Eichenwald an den Pöplitzer Teichen, dem Waldgebiet an den Lausiger Teichen, den Bachtälern im Fläming, dem Kiehnbergwald bei Zahna bekannt, wobei jedoch nicht völlig auszuschließen ist, dass es sich in einigen Fällen um weit umherstreifende Vögel handelt, wie es BLUME (1963) für die Zeit von Ende Juli bis Mitte März beschreibt. Auch in der Oranienbaumer Heide konnten mehrere Reviere festgestellt werden (PSCHORN 2006). Weitere vereinzelte Rufnachweise können auch umherstreifende Vögel betreffen. Die Häufigkeit des Mittelspechts wird meist unterschätzt, da er schwer zu erfassen ist. HAMPE (1999) sowie PATZAK & SEELIG (2006) konnten jedoch nachweisen, dass in den Auenwäldern um Dessau die Bestandsdichte fast ebenso groß wie die des Buntspechts ist. 1967 konnte im Auenwald Heinrichswalde beobachtet werden, dass ein Mittelspecht einen Buntspecht von seiner frisch gezimmerten Höhle vertrieb und diese dann besetzte.

180. Kleinspecht - *Dryobates minor*

Der in lichten und strukturreichen Laub- und Mischwäldern lebende Kleinspecht kommt in ganz Deutschland vor, im Süden wohl häufiger als im Norden. In der Wittenberger Region wurde er in allen Teilen nachgewiesen, bevorzugt in den Auenwäldern mit Weichholzbeständen und meidet dagegen geschlossene Waldungen, insbesondere Nadelwaldungen. Die Bestandsgröße dieses leicht zu übersehenden Spechtes kann jedoch verkannt werden. Im Jahr 2000 wurden im Gebiet 50-60 Kleinspechtreviere erfasst (FG WB/REHN 2001). Aber auch PATZAK & SEELIG (2006) haben im Auenbereich bei Dessau und Aken nur etwa ein Siebtel des Buntspechtbestandes an Kleinspechten gefunden. Umherstreifend ist der Kleinspecht nach der Brutzeit mitunter in den Gärten in Ortsnähe zu sehen, wo er auch in Obstbäumen Schlafhöhlen zimmert.

181. Pirol - *Oriolus oriolus*

Der in ganz Deutschland vorkommende Pirol brütet in lichten Laubwäldern, selten auch in Mischwäldern, aber stets auf hohen Bäumen. Diese Bedingungen findet er in der Wittenberger Region vielfach, so dass er hier weit verbreitet ist. Er ist regelmäßiger Brutvogel (Anfang Mai bis Anfang September) sowohl in den Auenwäldern an Elbe und Schwarzer Elster, als auch in den laubbaumreicheren Mischwäldern des Flämings und der Heiden. Er fehlt aber in den Parks und Friedhöfen der Stadt Wittenberg, auch im Stadtwald Wittenberg, wo er 1994 noch vorkam (SCHÖNFELD & ZUPPKE 1994), wird er nicht mehr gehört. Seine Häufigkeit ist jährlichen Schwankungen unterworfen, so dass noch nicht deutlich wird, ob die niedrigeren Beobachtungszahlen der letzten Jahre einen Abwärtstrend signalisieren, wie es einige Bundesländer, darunter auch Sachsen-Anhalt, anzeigen (SÜDBECK et al. 2007).

182. Rotkopfwürger – *Lanius senator*

Der in der mediterranen Zone Europas im trockenen Offenland brütende Rotkopfwürger ist in Deutschland nur im Südwesten als seltener Brutvogel zu finden. Aus der Wittenberger Region gibt es lediglich einen Nachweis aus der Ackeraue vom 18.8.1956 an der Straße bei Rackith (GREMPE 1968), offenbar ein Herbstzügler.

183. Neuntöter - *Lanius collurio*

Der im gebüschbestandenen, thermisch günstigen Offenland brütende Neuntöter ist in Deutschland von der Tiefebene bis zum Gebirge verbreitet, sofern Dornensträucher als seine bevorzugte Niststätte vorhanden sind. In der Wittenberger Region kommt er in allen Landschaftsteilen vor, in den trockeneren Bereichen des Flämings und der Offenbereiche der Heiden häufiger als in den feuchten Auen an Elbe und Schwarzer Elster. Für die Annaburger Heide wurde er mit einem geschätzten Bestand von 150-200 Brutpaaren (101 auf Probeflächen ermittelt) als Charaktervogel der offenen Freiflächen der ehemaligen Schießplätze bezeichnet (SIMON, B. 2005). In der Oranienbaumer Heide mit ebenfalls durch militärische Nutzung entstandenen Offenflächen wurde ein Bestand von 70-75 Brutpaaren ermittelt (SCHULZE & PSCHORN 2006). Dagegen wurden in der Glücksburger Heide nur 42 Brutpaare festgestellt und ein Bestandsrückgang auf ein Drittel des Bestandes von vor 7 Jahren angenommen (SCHULZE & MEYER 2004). Insgesamt ist der Neuntöter jedoch ein regelmäßiger Brutvogel, der als Langstreckenzieher nur von Anfang Mai bis Ende August/Anfang September im Gebiet weilt.

184. Raubwürger - *Lanius excubitor*

Der Raubwürger weist in Mitteleuropa eine recht lückige Verbreitung auf und brütet in halboffenen Landschaften mit Hecken, Gebüschgruppen und höheren Bäumen. Im Wittenberger Raum ist er ein unsteter und vereinzelter Brutvogel der Feldfluren in der Elbe- und Elsteraue, im Gebiet des Vorflämings, des Fläming-Hügellandes nördlich von Jessen und der Rodungsinseln um die Ortschaften in der Dübener Heide, wo ihn bereits BENECKE (1922) als seltenen Brutvogel bezeichnete, sowie ein regelmäßiger, aber nur vereinzelter Wintergast in diesen Gebieten. Die von ZUPPKE (1976b) aufgezeigten Brutplätze sind inzwischen alle aufgegeben, dafür aber andere besiedelt. Auf den ehemals militärisch genutzten Heiden, die gegenwärtig optimale Brutbedingungen bieten, konnten infolge seines großen Arealbedarfs zur Brutzeit auch nur Einzelvorkommen festgestellt werden. Als Belege seines breiten Beutetierspektrums fanden sich 1955 eine im Weißdornbusch aufgespießte Schwanzmeise und 1973 eine im Weidenbusch eingeklemmte Zwergmaus (ZUPPKE 1975).

185. Elster - *Pica pica*

Die Elster, als ein in ganz Deutschland verbreiteter Brutvogel, brütet in einer Vielzahl von Lebensräumen mit ausreichender Deckung. In der Wittenberger Region ist die Elster ein weit verbreiteter Brutvogel und kommt in allen Landschaftsteilen vor, mit Ausnahme geschlossener Wälder. Besonders in der Offenlandschaft der Elbeaue und des Vorflämings sowie der Stadtgebiete und Randlagen der Dörfer ist sie überall anzutreffen. Seit etwa 1990 zeichnen sich ein Rückgang der Vorkommen in der freien Landschaft und eine verstärkte Ansiedlung in der Umgebung von oder unmittelbar in den Siedlungsgebieten ab. So brütet sie z.B. auch auf den Straßenbäumen der stark belebten Dessauer Straße in Piesteritz sowie auf vielen Gehölzen in den Siedlungen. Seit etwa

2000 werden in Apollensdorf jährlich besetzte Elsternester im oberen Bereich der Stahlgittermasten der Fahrleitungen an der Bahnstrecke Wittenberg-Dessau festgestellt. Als Jahresvogel halten sich in den Wintermonaten mehrfach Trupps von bis zu 25 Elstern im südlichen Randbereich von Wittenberg, Piesteritz und Apollensdorf (im Übergang zur Elbeaue), aber auch an anderen gebüschreichen Stellen, z.B. bei Bösewig (ca. 50), als „Schlafgemeinschaften" auf.

186. Eichelhäher - *Garrulus glandarius*

Der in allen bewaldeten Gebieten Deutschlands vorkommende Eichelhäher wird infolge seiner großen Streifgebiete in seinem Bestand oft überschätzt. In der Wittenberger Region ist er ein verbreiteter Brutvogel (Jahresvogel) strukturierter Wälder. Seit einigen Jahren wird er zur Brutzeit auch zunehmend in Ortschaften festgestellt, wo er störungsarme Bereiche zum Brüten sucht und besonders in den Herbstmonaten auf der Nahrungssuche, z.B. in den Gärten der Schlossvorstadt von Wittenberg festgestellt wird. Auffällig in den Laubwäldern sind seine herbstlichen Sammelflüge, wenn Eicheln als Wintervorrat im Erdboden versteckt werden und die fliegenden Häher auf jeder Waldlichtung in kurzen Abständen gesehen werden. Mehrere beringt gefundene Eichelhäher waren alle in der Nähe ihres Fundortes markiert worden und zeigen somit eine gewisse Ortstreue der Art im Gebiet an, während verstärkte Frühjahrs- und Herbstbeobachtungen wohl auch Durchzügler betreffen.

187. Tannenhäher – *Nucifraga caryocatactes*

Vom Tannenhäher brütet die Unterart *caryocatactes* auch in den Mittel- und Hochgebirgen Deutschlands, während die Unterart *macrorhynchos* nach Invasionen aus Sibirien bei uns als Gastvogel auftritt, wo er überwiegend Haselnüsse als Nahrung sucht. In der Wittenberger Region waren in einigen Jahren sibirische Tannenhäher als unregelmäßige Gastvögel anwesend: 1951/52 in Jessen (MERZWEILER 1965), 1977 von Ende September bis Ende Oktober im Fläming am Michelsberg und bei Dietrichsdorf sowie in der Elbeaue bei Wartenburg und im Dezember 1978 in Pretzsch an Winterfütterungen. Im Zuge der großen Invasion 1968, die PIECHOCKI (1971) beschreibt, weilten von Ende Juli bis Ende September im Fläming (Forstrevier Zahna, bei Kurzlipsdorf, Schmilkendorf und Reinsdorf) sowie in der Dübener Heide und der Elbeaue (Merschwitz, Pretzsch) Trupps von bis zu 15 Vögeln in der Region. Aus der neueren Zeit wurde nur je eine Beobachtung vom 18.1.2003 in der Elbeaue bei Merschwitz und am 26.11.2008 in der Nähe der Gaststätte „Wachtmeister" in der Dübener Heide bekannt.

188. Dohle - *Coloeus monedula*

Die außer im Hochgebirge in ganz Deutschland vorkommende Dohle brütet entweder in Baumhöhlen lichter Altholzbestände oder in Gebäudenischen der Siedlungen. Im Wittenberger Gebiet ist sie Brutvogel in den Städten und einigen Dörfern mit geeigneten höheren Gebäuden. Baumbruten konnten nur im Schlosspark Pretzsch mit 8-10 Brutpaaren und nach MERZWEILER (1965) im Annaburger Tiergarten nachgewiesen werden, jedoch bisher niemals in den Auenwäldern. Insgesamt weist ihr Brutbestand seit etwa 1980 eine Abwärtsentwicklung auf. Im Wittenberger Schloss war sie wohl stets Brutvogel. Bereits 1930 erwähnt O. KLEINSCHMIDT drei mit einem Schuss aus einem „sicherlich einheimischen Flug" geschossene Dohlen (in: Berajah). 1955 konnten im Schlossturm 10 Nester kontrolliert werden. Dieser Bestand hielt sich bis etwa 2000, jetzt brütet sie nur noch vereinzelt dort (2006 = 4-5 BP). Auch in weiteren hohen Gebäuden der Innenstadt (Schlosskirche, Stadtkirche, Amtsgericht, ehemaliges Gefängnis, Lutherhaus, Christuskirche, Melanchthon-Gymnasium, Diesterweg-Schule (5-6 BP bis 1987), Speicher am Hafen (8-10 BP), Neues Rathaus, Großbäckerei) war oder ist sie noch Brutvogel. Auch in den anderen Städten der Region, wie Jessen, Annaburg, Zahna, Bad Schmiedeberg, Pretzsch (Kirche) sowie in Reinharz (Schloss) kommt sie vereinzelt vor. In einigen Jahren, so 1986/87 konnte auch ausgesprochenes Schlafgemeinschaftsverhalten festgestellt werden, wenn größere Trupps von 50-80 Dohlen abends über Wittenberg flogen und auf den Bäumen in der Zimmermannstraße oder Dresdner Straße einfielen. In den Wintermonaten halten sich gemeinsam mit Saatkrähen auch Dohlen in den Vorstadtbereichen, besonders aber in der Wiesenaue als Gastvögel auf, von denen stets einige zumindest phänotypisch der Unterart *Corvus m. soemmeringii* (kenntlich am großen hellen Halsfleck) zugeordnet werden können, wenn auch JUNG (1975) davor warnt, „jegliche Halsbanddohle als „soemmeringii" in die avifaunistischen Unterlagen eingehen zu lassen". Diese Dohlen fliegen vermutlich aus nordöstlichen Gebieten (Baltikum) im Winter ein und erscheinen ab Ende Oktober/Anfang November. Die anlässlich einer Ornithologentagung 1954 in Wittenberg in einer kleinen Brutkolonie der Nominatform in der Innenstadt gesichteten „soemmeringii-Dohlen" (bestimmt durch: Dr. H. v. BOETTICHER) können derartige „Halsbanddohlen", wie sie JUNG (1975) nennt, gewesen sein.

189. Saatkrähe - *Corvus frugilegus*

Die in Deutschland brütende Saatkrähe fehlt weitgehend im Hoch- und in den Mittelgebirgen und bewohnt Feldfluren im Tiefland, wenn Baumgruppen Nistmöglichkeiten bieten. Im Wittenberger Gebiet existiert gegenwärtig eine Brutkolonie mit 266 Brutpaaren im Schlosspark Pretzsch, nachdem sie von 1980 bis 1988 im Domänenpark in Pretzsch mit max. 44 Brutpaaren bestand (SCHÖNFELD & ZUPPKE 1985). Weitere ehemals bestehende Kolonien, wie bei Klöden und zwischen Lebien und Axien (MERZWEILER 1965), im Kuhheger bei Pratau mit 110 Brutpaaren oder bei Pratau-Kienberge mit 70 Brutpaaren sind längst erloschen. 1960 existierten selbst im Stadtgebiet Wittenberg auf den hohen Platanen der Lutherstraße, Mauerstraße und in der Pfaffengasse Brutvorkommen mit 10, 7-8 und 5 Nestern. Für noch frühere Zeiten erwähnt THIENEMANN (in: GERBER 1956) 1854 eine „nach Tausenden zählende" bei Wartenburg und MATSCHIE (1887) eine große Kolonie bei Zahna. Es wird die gleiche im Kiehnbergwald sein, von der J.V.WANGELIN 1896 zwei turmfalkenähnlich rotgefärbte Gelege als Rarität erhielt (NAUMANN; HENNICKE 1897-1905) und von der JULIUS RIEMER (mdl.) aus dem Jahr 1902 berichtete: „...Tausende gesichtet und Hundert geschossen" sowie „In der Chronik der Stadt Zahna steht, dass seit Jahrhunderten die Krähen sich dort befinden und nicht auszurotten sind"(!), was dann aber doch geschah! Im Winter (Oktober bis März) halten sich Schwärme von 200 bis zu 600 Saatkrähen auf den Wiesen und Feldern der Elbe- und Elsteraue und sogar der Vorstadtbereiche auf und sammeln sich in der Dämmerung zu Flügen zu den von Jahr zu Jahr wechselnden Schlafplätzen. Eine im Februar 1996 in Kleinwittenberg gefundene beringte Saatkrähe war 6 Jahre alt und stammte aus Gnetsch bei Köthen.

190. Rabenkrähe - *Corvus corone*
191. Nebelkrähe – *Corvus cornix*

Nach dem Vorliegen neuer Erkenntnisse aus Systematik und Taxonomie werden die beiden ehemals als Unterarten geführten Rabenvögel nunmehr als echte Arten behandelt (BARTHEL & HELBIG 2005), obwohl sich beide Arten miteinander paaren und fruchtbare Mischlinge erzeugen, bei denen die schwarzen Federpartien der Nebelkrähe im unterschiedlichen Umfang durch graue ersetzt werden. Da die Wittenberger Region in der Mischzone beider Arten liegt, die von Schleswig-Holstein über Ostdeutschland verläuft, kommen hier beide Arten als Brutvogel vor. Es werden auch Mischpaare festgestellt, aus denen „Hybrid-Nebelkrähen" in verschiedenen Färbungsvariationen entstehen können, die ebenfalls im Wittenberger Gebiet vorkommen. Auf Grund der starken Vermischung beider Arten in der Folge des ständigen gemeinsamen Vorkommens im Gebiet können nach bloßem Aussehen (phänotypisch) kaum noch reine Nebel- oder Rabenkrähen erkannt werden. Sie sind verbreitete Brutvögel der baumbestandenen Offenlandschaft bzw. der Waldränder in allen Landschaftsteilen, auch vereinzelt in den Stadtgebieten. Es überwiegt jedoch der Anteil des Nebelkrähentypus deutlich, schwarze Krähen vom Rabenkrähentypus sind stets nur vereinzelt anzutreffen. Ganzjährig, aber verstärkt nach der Brutzeit sind mitunter Trupps von bis zu 200 Nebelkrähen besonders in der Elbeaue zu beobachten. Im Winter erhalten die ortsansässigen Zuzug von Nebel- und Rabenkrähen vermutlich aus nördlichen bzw. östlichen Ländern.

192. Kolkrabe - *Corvus corax*

Nach dem starken Bestandsrückgang bis 1950 brütet jetzt der Kolkrabe wieder in allen waldreichen Teilen Deutschlands, mitunter auch im Offenland. In der Wittenberger Region war der Kolkrabe, wie in anderen Gebieten, ausgestorben. Die Wiederbesiedlung erfolgte zunächst recht unbemerkt. SCHWARZE (1977) vermutet, dass zuerst der Fläming und von dort aus die Dübener Heide (und eventuell die Annaburger Heide) besiedelt wurde. Seit 1970 wurde er im Fläming gesichtet, wo im Revier Zahna stets nach Schüssen der Jäger Kolkraben anflogen und auf den Aufbruch warteten. 1971 erschien er auch im Auenwald Heinrichswalde. In der Dübener Heide siedelten sich 1974/75 Kolkraben in den Rotbuchenbeständen der Reviere Grenzhaus und Thielenhaide zuerst an (KÖCK 1978), von wo aus sie bis etwa 1978 die gesamte Dübener Heide besiedelten (KÖCK 1981). Gegenwärtig brütet der Kolkrabe wieder in allen Waldungen geeigneter Größe, wird aber auch in der Offenlandschaft gefunden, wo er seine Nester mitunter völlig freistehend auf Hochspannungsmasten in der Feldflur (z.B. in der Rothemark Wittenberg oder Feldflur südlich Rackith oder nördlich Schnellin) errichtet. Selbst im Stadtpark von Wittenberg wurde er brütend festgestellt (SCHÖNFELD 2003). Eine grobe Erfassung im „Altkreis" Wittenberg im Zeitraum von 1999 bis 2002 ergab 82 Brutpaare, wobei nur die baumarme Ackeraue weitgehend gemieden wurde (SCHÖNFELD in: FG WB/REHN 2002). Bei entsprechendem Nahrungsangebot sammeln sich Raben zu großen Trupps. Im WASAG-Gebiet bei Reinsdorf hielten sich, solange das Knochenlager der Fleischereibetriebe bestand (bis 1989), bis zu 200 Kolkraben in der näheren Umgebung auf. Im Spätsommer 2006 suchten 150 Kolkraben auf einem abgeernteten Rapsfeld bei Ottmannsdorf nach den Raupen der Erdeule, wobei die Herkunft dieser Anzahl eigentlich nicht aus der unmittelbaren Umgebung erklärt werden kann.

193. Beutelmeise - *Remiz pendulinus*

Die bis zum Beginn des 20. Jahrhunderts nur im Osten Europas vorkommende Beutelmeise dehnte ihr Verbreitungsgebiet westwärts aus und erreichte gegen 1965 das Mittelelbegebiet, bevor sie gegen 1985 ganz Deutschland besiedelt hatte (SCHÖNFELD 1994b). Im Wittenberger Gebiet wurde sie 1962 in der Weichholzaue bei Dabrun-Melzwig zum ersten Mal als Brutvogel gefunden (BÖHME 1966). Nach einer längeren

Phase des Siedlungsbeginns (SCHÖNFELD & ZUPPKE 1980) besiedelte sie ab den 1980er Jahren fast exponentiell die gesamten Flussauen von Elbe und Schwarzer Elster (bis zur jetzigen Landesgrenze im Osten), so dass 1985 SCHÖNFELD (1989) bereits 31 Brutnester anführen konnte. Auf diesem Niveau hielt sich der Brutbestand bis etwa zum Jahr 2000 und sank danach wieder rapide ab, so dass gegenwärtig im betrachteten Abschnitt der Elbeaue nur noch 5-8 Brutreviere vorhanden sind. Die Beutelmeise brütet an Gewässerufern oder in Verlandungszonen mit Baumbeständen, in denen sie an biegsamen Zweigen ihr herabhängendes Nest errichtet. Schwerpunkte des Vorkommens sind die Aue an der unteren Schwarzen Elster, die Gewässer um Dabrun-Wartenburg sowie bei Pratau-Seegrehna. Nördlich der Elbe kommt sie nur vereinzelt vor. Außerhalb der Aue wurden Brutvorkommen nur an den Feldsöllen bei Rahnsdorf und im Grützmühlmoor bei Trajuhn sowie den Pöplitzer Teichen gefunden. Als Mittelstreckenzieher, der in SW-Europa und im Mittelmeergebiet überwintert, ist die Beutelmeise von Ende April bis Anfang September im Gebiet anzutreffen. Nicht alljährlich streifen auch im April bzw. August Durchzügler das Gebiet, besonders in den Flussauen.

194. Blaumeise - *Parus caeruleus*

Die in Wäldern aller Art, Parks und Gärten brütende Blaumeise ist über ganz Deutschland verbreitet und kommt in stabilen Beständen vor, die sich nur nach Extremwintern zeitweilig verringern. Auch in der Wittenberger Region ist sie ein verbreiteter Brutvogel (Jahresvogel) in den Waldungen, Gehölzgruppen, Parks, Friedhöfen und Gärten in allen Landschaftsteilen einschließlich der Städte und Dörfer, sofern sie Höhlen als Nistplatz findet. Im Winter ist sie öfters in kleinen Gruppen vergesellschaftet mit anderen Meisenarten nahrungssuchend in den Wäldern anzutreffen.

195. Kohlmeise - *Parus major*

Auch die Kohlmeise ist ein in ganz Deutschland verbreiteter Brutvogel (Jahresvogel), der in Waldungen und Gehölzen aller Art brütet. In der Gegend um Wittenberg brütet sie in allen Landschaftsteilen, sofern Nisthöhlen zur Verfügung stehen, so dass sie naturgemäß in den Laubwäldern häufiger vorkommt als in reinen Nadelforsten. In den Ortschaften oder deren Umgebung wird ihr Vorkommen oft gefördert durch das Aufhängen von Nistkästen. Vier Totfunde beringter Kohlmeisen aus dem Baltikum (Memelgebiet/Litauen) deuten an, dass im Winter der einheimische Kohlmeisenbestand durch Zuzügler aus dem Nordosten verstärkt wird.

196. Haubenmeise - *Parus cristatus*

Die bis zur Baumgrenze in Deutschland verbreitete Haubenmeise bevorzugt Nadelwälder oder Mischwälder mit hohem Nadelholzanteil. Sie ist in der Region Wittenberg ein regelmäßiger Brutvogel, der bedingt durch seine Präferenz für Koniferen weitestgehend in den Flussauen fehlt, wo die Haubenmeise nur inselartig in den Nadelwaldungen auf den holozänen Dünen, wie Kannabude bei Melzwig, Wartenburger Wald, Hohndorfer Wald, Wald bei Klöden und Waldgebiet westlich von Jessen vorkommt. In den Fläming- und Heidewäldern ist sie weit verbreitet, in Waldungen ohne Totholzanteil jedoch weitaus seltener anzutreffen. Eine grobe Erfassung im „Altkreis" Wittenberg im Zeitraum von 1999 bis 2001 erbrachte den Nachweis von 223 Brut- bzw. Revierpaaren (SCHÖNFELD in: FG WB/REHN 2002). Sie ist im Gebiet Jahresvogel. Eine im März 1967 bei Kemberg zur Beringung gefangene Haubenmeise wurde im November 3 km entfernt wiedergefangen und zeigt somit eine gewisse Ortstreue an.

197. Tannenmeise - *Parus ater*

Ebenso wie die vorige Art ist die Tannenmeise eine echte „Nadelwaldmeise", die vom Tiefland bis in die Hochgebirgslagen in Deutschland vorkommt. Auch in der Wittenberger Region ist sie in den Nadelwaldungen des Flämings und der waldbestockten Heiden als regelmäßiger Brutvogel zu finden, wo sie als Jahresvogel lebt, obwohl hier die von dieser Art bevorzugten Fichten weitgehend fehlen. Eine grobe Erfassung im „Altkreis" Wittenberg im Zeitraum von 1999 bis 2001 ergab mit 231 Brut- bzw. Revierpaaren (SCHÖNFELD in: FG WB/REHN 2002) einen geringfügig höheren Besatz als bei der Haubenmeise. Bereits GNIELKA (1968) bezeichnet in der Dübener Heide die Tannenmeise als die häufigere Art gegenüber der Haubenmeise, das auch ROST & BRÄUTIGAM (1979) bestätigen. ANSORGE (1983) ermittelte im östlichen Teil der Dübener Heide auf einem Transekt von Roßdorf bis Reinharz mit einer Fläche von 192 ha jedoch eine Bestandsdichte von 1,8 BP/10 ha Haubenmeisen und 1,6 BP/10 ha Tannenmeisen. Im Gegensatz zur Haubenmeise gibt es bei der Tannenmeise aus dem Gebiet Hinweise auf möglichen winterlichen Zuzug.

198. Sumpfmeise - *Parus palustris*

Die in feuchteren, altholzreichen Laubwäldern brütende Sumpfmeise ist in Deutschland in geringer Dichte weit verbreitet. Im Gebiet um Wittenberg ist sie vereinzelter Brutvogel (Jahresvogel) der Auenwälder sowie der Laubgehölze in der Elbe- und Elsteraue, den Laubwaldungen des Flämings sowie der Dübener Heide (z.B. Waldgebiet an den

Lausiger Teichen, am Ochsenkopf, bei Reinharz und Schleesen u.a.). Ebenso kommt sie im Volkspark Piesteritz vor. Eine grobe Erfassung im „Altkreis“ Wittenberg im Zeitraum von 1999 bis 2001 erbrachte 92 Brut- bzw. Revierpaare (SCHÖNFELD in: FG WB/REHN 2002). Im Winter wird sie vergesellschaftet mit anderen Meisenarten angetroffen.

199. Weidenmeise - *Parus montanus*

Die in Deutschland verbreitete Weidenmeise bewohnt Laubwälder oder –gehölze, in denen morsche Stämme von Weichhölzern (Birken, Weiden, Aspen, Pappeln) für die Anlage der selbstgezimmerten Bruthöhlen vorhanden sind. Nachdem sie von KOLBE (1966) und HINSCHE (1977) für das Mittelelbegebiet als selten herausgestellt wird, kann bereits SCHÖNFELD (1978b) über häufigere Nachweise berichten. Dies deckt sich mit der Arealausweitung und Bestandszunahme der Weidenmeise in Mitteleuropa seit Anfang der 1960er Jahre. Ab den 1970er Jahren ist sie in der Wittenberger Region als regelmäßiger Brutvogel (Jahresvogel) der Laub- und Mischwaldungen in allen Landschaftsteilen bekannt. Eine grobe Erfassung im Gebiet des „Altkreises“ Wittenberg im Zeitraum von 1999 bis 2001 erbrachte mit 236 Brut- bzw. Revierpaaren eine deutlich höhere Anzahl gegenüber der Sumpfmeise (SCHÖNFELD in: FG WB/REHN 2002).

200. Haubenlerche - *Galerida cristata*

Die über ganz Deutschland lückig verbreitete und selten gewordene (SÜDBECK et al. 2007) Haubenlerche bewohnt als Steppenbewohner trockenes Ödland aller Art. In der Wittenberger Region ist sie vereinzelter Brutvogel auf Brach- und Ruderalflächen mit geringer Vegetationsdecke in Gewerbegebieten, auf Bauflächen, an Großstallanlagen, auf den Rasenflächen der Neubaugebiete in den Städten, den Vororten und den Dörfern. Die von GNIELKA (1985a) angegebene Anzahl von 40 – 60 Brutpaare für den damaligen Kreis Wittenberg ist auch jetzt noch anzutreffen und bis zum gegenwärtigen Zeitpunkt wurden noch keine dramatischen Bestandseinbrüche sichtbar. Allein im Stadtgebiet von Wittenberg mit seinen Vororten konnten im Zeitraum von 1997 bis 2006 an 21 Örtlichkeiten ständig und an weiteren 12 zeitweilig Haubenlerchen nachgewiesen werden. Im Winterhalbjahr suchen Haubenlerchen oftmals auf den Parkplätzen der Einkaufszentren Nahrung. Auch sammeln sich kleinere Gruppen von 5 -10 Haubenlerchen im Winter (ob noch Familienverbände?).

201. Heidelerche - *Lullula arborea*

Die Heidelerche, von der ¾ des Weltbestandes in Europa brütet, ist in ganz Deutschland verbreitet, aber nirgends häufig. Sie bewohnt Gebiete mit mageren Böden und niedriger Vegetation. In der Wittenberger Region ist sie vereinzelter Brutvogel (Ende März/Anfang April bis August/September) der Waldränder auf trockenen Standorten des Flämings sowie der Dübener Heide. GNIELKA (1985b) gab für den damaligen Kreis Wittenberg eine Bestandsgröße von 100 – 200 Brutpaaren an, eine Größenordnung, die für dieses Territorium wohl auch jetzt noch zutrifft. Wesentlich häufiger ist die Heidelerche aber in den ehemaligen militärisch genutzten Gebieten, in denen große Freiflächen existieren, die zunehmend verbuschen und im derzeitigen Sukzessionsstadium der Art einen hervorragenden Lebensraum bieten. In der Annaburger Heide wurden 75 - 125 (SIMON, B. 2005), in der Glücksburger Heide 90 - 105 (SCHULZE & MEYER 2004) und in der Oranienbaumer Heide 50 - 55 Brutreviere (SCHULZE & PSCHORN 2006) ermittelt, für die wesentlich kleinere Woltersdorfer Heide dagegen nur 15 (SCHULZE & MEYER 2001). Damit kommen in diesen 4 Gebieten 2,5 – 4,5 % des Gesamtbestandes von Sachsen-Anhalt vor, womit ihre Bedeutung als Lebensraum für die Heidelerche hinreichend charakterisiert wird.

202. Feldlerche - *Alauda arvensis*

Eine der häufigsten Vogelarten des Offenlandes ist die Feldlerche, die in Deutschland weit verbreitet und (noch) häufig ist (SUDFELDT et al. 2008), obwohl von starken Bestandsrückgängen aus fast allen Bundesländern berichtet wird (SÜDBECK et al. 2007) Auch in der Wittenberger Region ist sie gegenwärtig verbreiteter Brutvogel (Ende Februar/Anfang März bis September/Oktober) auf den Feldern und Wiesen aller Landschaftsteile. Besonders häufig ist sie in den Auen von Elbe und Schwarzer Elster zu finden. Auch in den ehemals militärisch genutzten Heiden ist sie im derzeitigen Sukzessionsstadium (noch) anzutreffen. Im Gebiet findet man die höchste Dichte auf den Feldern, wo sie, wie es SCHLÄPFER (1988) für die Oberrheinische Tiefebene nachweist, die höchsten Bruterfolge erzielt. In der Feldflur südlich von Eutzsch konnten 1999 auf einer 500 ha großen Fläche 115, in der Feldflur südlich von Rackith 2001 auf einer 850 ha großen Fläche 184, in der Feldflur östlich von Straach 2001 auf einer 550 ha großen Fläche 106, in der Feldflur westlich von Ruhlsdorf 2004 auf einer 230 ha großen Fläche 50 und in der Feldflur südwestlich von Meltendorf 2004 auf einer 150 ha großen Fläche 27 revieranzeigende Feldlerchen erfasst werden. Auf diesen Flächen, auf denen Wintergetreide als Hauptfruchtart angebaut war, betrugen die Brutdichten also 1,8 bis 2,3 Brutpaare/10 ha. Sie waren damit wesentlich geringer als die von ZUPPKE (1984) auf den Elbwiesen bei Pratau und Seegrehna ermittelten Werte von 5,35 bis 6,29 Brutpaare/10 ha im Überflutungsgrünland, lagen aber etwa in der Höhe der von SCHWARZE & KOLBE (2006) angeführten Dichten auf Getreidefeldern bei Dessau. Zu den Zugzeiten sind besonders in der Aue auch größere Trupps durchziehender Feldlerchen zu beobachten, die vermutlich auf dem Zugweg hier rasten und sich für den Weiterzug konditionieren.

203. Ohrenlerche – *Eremophila alpestris*

Die Ohrenlerche brütet in Europa im nördlichen Skandinavien und Nord-Russland sowie auf dem Balkan. Während sie an der Nord- und Ostseeküste regelmäßig als Wintergast erscheint, wird sie im Binnenland weitaus seltener festgestellt. Im Wittenberger Raum wurde sie als unregelmäßiger Gastvogel und stets im Januar oder Februar überwiegend in der Elbeaue in kleineren Trupps beobachtet. Eine Märzbeobachtung bildet die Ausnahme, die größte Truppstärke waren 90 am 28.01.1979.

204. Uferschwalbe - *Riparia riparia*

Die in ganz Europa als Koloniebrüter weit verbreitete Uferschwalbe ist in Deutschland in Abhängigkeit vom Brutplatzangebot regelmäßig anzutreffen. Die ursprünglich besiedelten Prallhänge der Fließgewässer sind kaum noch in naturnaher Form vorhanden. Daher besiedelt sie überwiegend die Steilabbrüche der im Abbau befindlichen Sand- und Kiesgruben, die jedoch nach Einstellung des Abbaus instabil und als Brutplatz wieder aufgegeben werden. Diese Situation spiegelt sich auch in der Wittenberger Region wider. Viele ursprünglich besiedelte Kiesgruben sind inzwischen durch Erosion abgeschrägt und daher nicht mehr als Brutplatz geeignet. Dies ist aber wohl auch früher so gewesen, da BENECKE (1937) eine Kolonie mit 70 Brutröhren in der Sandgrube des Kaufmanns *Matthies* in der Hindenburgstraße in Bad Schmiedeberg als „Naturdenkmal" bezeichnet und von aufgegebenen Kolonien in Bad Schmiedeberg (Reinharzer Straße), Klein-Korgau, Pretzsch (Horstmühle), Patzschwig und Splau berichtet. Weitere Kolonien bestanden bis 1956 auf dem Ascheberg im WASAG-Gelände bei Reinsdorf (10-15 Brutpaare/BP), bis 1962 in der Sandgrube Wittenberg/Teucheler Weg (15-20 BP), um 1963 bei Korgau (GNIELKA 1968), bis 1983/84 am Bergwitzsee (max. 120 BP), bis 1976 in der Kiesgrube Trebitz (20-30 BP), bis 1975 in der Kiesgrube Iserbegka (ca. 30 BP), bis 2003 in der Kiesgrube am Luthersbrunnen (max. 71 BP), bis ca. 1985 in der Kiesgrube Apollensdorf (max. 55 BP) sowie bis 1995 in der Kiesgrube bei Listerfehrda sowie weitere in den Kiesgruben am Gorrenberg bei Jessen, bei Gehmen und Kleindröben. 1980 gruben ca. 30 Uferschwalbenpaare ihre Brutröhren in frische Baugruben des damaligen Trinkwasserwerkes in Piesteritz.

Gegenwärtig ist die Uferschwalbe als Brutvogel mit wechselndem Bestand in der Kiesgrube Winkler bei Pretzsch (35 BP), an den Kiesseen bei Prettin (30 BP), in der Kiesgrube Karlsfeld/Woltersdorfer Heide (55 BP), am Steilufer am Gremminer See (ca. 85 BP), in der Kiesgrube Köplitz (ca. 10 BP), in der Kiesgrube Lehmann südlich der Nordendstraße (ca. 220 BP), zeitweilig am Uferabbruch der Elbe bei km 192 (5 BP) und in der Kiesgrube Wüstemark/Zahna (35 BP) bekannt. Die Uferschwalbe ist Sommervogel, die sich von Mitte April bis Mitte/Ende September im Gebiet aufhält. In der ehemaligen Brutkolonie am Bergwitzsee beringte Uferschwalben konnten im nächsten Jahr wieder kontrolliert werden und zeigten somit eine Brutorttreue an. Nach der Brutzeit und auf dem Durchzug jagt sie in gemischten Schwärmen mit Rauch- und Mehlschwalben über den Wasserflächen der Auengewässer.

205. Rauchschwalbe - *Hirundo rustica*

Die Rauchschwalbe ist in Deutschland ein häufiger Brutvogel der menschlichen Siedlungen mit ländlichem Charakter, die überwiegend in den Gebäuden brütet. In der Region Wittenberg ist sie regelmäßiger Brutvogel in den Dörfern und den Vorortbereichen der Städte, aber auch direkt in der Innenstadt von Wittenberg (in den Hausdurchgängen zu den typischen Höfen z.B. am Markt und in der Collegienstraße), allerdings mit rückgängigem Bestand von 20 Brutpaaren (1998) auf 10 (2007). Auch Einzelgebäude in der Offenlandschaft, wie Melkstände, ehemalige Militäranlagen oder Pumpstationen, aber auch Einzelhäuser inmitten von Waldgebieten, wie Parnitz, werden von einzelnen Rauchschwalbenpaaren als Brutplatz genutzt. MERZWEILER (1965) erwähnt eine Brut unter einer Brücke in der Annaburger Straße, 2-3 km vom nächsten Gebäude entfernt. SIMON, B. (1981) zählte in einem 45 m langen Schweinemaststall in Plossig 19 besetzte Rauchschwalbennester, in denen 122 Junge erbrütet wurden. SCHÖNFELD (1992) berichtet über starke Bestandsrückgänge durch Abbruch und Sanierung von Gebäuden besonders in ehemaligen Wittenberger Industriegebieten. Über einen allgemeinen Bestandsrückgang, z.B. durch das Leerstehen vieler Großviehanlagen, gibt es im Gebiet keine gesicherten quantitativen Erhebungen, sondern nur persönliche Eindrücke und Annahmen. Als Langstreckenzieher, der südlich der Sahara überwintert, ist die Rauchschwalbe von Anfang April bis Ende September/Anfang Oktober im Gebiet zu sehen. Eine im August 1967 in Bad Schmiedeberg beringte Rauchschwalbe wurde im März 1968 in Transvaal in Südafrika gefunden. Auf den E-Leitungen in den Dörfern sammeln sich noch alljährlich im August/September Rauchschwalbenschwärme von bis zu 250 Schwalben: Gaditz 120-150, Merkwitz 80-100, Merschwitz 50-60, Pretzsch

60-80 (FG WB/REHN 2002), Dabrun 100, Reinharz 55-60, Mochau/Thießen 70-80, Rackith 35-40, Kropstädt 220-250, Trebitz ca. 160, Gallin ca. 130, Pratau-Kienberge ca. 40 (FG WB/REHN 2003). Über den Gewässern der Aue jagen auch außerhalb der Zugzeiten Trupps von Rauchschwalben, während des Durchzuges auch größere Schwärme, z.B. am 20.9.1998 etwa 1.500 – 2.000 über der Alten Elbe Bösewig. Eine schmale Schilf- und Gebüschkante in der Feldflur nördlich Rackith wird im Herbst von Tausenden Rauchschwalben (geschätzt: 20.000!) als zeitweiliger Schlafplatz genutzt. Ein kleinerer Schlafplatz (ca. 200 Schwalben) befindet sich im Wittenberger Luch.

206. Mehlschwalbe - *Delichon urbicum*

Die Mehlschwalbe, die in Mitteleuropa zu den häufigsten Singvögeln zählt, brütet im Bereich menschlicher Siedlungen, jedoch an der Außenseite von Gebäuden, aber auch an Brücken. In der Wittenberger Region ist sie ein häufiger Brutvogel in den Dörfern und zunehmend auch in den Städten, an den Gehöften und Häusern der Innenstadt (z.B. am Markt), der Neubaugebiete, der Industriestandorte (SCHÖNFELD 1992), der Vorstadtbereiche, oftmals kolonieartig unter Dachtraufen, in Fenstersimsen, in Balkonecken oder anderen Mauernischen. Im engeren City-Bereich von Wittenberg wurden 62 Brutnester im Jahr 2006 ermittelt (FG WB/ZUPPKE 2007), teilweise recht niedrig über Geschäftseingängen. Im ehemaligen Gummiwerk wurden vor der Durchführung umfangreicher Abrissarbeiten (bis 1992) 218 Brutpaare = rd. 59 BP/10 ha erfasst, danach (1994) 128 Brutpaare = rd. 35 BP/10 ha (SCHÖNFELD 1994a). Unter der neuen Flutbrücke der B 2 zwischen Wittenberg und Pratau brüteten bisher max. 82 Brutpaare, an Stahlgestängen in der „Baggerstadt“ Ferropolis bei Gräfenhainichen 165, am Gießerei-Sandwerk Nudersdorf 80, an Betriebsgebäuden der AWU Rackith 85. Früher fanden sich die größten Brutansammlungen unter den Schleppdächern der großen Bauernhöfe, auch am Forsthaus Heinrichswalde bestand, solange es bewohnt war, eine zahlenmäßig starke Kolonie. Als Langstreckenzieher, der im südlichen Afrika überwintert, ist die Mehlschwalbe von Mitte April bis Ende September/Anfang Oktober in der Wittenberger Region anzutreffen. Allerdings fütterten 2008 in der Innenstadt von Wittenberg noch bis Mitte September Mehlschwalben ihre Nestjungen. Wie die Rauchschwalbe, oft auch mit dieser gemeinsam, ist sie in größeren Trupps jagend über den Gewässern der Elbeaue anzutreffen, besonders während Schlechtwetterperioden.

207. Bartmeise – *Panurus biarmicus*

Die in ausgedehnten Röhrichten brütende Bartmeise weist ein zersplittertes Verbreitungsareal auf und war bis zum Beginn des 20. Jahrhunderts in Deutschland sehr selten.

In den 1950er Jahren erfolgte ein starker Bestandsanstieg der niederländischen Brutpopulation, von wo aus auch geeignete Biotope in Deutschland besiedelt wurden. In der Wittenberger Region war sie lange Zeit unbekannt. Eine Herbstbeobachtung 1973 in der Tonmark Reinsdorf wurde als Irrgast eingestuft, stand aber möglicherweise mit den Herbsteinflügen aus den Niederlanden in Beziehung. Im Januar 1999 wurden im Schilfwald an den Rohrbecker Teichen bei Bösewig und am Moschkolk bei Wartenburg 6 Bartmeisen (Alt- und Jungvögel) gesehen bzw. gehört. 2000 wurde eine am Kleinen Lausiger Teich gesehen, 2001 am Neugraben bei Hemsendorf 6-8, 2006 und 2007 eine bzw. 9 am Gremminer See sowie einige nahrungssuchend und rufend am Großen Streng Wartenburg. Es waren jedoch stets Winterbeobachtungen, Brutzeitnachweise fehlen bis heute aus dem Gebiet, so dass die Bartmeise für die Wittenberger Region immer noch als seltener Gastvogel anzusehen ist.

208. Schwanzmeise - *Aegithalos caudatus*

Die Schwanzmeise bewohnt in mehreren Unterarten unterwuchsreiche Laub- und Mischwälder in fast ganz Europa. Die in Deutschland vorkommende Unterart *Ae.c.europaeus* mit dem beiderseits schwarz eingefassten weißen Scheitel ist auch in den Laub- und Mischwäldern der Wittenberger Region regelmäßiger Brutvogel (Jahresvogel). Eine grobe Erfassung im „Altkreis" Wittenberg im Zeitraum von 1999 bis 2002 ergab 266 Brut- bzw. Revierpaare mit einer deutlichen Konzentration im Fläming (SCHÖNFELD in: FG WB/REHN 2003). Die zur Brutzeit im Gebiet vorkommenden weißköpfigen Schwanzmeisen sind vermutlich weißköpfige *europaeus*-Individuen, da die eigentlich weißköpfige Nominatform *Ae.c.caudatus* in Nordeuropa lebt und erst im Winter in kleineren Trupps als regelmäßiger Gastvogel das Gebiet aufsucht. Somit treten also Vögel mit beiden Kopfzeichnungen im Wittenberger Raum auf und bilden mitunter auch gemischte Paare. Im Winter ist sie gemeinsam mit anderen Meisenarten in Schwärmen nahrungssuchend auch in den Nadelwäldern, vereinzelt auch in Gärten, zu sehen.

209. Waldlaubsänger - *Phylloscopus sibilatrix*

Der in Deutschland in Laubbeständen weit verbreitete Waldlaubsänger ist in der Region Wittenberg ein regelmäßiger, aber stets nur vereinzelter Brutvogel, der vorwiegend in schattigen Laubmischwäldern vorkommt. Aktuelle Untersuchungen erbrachten aber auch zahlreiche Nachweise in Nadelwäldern mit eingestreuten Laubbäumen und Unterholz im Fläming. ANSORGE (1983) sah die Habitatanforderungen des Waldlaubsängers in der Dübener Heide in nur wenigen „Kiefernbaumholz-Beständen der Forsten zwischen Hohe Giek und Reinharz erfüllt, „was sich in der geringen durchschnittlichen Abundanz ... äußert (0,5 BP/10 ha)". In den Auenwäldern wurde er nur selten festgestellt. Als Langstreckenzieher hält er sich von Ende April bis Mitte September im Gebiet auf.

210. Fitis - *Phylloscopus trochilus*

Der in ganz Deutschland verbreitete und häufige Fitis(laubsänger) ist im Wittenberger Gebiet ein regelmäßiger und verbreiteter Brutvogel lichter und durchsonnter Wälder mit einer Krautschicht. In den Wäldern des Vorflämings und den Sukzessionsflächen mit Jungwuchs der Glücksburger und Oranienbaumer Heide ist er sehr häufig, in den Auenwäldern der Elbeaue dagegen seltener. SCHÖNFELD (1982a) konnte u.a. auch im Wittenberger Gebiet folgende unterschiedliche Siedlungsdichten ermitteln: Aufforstungen und Jungwuchs: 8,0 – 12,5, Pappel-Birken-Wälder: 3,0 – 6,0, Weiden-Erlenbrüche: 3,6 – 5,5, Laubwälder 1,0 – 1,8, Garten und Gartenvorstadt: 0,7 – 3,4, Parks und Grünanlagen: 0,1 – 3,4, Wohngebiete: 0,2 – 0,8 BP/10 ha. Dabei ist die Siedlungsdichte des Fitis abhängig vom Grad der Durchlichtung der Waldbestände, so dass sie im Verlauf der Sukzession geringer wird, wie es Untersuchungen im Wittenberger Stadtwald zeigten: War der Fitis dort von 1978 bis 1981 auf einer 9 ha großen Teilfläche mit 15,6 BP/10 ha die dominante Vogelart (SCHÖNFELD 1998), so konnten 1999 im gesamten Stadtwald nur noch 20-25 singende Männchen festgestellt werden (ZUPPKE, E. 1999), nachdem der ehemals durch Immissionsschäden durchlichtete Mischwald zunehmend wieder dichter wurde. Nach GNIELKA (1968) war er um 1963-1968 „der häufigste Vogel der Dübener Heide". Als Langstreckenzieher weilt der Fitis von Anfang April bis Ende September im Gebiet. Zu diesen Zeiten können auch durchziehende Vögel festgestellt werden. Durch Netzfänge zu Beringungszwecken konnte auch die im nordöstlichen Eurasien vorkommende Unterart *Ph. t. acredula* nachgewiesen werden, die somit als Gastvogel auch in der Wittenberger Region auftritt.

211. Zilpzalp - *Phylloscopus collybita*

Der Zilpzalp (Weidenlaubsänger) ist in Mitteleuropa vom Tiefland bis in montane Zonen weit verbreitet. In der Wittenberger Region ist er ein regelmäßiger und verbreiteter Brutvogel reich strukturierter Wälder mit hochwüchsigem Baumbestand und dichter Krautschicht in allen Landschaftsteilen. SCHÖNFELD (1978a) konnte u.a. auch im Wittenberger Gebiet folgende unterschiedliche Siedlungsdichten ermitteln: Buchenwälder: 0,3 – 2,5, Erlenbruchwälder: 5,6 – 12,8, Parks: 6 – 10, Kleingartenanlagen: 0 – 2,8 BP/10 ha, führt aber höhere Werte für Friedhöfe und Auenwälder an (die jedoch nicht im Gebiet ermittelt wurden). Nach Schilderungen BAUMANNs (1935) soll der Zilpzalp zu Beginn des 20. Jahrhunderts in weiten Teilen der Dübener Heide nicht aufzufinden gewesen sein. Von Mitte März bis Anfang Oktober ist der Zilpzalp in der Wittenberger Region anzutreffen. Zu den Zugzeiten, besonders auch auf dem herbstlichen Wegzug, ist der Gesang von Durchzüglern auch in den Gärten der Vorstadtbereiche von Wittenberg zu hören. Durch Netzfänge zu Beringungszwecken konnte auch die in Polen vorkommende Unterart *Ph. c. abietinus* nachgewiesen werden, die als Gastvogel auf dem Durchzug auch in der Wittenberger Region auftritt.

212. Feldschwirl - *Locustella naevia*

Der in Gebieten mit dichten Krautschichten und höheren Warten brütende Feldschwirl ist in Deutschland ein regelmäßiger Brutvogel mit kurzfristigen Bestandsschwankungen. In der Wittenberger Region ist er vorwiegend in den Auen von Elbe und Schwarzer Elster als regelmäßiger Brutvogel anzutreffen, wo er in den dichten Krautfluren der Flutrinnen brütet. Allerdings werden auch frühe Sukzessionsstadien in einigen lichten Wäldern des Vorflämings (z.B. Stadtwald) ebenso zeitweilig besiedelt wie Krautfluren, Feuchtwiesen und Ufergehölze in den Bachtälern des Flämings und der Dübener Heide, die mit zunehmender Sukzession wieder aufgegeben werden. Die Häufigkeit des Vorkommens des Feldschwirls schwankte bisher mehrfach, so dass noch nicht eingeschätzt werden kann, ob die von einigen Bundesländern angezeigte Bestandsabnahme (SÜDBECK et al. 2007) auch für die Wittenberger Region zutrifft. Im Gebiet hält er sich von Anfang Mai bis August in seinen Bruthabitaten auf.

213. Schlagschwirl - *Locustella fluviatilis*

Der Schlagschwirl, dessen westliche Arealgrenze zu Beginn des 20. Jahrhunderts noch an der Oder lag, hat sein europäisches Verbreitungsgebiet seit etwa 1920 deutlich nach Westen vergrößert, so dass er jetzt zumindest in Ostdeutschland vielerorts zu hören ist. 1971 gelang im Wittenberger Gebiet der erste Rufnachweis im Auenwald Heinrichswalde und 1977 der erste Brutnachweis in der etwa 1 m hohen Bodenvegetation an einem Graben bei Dabrun in der Elbeaue (SCHÖNFELD 1977). Danach gelangen in Abständen weitere Nachweise, so dass gegenwärtig der Schlagschwirl als regelmäßiger und vereinzelter Brutvogel großflächiger, feuchter Staudenfluren in der Aue anzusehen ist. Seine Brutansiedlungen sind oftmals nur temporär, die mit fortschreitender Sukzession wieder verschwinden. Der bisherige Höhepunkt der Schlagschwirl-Nachweise war das Jahr 2003 mit 22-25 singenden Männchen (SCHÖNFELD 2004c). Als Langstreckenzieher erscheint er oft erst Mitte bis Ende Mai und bleibt bis August/Mitte September.

Auf dem Durchzug ist er mitunter auch singend in verwilderten Gärten des Stadtgebietes oder anderen ungeeignet erscheinenden Stellen (z.B. Dübener Heide/HAMPE 1982) anzutreffen.

214. Rohrschwirl – *Locustella luscinioides*

Auch der in Deutschland gebietsweise fehlende Rohrschwirl, der wasserständige, vorjährige Röhrichtbestände beansprucht, dehnte sein Brutgebiet wieder etwas aus, so dass er 1975 erstmals auch im Wittenberger Gebiet längere Zeit im Röhricht der Rohrbecker Teiche bei Bösewig zu hören war. Vermutlich reagiert er bereits auf geringe Lebensraumveränderungen, z.B. durch Wasserstandsschwankungen, da die wenigen festgestellten Vorkommen immer wieder verschwanden. So ist er auch jetzt nur vereinzelt und selten an bisher immer wechselnden Stellen in der Wittenberger Region als unregelmäßiger Brutvogel zu hören: Kuhlache bei Jessen (1984 und 1988), Alte Elbe Bösewig (1997 und 1999), Pöplitzer Teiche (2004), Crassensee (2005), Zehn-Ruten-Kolk Dabrun (2006), Elsteraue bei Gorsdorf (2006), Wittenberger Luch (2007) und Krummer See Bodemar (2007).

215. Seggenrohrsänger – *Acrocephalus paludicola*

Vom Seggenrohrsänger, der in Polen und Weißrussland die größten Brutbestände hat, brüten in Deutschland nur noch zwei kleine Bestände im Osten Mecklenburg-Vorpommerns. So wie die Durchzugszahlen in allen Teilen Deutschlands stark rückgängig sind, wurde diese Art im Wittenberger Raum nur zweimal als seltener Gastvogel festgestellt: am 17.09.1992 an der Alten Elbe Bösewig (DEUTSCHE SELTENHEITENKOMMISSION 1994) und am 28.05.2006 in der kniehohen Vegetation aus Seggen und Binsen am Durchstich bei Pratau ein singender Seggenrohrsänger (RANDLER, briefl. an die Deutsche Seltenheitenkommission eingereicht).

216. Schilfrohrsänger – *Acrocephalus schoenobaenus*

Der in feuchten, dichten Röhrichten bzw. Krautfluren mit einzelnen höheren Warten brütende Schilfrohrsänger ist in Deutschland verbreitet, aber nirgends häufig, wobei große Bestandsschwankungen eine Bestandseinschätzung erschweren. Im Wittenberger Raum ist er ein regelmäßiger, aber seltener Brutvogel der feuchten Verlandungszonen verschiedener Gewässer der Auen an Elbe und Schwarzer Elster, wo er ebenfalls größere Bestandsschwankungen aufweist. So fehlte er zwischen 1985 bis 1994 als Brutvogel fast völlig und wird seitdem wieder in einigen Feuchtgebieten wahrgenommen, so besonders im Bereich der unteren Schwarzen Elster (2006: 19 Paare/SIMON & SIMON

2007) sowie dem Wiesengraben am Wolfswinkel neben den bekannten Gewässern bei Bösewig, Pratau, Dabrun und Seegrehna. Als Langstreckenzieher ins tropische Westafrika hält sich der Schilfrohrsänger von Ende April bis zum September im Gebiet auf.

217. Sumpfrohrsänger - *Acrocephalus palustris*

Als verbreiteter und häufiger Rohrsänger Deutschlands ist der Sumpfrohrsänger auch im Wittenberger Gebiet ein regelmäßiger und verbreiteter Brutvogel verbuschter Hochstaudenfluren in der Elbeaue, besonders am Ufer der Elbe oder an Gräben in der Feldflur der Ackeraue. Gleiches trifft für die Aue der Schwarzen Elster zu. Vereinzelt ist er auch im Gebiet des Vorflämings, wie am Rischebach oder dem Wasserwerksgraben an der Belziger Chaussee bei Wittenberg oder im Südlichen Fläming-Hügelland, wie am Wiesengraben bei Listerfehrda und Gentha anzutreffen. In den Feldfluren wurde er ganz vereinzelt in Rapsfeldern bemerkt, in Getreidefeldern dagegen nie (obwohl er früher auch als „Getreiderohrsänger“ bezeichnet wurde). Entgegen dem langfristigen positiven Trend in Deutschland (SÜDBECK et al. 2007) deuten aktuell geringere Beobachtungszahlen eher auf eine abnehmende Tendenz im Gebiet. Sein Winterquartier liegt in Ostafrika, von wo er von Mitte Mai bis September in das betrachtete Gebiet kommt.

218. Teichrohrsänger - *Acrocephalus scirpaceus*

Der Teichrohrsänger, der für seine Nestanlage feste, vertikale Halmstrukturen benötigt, kommt in Deutschland überall in wasserständigen Röhrichten mit hohen Halmdichten vor. So ist er in der Wittenberger Region von Anfang Mai bis September ein regelmäßiger und verbreiteter Brutvogel in den Röhrichten der Gewässer der Elbeaue. In der Aue an der unteren Schwarzen Elster wurden am Fluss und seinen Altwässern 40 - 50 revieranzeigende Teichrohrsänger festgestellt (SEELIG et al. 1997). Aber auch kleinflächige Röhrichte an Kleingewässern anderer Landschaftsteile werden von ihm besiedelt, wie am röhrichtbestandenen Abflußgraben in der sonst strukturarmen Ackeraue bei Globig oder an einem kleinem Staugewässer in der Ackerflur bei Gentha. An den Teichen der Dübener Heide mit den dichten Schilfrohrbeständen (*Phragmites*) ist er ein häufiger Brutvogel.

219. Drosselrohrsänger – *Acrocephalus arundinaceus*

Das Vorkommen des Drosselrohrsängers weist in Deutschland große Verbreitungslücken auf, da in den 1970er Jahren ein gravierender Bestandseinbruch erfolgte. Nachdem der Drosselrohrsänger in der Region Wittenberg an Gewässern mit hohen, wasserseitigen Schilfrohrbeständen ein verbreiteter Brutvogel war, brach sein Bestand nach 1980 völlig zusammen. Erst Mitte der 1990er Jahre war seine unüberhörbare Stimme wieder an verschiedenen Gewässern zu hören, so u.a. am Crassensee, wo er zwischen 1985 und 1993 völlig fehlte. Daneben war er 1997 wieder an mehreren Auengewässern bei Dabrun, Melzwig und Wartenburg, am Priesitzer See, bei Bösewig und am Großen See Bleesern anzutreffen. Die 1995 am Unterlauf der Schwarzen Elster festgestellten 6 Brutpaare (SEELIG et al. 1997) haben sich inzwischen weiter vermehrt. Die Schilfbestände an den Ufern der Schwarzen Elster sind weiter angewachsen und der Drosselrohrsänger brütet hier wieder direkt am Fluss, so dass ihn SIMON & SIMON (2007) mit 56 festgestellten Paaren als „eine Charakterart des EU SPA“ mit dem Verbreitungsschwerpunkt der unteren Schwarzen Elster einstuften. Auch an den Heideteichen (Lausiger Teiche, Neuer Teich Sachau) brütet wieder der Drosselrohrsänger, ebenso wie an den Grubenseen um Gräfenhainichen, wo sich Röhrichte ausgebildet haben. Im Jahr 2005 konnten wieder etwa 70 Revierpaare in der Region um Wittenberg festgestellt werden, so dass er wieder ein regelmäßiger Brutvogel in der Wittenberger Region ist. Er weilt von Anfang Mai bis Ende August/Anfang September im Gebiet.

220. Gelbspötter - *Hippolais icterina*

Der lichte Laubgehölze bevorzugende Gelbspötter ist wie in ganz Deutschland auch in der Region Wittenberg ein regelmäßiger Brutvogel von Mitte Mai bis August, der in den Laubgehölzen der Elbeaue und des Vorflämings, aber auch in Gärten der Vorstadtbereiche von Wittenberg und anderen Städten sowie der Dörfer brütet. Allerdings ist sein Bestand starken Schwankungen unterworfen, so dass in manchen Jahren sein Lied selten zu hören ist. So war er z.B. 2004 in den linearen Flurgehölzen nördlich von Elster mit 16 Brutpaaren anzutreffen, in den darauffolgenden nur mit 4-5. Es fehlen jedoch mehrjährige Untersuchungen, um zu erkennen, ob es sich um einen Trend handelt.

221. Mönchsgrasmücke - *Sylvia atricapilla*

Die über ganz Deutschland verbreitete und häufige Mönchsgrasmücke kommt auch in der Wittenberger Region verbreitet und häufig als regelmäßiger Brutvogel vor, da sie in Wäldern und Gehölzen jeglicher Art brütet, sofern ausreichend Sträucher vorhanden sind. In den Jahren nach 1995 wird sie auch zunehmend in den Gärten der Vorstädte von Wittenberg und den anderen Städten festgestellt, wo sie jetzt auch in den Parks und Friedhöfen vorkommt. Als Sommervogel weilt sie von Mitte April bis Ende August im Gebiet.

222. Gartengrasmücke - *Sylvia borin*

Die Gartengrasmücke besiedelt offeneres Gelände und ist nicht an Baumgehölze gebunden. Sie ist in der Wittenberger Region ein regelmäßiger und verbreiteter Brutvogel, der an den mit Weidensträuchern und Brennnesseln bestandenen Ufern von Elbe und Schwarzer Elster besonders häufig ist, in Nadelwäldern dagegen völlig fehlt und von Ende April bis Mitte September im Gebiet zu beobachten ist.

223. Sperbergrasmücke - *Sylvia nisoria*

Die Sperbergrasmücke, deren westliche Verbreitungsgrenze durch Deutschland verlief, hat ihr Brutareal weiter ausgedehnt, ist aber nirgends häufig und oftmals stark bestandsschwankend. In der Wittenberger Region ist sie ein regelmäßiger, aber stets nur vereinzelter Brutvogel (Ende April bis Anfang September) in offenen Landschaften mit lichten, aber strukturierten Gebüschen des Vorflämings (z.B.in der Teucheler Heide) mit einer deutlichen Bevorzugung dorniger Sträucher als Nistplatz. Auf den mit Dornensträuchern, Ginster und Jungwuchs bestandenen Offenflächen der ehemals militärisch genutzten Oranienbaumer Heide konnten 26 Brutreviere 2005 ermittelt werden (SCHULZE & PSCHORN 2006), während SCHULZE & MEYER (2004) in der Glücksburger Heide im adäquaten Lebensraum eine Abnahme auf 3 Revierpaare von ehemals „40-60 Paaren" feststellten. Auch in der Annaburger Heide konnte nur ein Revierpaar im nördlichen Teil des Gebietes ermittelt werden (SIMON, B. 2005). Infolge zunehmender Sukzession verlieren zahlreiche Lebensräume ihre Eignung und werden wieder aufgegeben. In der Elbe- und Elsteraue wurden nur ganz vereinzelt Brutvorkommen festgestellt. In vielen Fällen wird ein gemeinsames Vorkommen mit dem Neuntöter, der den gleichen Lebensraum beansprucht, registriert.

224. Klappergrasmücke - *Sylvia curruca*

Die Klappergrasmücke ist in Deutschland ein bis in den Alpen häufig vorkommender Brutvogel mit Bestandsfluktuationen. In der Region um Wittenberg ist sie ein regelmäßiger und verbreiteter Brutvogel der mit Gebüsch bestandenen Landschaft sowie in den Parks, Friedhöfen und Gärten der Städte und Dörfer. Sie kommt in allen Landschaftsteilen des Gebietes vor mit einer Bevorzugung der Nähe menschlicher Siedlungen. Ein leicht negativer Trend, der aus den aktuellen Beobachtungszahlen ersichtlich ist, korreliert möglicherweise mit dem langfristig negativen Trend in Deutschland (SÜDBECK et al. 2007). Als Langstreckenzieher, der im tropischen Afrika überwintert, weilt sie von Mitte April bis zum September in der Region.

225. Dorngrasmücke - *Sylvia communis*

Als Offenlandart ist die Dorngrasmücke in Deutschland zwar weit verbreitet, jedoch in unterschiedlichen Häufigkeiten, die auf Grund langfristiger und erheblicher Bestandsschwankungen nur schwierig zu beurteilen sind. In der Wittenberger Region ist die Dorngrasmücke immer noch ein regelmäßiger und verbreiteter Brutvogel der mit Einzelgebüschen bestandenen Offenlandschaft in der Elbe- und Elsteraue und des Vorflämings, dort jedoch nur vereinzelt. Auch in der Ackeraue ist sie überall anzutreffen, wo Gebüschstrukturen an den Wegrändern zu finden sind. In der Feldflur südlich von Rackith stieg der Brutbestand von 4 Revierpaaren im Jahr 2001 auf 12 Revierpaare im Jahr 2007. Die südlich der Sahara überwinternde Dorngrasmücke ist von Ende April bis im September im Gebiet zu beobachten.

226. Wintergoldhähnchen - *Regulus regulus*

Vom als Brutvogel in ganz Deutschland vorkommenden Wintergoldhähnchen überwiegen in der Wittenberger Region die Winterbeobachtungen, wo Trupps von bis zu 20 Vögeln oder Mischtrupps mit Meisenarten in den Nadelwäldern des Flämings und der Dübener Heide häufig beobachtet werden. Dies mag auf einen Zuzug aus nördlichen Gebieten deuten, zumal dann auch in den Parks der Ortschaften und Laubgehölzen der Elbeaue diese Art bemerkt wird. Nachweise aus der Brutzeit liegen nur begrenzt vor. Dies liegt sicherlich daran, dass die von Kiefern dominierten Nadelwälder der Region nicht das Optimalhabitat des Fichten bevorzugenden Wintergoldhähnches darstellen. Zum anderen entzieht sich die sich vorwiegend in hohen Baumkronen aufhaltende und nur unaufdringlich singende Vogelart manchem Beobachter. Als Brutvogel wurde das Wintergoldhähnchen in den Nadelwäldern des Flämings, besonders im Kropstädt-Friedenthaler Gebiet, und in der Dübener Heide sowie im Nadelwald nördlich der Schwarzen Elster nachgewiesen, wo es wohl wie auch in anderen Nadelwäldern häufiger als bemerkt vorkommen mag. MERZWEILER (1965) berichtet von einem Nest im Fichtenbestand an der Kuhlache bei Jessen. Eine grobe Erfassung im „Altkreis" Wittenberg im Zeitraum von 1999 bis 2002 ergab 54 revierhaltende Wintergoldhähnchen mit dem Schwerpunkt in den Flämingwäldern (SCHÖNFELD in: FG WB/REHN 2003).

227. Sommergoldhähnchen – *Regulus ignicapilla*

Noch schwieriger zu beurteilen ist das Vorkommen des Sommergoldhähnchens, das allgemein in Deutschland weniger häufig ist, als die vorige Art, obwohl es nicht so stark an die Fichte gebunden ist. Allerdings fand SCHUBERT (1985) im Fläming sämtliche Sommergoldhähnchen-Reviere in fichtendurchsetzten Beständen. Als Kurzstreckenzieher, der bereits in Südwesteuropa überwintert, ist es von Anfang April bis zum Oktober auch in der Wittenberger Region als regelmäßiger Brutvogel, aber auch als Durchzügler zu beobachten und kommt sowohl im Fläming (Jahmo – Friedenthal) als auch in der Dübener Heide (Thielenhaide) vor, wie es das Ergebnis der groben Erfassung im „Altkreis“ Wittenberg im Zeitraum von 1999 bis 2002 mit nur 18 revierhaltenden Sommergoldhähnchen andeutet (SCHÖNFELD in: FG WB/REHN 2003). Sicherlich ist es in diesen Gebieten auch Brutvogel, wenngleich definitive Brutnachweise selten sind. Neben einem Nestfund im Siedlungsbereich Mühlanger mehren sich die Nachweise singender Männchen in den besiedelten Bereichen, evtl. als Folge der zunehmenden Umwandlung der Nutzgärten in Erholungsgärten mit verstärktem Koniferenanbau. Beobachtungen zu den Zugzeiten deuten auf einen (oft unbemerkten) Durchzug dieser Art im Gebiet.

228. Seidenschwanz - *Bombycilla garrulus*

Der in den Nadelwäldern Nordeuropas und –asiens brütende Seidenschwanz kommt als unregelmäßiger Wintergast im Zuge sogenannter „Invasionen“ in manchen Wintern nach Mitteleuropa, wo er dann auch in der Wittenberger Region von Oktober bis März, selten bis Anfang April als unregelmäßiger Gastvogel auftritt. Er fliegt meist scharenweise ein und sucht die beerentragenden Gehölze, auch in der Innenstadt Wittenbergs (z.B. am Schwanenteich, an der Mauerstraße, im Stadtpark, auf dem Friedhof u.a.), aber auch der anderen Städte und Dörfer zur Nahrungssuche auf. Auch die misteltragenden Laubbäume in der Aue der Elbe und Schwarzen Elster werden häufig aufgesucht. Jahren mit Seidenschwanz-Einflug folgen oftmals mehrere Jahre ohne. Ein besonders starker Seidenschwanz-Einflug erfolgte im Winter 2004/05, in dem im November 275 und im Dezember 988 Seidenschwänze insgesamt an mehreren Örtlichkeiten gesehen werden konnten (FG WB/SCHÖNFELD 2005).

229. Kleiber - *Sitta europaea*

Der in ganz Deutschland verbreitete Kleiber ist in der Region Wittenberg ein regelmäßiger Brutvogel (Jahresvogel) der Laub- und Mischwälder aller Landschaftsteile, in denen er Bruthöhlen findet. Bei vorhandenem Höhlenangebot kommt er auch in den Nadelwäldern des Flämings und des Flämig-Hügellandes vor, sowie in den Parkanlagen.und Friedhöfen Wittenbergs und anderer Ortschaften, sogar im kleinen Park am Arbeitsamt Wittenberg. Im Spätsommer und Herbst sind Kleiber mitunter umherstreifend auch in den Gärten der Ortsrandlagen anzutreffen, wie sie auch im Winter Vogelfütterungen in den Ortschaften aufsuchen.

230. Waldbaumläufer - *Certhia familiaris*

Der in den Wäldern Mitteleuropas weit verbreitete Waldbaumläufer ist auch in der Region Wittenberg ein regelmäßiger Brutvogel der Waldungen aller Landschaftsteile, sofern sie einen höheren Anteil glattrindiger Baumarten aufweisen. Obwohl auf Grund morphologischer Zehen- und Schnabelunterschiede eine gewisse ökologische Differenzierung zum Gartenbaumläufer besteht, kommen beide Arten teilweise auch gemeinsam in den Waldungen des Flämings, der Auenwälder und der Waldgebiete der Dübener Heide und der ehemals militärisch genutzten Heiden vor. SCHÖNFELD (2007) setzt auf der Grundlage von Untersuchungen auf einer 462 km² großen Fläche für das Gebiet des „Altkreises" (610 km²) einen Bestand von 1600 – 1800 Brutpaaren bei einer Siedlungsdichte von 2,6 – 3,0 BP/km² an. In Kiefernwäldern des Vorflämings und der Dübener Heide betrug demnach die Siedlungsdichte 1,0 BP, in Laubwäldern 1,8 BP, auf den Kieferndünen der Elbeaue 0,8 BP, in den Auenwäldern 0,9 BP je 10 ha. Waldbaumläufer wurden bei diesen Untersuchungen auch in Erlen-Bruchwäldern, in Feldgehölzen (bis 10 ha), in den Ufergehölzen der Fließgewässer sowie vereinzelt in den Parks von Wittenberg, Kropstädt und Reinharz nachgewiesen. Der Waldbaumläufer ist ein Standvogel, der nur Wanderungen über kürzere Entfernungen durchführt.

231. Gartenbaumläufer - *Certhia brachydactyla*

Der Gartenbaumläufer, dessen Unterscheidung von der „Zwillingsart" Waldbaumläufer feldornithologisch (außer durch die Stimme) problembehaftet sein kann, ist in den Laub- und Mischwäldern Mitteleuropas ebenfalls weit verbreitet und in der Region Wittenberg ein regelmäßiger Brutvogel der Waldungen und Gehölze aller Landschaftsteile. Nach den Untersuchungen von SCHÖNFELD (2007) kommen im „Altkreis" 2200 – 2500 Brutpaare bei einer Siedlungsdichte von 3,6 – 4,1 BP/km² vor. Damit errechnet sich ein Verhältnis von Gartenbaumläufern zu Waldbaumläufern von 1,44:1,00. Die höchsten Siedlungsdichten wurden für die Laubwälder des Vorflämings und der Dübener Heide mit 4,2 BP/10 ha ermittelt, für die Nadelwälder dagegen 2,0, für die Kieferndünen der Elbeaue 2,4 und für die Auenwälder 2,9 BP/10 ha. Auch in den Erlen-Bruchwäldern, in Feldgehölzen, in den Ufergehölzen der Fließgewässer, den Waldbeständen der ehemals militärisch genutzten „Heiden" sowie in den Parks und Friedhöfen kommen Gartenbaumläufer vor. SCHÖNFELD (2008a) ermittelte das „syntope" Vorkommen beider Baumläuferarten im Wittenberger Gebiet. Der Gartenbaumläufer überwintert als Standvogel im Brutgebiet.

232. Zaunkönig - *Troglodytes troglodytes*

Als in Europa (außer N-Europa) weitverbreitete Art kommt der Zaunkönig in unterholzreichen Waldungen aller Art mit bodennaher Deckung vor und bevorzugt dabei Ufergehölze an Fließgewässern. In der Region Wittenberg ist er ein regelmäßiger und verbreiteter Brutvogel der gebüsch- und krautreichen Laubwälder und -gehölze (auch an Bachufern), der als Standvogel auch im Winter im Brutgebiet verbleibt. Die im Winterhalbjahr auch in den Gärten der Ortschaften erscheinenden Zaunkönige scheinen Wintergäste aus nördlichen Bereichen zu sein.

233. Star - *Sturnus vulgaris*

Der Star gehört zu den individuenreichsten Vogelarten der Erde, der bis zum nördlichen Mittelmeergebiet über Europa weitverbreitet vorkommt, der jedoch seit den 1970er Jahren in Teilen seines Verbreitungsgebietes eine rückläufige Entwicklung aufweist. In der Region um Wittenberg ist er aber noch ein verbreiteter und häufiger Brutvogel, der in einer Vielzahl von Landschaftsstrukturen vorkommt, sofern höhlenartige Strukturen (auch Nistkästen in menschlichen Siedlungen) Nistmöglichkeiten und kurzrasiges Grünland Nahrungsflächen bieten. Im Frühjahr und ab Frühsommer halten sich große nahrungssuchende Schwärme auf den Elbwiesen und später auf abgeernteten Ackerflächen der Aue auf. Ein im Juni 1978 gefundener und bei Antwerpen in Belgien beringter Star zeigt, dass diese „Sommerstare" teilweise bereits von weiter her kommen. Diese Schwärme übernachten in Weidengebüschen an der Elbe, z.B. bei Apollensdorf. Auch die Schilfbestände an den Gewässern der Aue und der Heide werden als Schlafplätze genutzt, jedoch gibt es keine langjährig genutzten Massenschlafplätze, wie es SCHWARZE & KOLBE (2006) für westlich angrenzende Auengebiete (z.B. Krägen-Riß) angeben. Stare sind Kurz- und Mittelstreckenzieher, die von März bis Ende September/Oktober im hiesigen Gebiet weilen. Die zunehmend günstigeren klimatischen Bedingungen bewirken wohl immer kürzere Zugwege und eine frühere Rückkehr in die Brutgebiete, oftmals schon im Februar. Verschiedentlich kommt es auch zu Überwinterungen.

234. Wasseramsel – *Cinclus cinclus*

Als Bewohner rasch fließender Gewässer in den Mittel- und Hochgebirgen bis zur Baumgrenze ist die Wasseramsel als Brutvogel in Sachsen-Anhalt auf den Harz beschränkt, im Tiefland dagegen, wie in fast ganz Deutschland ziemlich selten. Im Wittenberger Gebiet gelangen nur ganz vereinzelte Beobachtungen an der Elbe oder am

30.03.2002 am Freibach bei Kemberg von vermutlich umherstreifenden oder durchziehenden Vögeln, so dass sie als ein seltener Gastvogel anzusehen ist.

235. Misteldrossel - *Turdus viscivorus*

Als Brutvogel geschlossener Nadel- und Mischwälder ist die Misteldrossel in Deutschland bis in die Hochlagen weit verbreitet. In der Wittenberger Region ist sie ein regelmäßiger, aber vereinzelter Brutvogel, der von Anfang März bis im Oktober im Gebiet weilt. Sie kommt in den geschlossenen Kiefernwaldungen des Hoch- und Vorflämings (ZUPPKE 1977a), des Fläming-Hügellandes, der Dübener Heide sowie der ehemaligen Truppenübungsplätze vor. Auch in den Auenwäldern brütet sie vereinzelt. Durchzügler können zu den Zugzeiten auf Grünlandflächen in Waldnähe beobachtet werden, besonders aber auch auf den reichlich misteltragenden Baumgruppen der Elbeaue.

236. Ringdrossel – *Turdus torquatus*

Als Bewohner schattiger Bergwälder bis zur Baumgrenze kommt die Ringdrossel in Mitteleuropa außer in den Alpen nur in kleineren isolierten Beständen in den Mittelgebirgen vor (Harz, Riesengebirge). Der kleine Bestand von 10-20 Brutpaaren in Sachsen-Anhalt ((DORNBUSCH, G. et al. 2007) konzentriert sich auf die höchsten Lagen des Brockens. Vereinzelte Beobachtungen in der Wittenberger Elbeaue betreffen vermutlich Durchzügler der skandinavischen Population: 23.04.1963 – 1 in einer ehemaligen Sandgrube bei Wittenberg, 12.04.1964 – 10 (BÖHME 1974b) und 18.04.1964 – 1 am Durchstich bei Pratau; 03.05.1976 und 26.09.1981 je 1 im Wiesengebiet bei Bösewig.

237. Amsel - *Turdus merula*

Die ursprünglich waldbewohnende Amsel ist als „Kulturfolger" heute eine der häufigsten Vogelarten in Mitteleuropa (in Deutschland sogar die dritthäufigste Brutvogelart [SUDFELDT et al. 2008]), die die unterschiedlichsten Lebensräume bis in die unmittelbare Umgebung der Menschen besiedelt. In der Region Wittenberg ist sie ein regelmäßiger und verbreiteter Brutvogel jeglicher Waldungen und Gehölze sowie der Gärten, Parks und Friedhöfe der Ortschaften. Durch eine äußerst variable Brutplatzwahl findet sie überall reichlich Brutraum. Sogar am Kirchplatz in der dicht bebauten Innenstadt Wittenbergs ist in der Brutzeit eine singende Amsel zu hören. Ihr breites Nahrungsspektrum ermöglicht auch ein Überwintern als Standvogel, unterstützt durch Fütterungen in den Siedlungen. Im Winterhalbjahr erfolgt wohl auch Zuzug, wie auch im Frühjahr und Herbst der einheimische Bestand durch Durchzügler verstärkt wird.

238. Wacholderdrossel - *Turdus pilaris*

Durch Ausweitung ihres Brutareals nach Westen ist die Wacholderdrossel gegenwärtig in Mitteleuropa weit verbreitet. In der Region Wittenberg ist sie ein regelmäßiger, aber äußerst unsteter Brutvogel in kleinen, meist nur temporären Kolonien auf Baumgruppen oder kleineren Gehölzen, besonders der Elbeaue. Zum Zeitpunkt des Einwanderns in das Wittenberger Gebiet konnte GNIELKA (1992) in seiner Recherche nur 1 Nest ermitteln, dass 1885 aus Berkau im Fläming in das Naturkundemuseum Berlin gelangte. 1975 wurden durch das Bemühen HINSCHEs (1980a) 54 Nester in der Wittenberger Elbeaue gefunden. Seitdem wird sie alljährlich an verschiedenen Örtlichkeiten der Elbeaue und des Vorflämings brütend gefunden, jedoch nur in wenigen Fällen mehrjährig an der gleichen Stelle. Abnehmende Beobachtungszahlen und Brutnachweise deuten einen abnehmenden Trend an, können aber auch Ausdruck einer länger andauernden Bestandsschwankung sein. Im Frühjahr (Februar/März) und Herbst (Ende September/November), mitunter auch im Winter tritt sie in Schwärmen unterschiedlicher Größe (max. ca. 1000) auf den Wiesen und Feldern der Elbeaue auf, von denen einzelne Vögel auch bis in die Gärten der Ortschaften, auch der Vorstadtbereiche von Wittenberg und anderer Ortschaften vordringen. Dabei handelt es sich vermutlich um Durchzügler aus nördlichen und östlichen Brutgebieten.

239. Singdrossel – *Turdus philomelos*

Die in Mitteleuropa wohl nur in baumfreien Zonen fehlende Singdrossel ist in der Wittenberger Region ein regelmäßiger und verbreiteter Brutvogel der unterholzreichen Wälder aller Landschaftsteile, sowie der Parks und Friedhöfe, wobei in den letzten Jahren ein leicht negativer Trend der Beobachtungszahlen bemerkbar wurde. Zur Zugzeit im März und September/Oktober sind nahrunssuchende Schwärme durchziehender Singdrosseln auf den Wiesen und Feldern, mit dem Schwerpunkt in der Elbeaue, zu sehen.

240. Rotdrossel - *Turdus iliacus*

Die in Island, Skandinavien, Finnland und Nord-Russland heimische Rotdrossel überwintert in West- und Südeuropa. Auf den Zugwegen rasten oftmals größere Trupps auch in der Wittenberger Region, so dass hier der regelmäßige Aufenthalt, besonders im Frühjahr (März/April) in gebüschbestandenen Teilen der Elbeaue (auch mit Wacholder- und Singdrosseln gemeinsam) oder an unterholzbestandenen Waldrändern des Vorflämings festgestellt wird. Wesentlich seltener wird sie auf dem Herbstzug festgestellt.

241. Grauschnäpper - *Muscicapa striata*

Der in Europa weit verbreitete Grauschnäpper ist in der Wittenberger Region ein regelmäßiger, aber vereinzelter Brutvogel, der als Langstreckenzieher erst Anfang Mai erscheint und bis Ende August im Gebiet bleibt. Er kommt in lichten Wäldern, an Waldrändern und im Bereich menschlicher Siedlungen im Auen- und Vorflämingsgebiet, auch in den Vorstadtbereichen von Wittenberg vor (1966 sogar auf dem Fensterladen der jetzigen Kreisverwaltung in der Breitscheidstraße).

242. Zwergschnäpper – *Ficedula parva*

Der Zwergschnäpper, dessen westliche Verbreitungsgrenze durch Deutschland verläuft, so dass er in südwestlichen Teilen fehlt, ist eine sehr heimliche und daher schwer zu beobachtende Vogelart, die als Langstreckenzieher nur von Mai bis August im Gebiet weilt. Er weist eine starke Bindung an altholzreiche Rotbuchenwälder auf. Daher wurde er 1979 in den Buchenwaldungen bei Jahmo – Friedenthal im Fläming entdeckt, wo er bis zur starken Holzentnahme 1985 alljährlich festgestellt wurde. Die Feststellung von 1986 im Ottmannsdorfer Wald konnte nicht wiederholt werden, so dass es sich dort um Durchzügler gehandelt haben könnte. Erst 2005 erfolgte im Kiehnbergwald bei Zahna eine weitere Feststellung im Fläming. 1982 wurde diese Art in den Rotbuchenwäldern der Dübener Heide festgestellt (HAMPE 1982). Hier wurde er dann jeweils einzeln 1997 in der Umgebung von Eisenhammer, 1998 und 1999 südlich von Reinharz, 2006 mindestens 2 singende ♂♂ in der Umgebung von Söllichau und 2007 einer in der Zentralheide beobachtet. Erst eine gezielte Kontrolle all dieser potentiellen Brutplätze würde Aufschluss über die tatsächliche Verbreitung und den Status dieser seltenen Vogelart in der Region bringen.

243. Trauerschnäpper - *Ficedula hypoleuca*

Im südlichen Deutschland nur lückenhaft, sonst aber weit verbreitet, ist der Trauerschnäpper in der Region Wittenberg ein regelmäßiger und verbreiteter Brutvogel in Waldungen mit Höhlenangebot, der bei Förderung durch Nistkästen auch in den höhlenarmen Kiefernwäldern des Flämings vorkommt, wie es im Stadtwald Wittenberg und in den Wäldern um Schmilkendorf, Dietrichsdorf, Zörnigall und Zahna erfolgte. Auch in den kieferndominierten Wäldern nördlich Gorsdorf-Hemsendorf oder am Gollmer Berg bei Pretzsch waren in den 1980er Jahren mehrere Brutpaare anwesend. Vereinzelt wurde er auch in den Gärten, sogar in den Vororten von Wittenberg, festgestellt. Eine seit etwa 1995 sinkende Beobachtungszahl könnte eine der typischen Bestandsschwankungen dieser Art widerspiegeln. Zu Beringungszwecken Ende August/Mitte September in Gebüschstrukturen bei Dabrun in der Elbeaue gefangene Trauerschnäpper zeigen den Wegzug des Trauerschnäppers aus dem Gebiet an, in das er erst Ende April/Anfang Mai zurückkehrt.

244. Halsbandschnäpper – *Ficedula albicollis*

Der in Deutschland nur im südlichen Teil (Bayern, Baden-Württemberg) vorkommende Halsbandschnäpper hat sein Verbreitungsgebiet in Südost- und Osteuropa. In der Wittenberger Region deutet ein bisheriger einzelner Fängling in Gebüschstrukturen der Ackeraue bei Dabrun das gelegentliche Durchstreifen dieser Art im Gebiet an.

245. Braunkehlchen - *Saxicola rubetra*

Als ein Charaktervogel des Feuchtgrünlandes kommt das Braunkehlchen zwar in ganz Deutschland vor, hat aber nach 1970 gravierende Bestandsabnahmen hinnehmen müssen. In der Wittenberger Region ist es aber immer noch ein regelmäßiger Brutvogel vieler Grünländereien, besonders aber des Überflutungsgrünlandes der Elbeaue, wo es in Bereichen mit bodennaher Deckung und höheren Einzelstrukturen anzutreffen ist. Auch an der Schwarzen Elster und auf Grünländern der Bachtäler im Fläming sowie der Hochstaudenfluren an Graben- oder Wegrändern der Ackeraue kommt es vor. Auf einer 33 ha großen mehrjährigen Ackerbrache im Vorfläming bei Abtsdorf konnten 1999 mindestens 17 revieranzeigende oder singende Männchen gezählt werden. Der Bestand unterliegt jedoch großräumig, so auch im Kreis Wittenberg beträchtlichen Schwankungen. Daher kann nicht eingeschätzt werden, ob der Rückgang von 16 auf 5 Brutpaaren auf einer Kontrollfläche in der Feldflur südlich von Rackith von 2001 bis 2007 ein Ausdruck permanenten Bestandsrückgangs oder nur eine temporäre Schwankung ist. In der Oranienbaumer Heide wurden 20 Paare im Jahr 2005 festgestellt (SCHULZE & PSCHORN 2006). Das Braunkehlchen erscheint Ende April im Gebiet. Zur Wegzugzeit Anfang September sind mitunter kleine Gruppen von bis zu 5 Braunkehlchen auf den Wiesen beieinander zu sehen, bei denen es sich sicherlich um Durchzügler handelt.

246. Schwarzkehlchen – *Saxicola rubicola*

Das Schwarzkehlchen, dessen frühere östliche Verbreitungsgrenze durch Deutschland verlief, hat nach 1990 sein Vorkommensgebiet beträchtlich nach Osten erweitert. Im Wittenberger Gebiet wird es erst seit 1997 festgestellt: Zunächst auf den sonnig-trockenen Offenflächen der Annaburger Heide und der Schlammspülhalde im ehemaligen WASAG-Gebiet bei Apollensdorf-Nord sowie der Oranienbaumer Heide, dann auch auf weiteren offenen Flächen mit einzelnen höheren Kraut- oder Gebüschstrukturen als Sitzwarten, so auf Freiflächen der Teucheler Heide, an der Nordendstraße, der Belziger Chaussee, bei Apollensdorf und weiteren Örtlichkeiten. 8 Brutpaare in der Glücksburger Heide (SCHULZE & MEYER 2004), 25 Brutpaare in der Oranienbaumer Heide (SCHULZE & PSCHORN 2006) und 30 Brutpaare in der Annaburger Heide (SIMON, B. 2005) zeigen die progressive Bestandsentwicklung dieser Art in geeigneten Habitaten an, wo sie vor 10 Jahren noch nicht oder nur vereinzelt vorkam. Damit ist das Schwarzkehlchen nunmehr ein regelmäßiger Brutvogel. Als Kurzstreckenzieher ist das Schwarzkehlchen von Anfang März bis Mitte September in der Region zu beobachten.

247. Rotkehlchen - *Erithacus rubecula*

Das nur im äußersten Norden Europas fehlende Rotkehlchen ist in Deutschland ein regelmäßiger und verbreiteter Brutvogel. In der Wittenberger Region ist es in feuchten, unterholzreichen Waldungen aller Art und Parks als Brutvogel nicht selten. Es kommt in allen Landschaftsteilen als Standvogel vor. In den Wintermonaten erfolgt wohl Zuzug aus nördlichen Gebieten, dann ist diese Art auch in den Gärten der Vorstadtbereiche anzutreffen. Der Wiederfund eines Anfang Mai bei Dabrun beringten Rotkehlchens nach 20 Tagen in Finnland zeigt an, dass nördliche Heimkehrer noch relativ spät hier durchziehen.

248. Sprosser – *Luscinia luscinia*

Der überwiegend osteuropäisch verbreitete Sprosser kommt in Deutschland nur im Nordosten vor (Mecklenburg, Schleswig-Holstein, Brandenburg), jedoch wird seit den 1960er Jahren eine langsame Ausdehnung des Brutareals nach SW beobachtet. Nachdem in der Region Wittenberg der Sprosser zunächst nur 1978 am Durchstich (SCHÖNFELD et al. 1985) und 1990 am Wachsdorfer Kanal sowie im Weidengebüsch bei Schützberg wohl auf dem Durchzug nachgewiesen werden konnte, wurde er 1996 und 1998 auch während der Brutzeit im Wittenberger Luch festgestellt (SCHÖNFELD et al. 1996). Weitere danach erfolgte Feststellungen singender Männchen zur Brutzeit wurden als Ansiedlungsversuche gedeutet (z.B. SCHÖNFELD 2002b und 2004a).

249. Nachtigall - *Luscinia megarhynchos*

Als Brutvogel mit erheblichen Bestandsschwankungen kommt die Nachtigall in West-, Mittel- und Südeuropa verbreitet vor, wobei ihre Verbreitungsgrenze durch Nordostdeutschland verläuft, wo sich eine Zone gemischten Vorkommens mit dem Sprosser befindet. In der Region um Wittenberg ist sie ein regelmäßiger Brutvogel unterholzreicher, nicht zu trockener Laub- und Mischwälder. Der Verbreitungsschwerpunkt liegt in den Auenwäldern, Weiden- und Erlengehölzen der Elbe- und Elsteraue einschließlich der Feldgehölze der Ackeraue (SCHÖNFELD 2004b). Waldungen des Vorflämings (WASAG-Gebiet, Volkspark, Stadtwald, Tonmark, Rischebachtal u.a.), des Fläming-Hügellandes sowie der Parks und Friedhöfe der Städte Wittenberg und Jessen und anderer Orte wie auch Gebüsche im Übergangsbereich zur Elbeaue in Piesteritz, Apollensdorf und am Elbtor werden bei entsprechendem Anteil an Laubhölzern ebenso besiedelt. Dagegen fehlt sie in den trockenen Flämingswäldern ebenso wie in den geschlossenen Waldungen der Dübener Heide. Im Jahr 1900 wurden vom WITTENBERGER VEREIN FÜR HEBUNG DER GEFLÜGELZUCHT, VOGELSCHUTZ UND VOGELKUNDE in der Umgebung der Stadt Wittenberg „100 Pärchen" gezählt (Wittenberger Zeitung v. 17.August 1900 in: Mitteldeutsche Zeitung v. 17.8.2000). Die bis Ostafrika ziehende Nachtigall erscheint ab 20.April. im hiesigen Gebiet (SCHÖNFELD 2005) und verlässt es Anfang September wieder.

250. Blaukehlchen – *Luscinia svecica*

Das Blaukehlchen kommt in der Unterart *Luscinia svecica cyanecula* (= "Weißsterniges Blaukehlchen") sehr zerstreut auch in Deutschland vor, wo es Sumpfbereiche mit Altschilf und dichtem Gebüsch besiedelt. Aus dem Wittenberger Bereich gibt es Einzelnachweise von 1955, 1962 und 1976 im Durchstichgebiet bei Pratau und von 1961 (MERZWEILER 1965) und1985 an der unteren Schwarzen Elster bei Gorsdorf, die stets im Frühjahr erfolgten (24.03. bis 23.04.), so dass es sich wohl stets um durchziehende Gastvögel gehandelt hat. Für das letztere Gebiet wird von MERZWEILER (1965) die Vermutung auf gelegentliches Brüten geäußert. 2001 wurde während der Brutzeit ein singendes Männchen am Crassensee gehört, 2005 am Gröberner See sogar ein warnendes Paar als Hinweis auf ein mögliches Brüten bemerkt.

251. Hausrotschwanz - *Phoenicurus ochruros*

Der in ganz Deutschland verbreitete Hausrotschwanz ist ein regelmäßiger und verbreiteter Brutvogel in der Wittenberger Region, wo er in höhlenartigen Mauernischen der menschlichen Siedlungen, selbst in den vegetationslosen Innenstädten von Wittenberg, Jessen, Annaburg, Zahna und Kemberg brütet und in den Randbereichen der Städte sowie wohl allen Ortschaften, einschließlich der zahlreichen Industrieanlagen vorkommt. Als Kurz- oder Mittelstreckenzieher erscheint er Ende März/Anfang April im

Gebiet, wo er bis in den Oktober bleibt und sein Herbstgesang bis Mitte des Monats noch zu hören ist. Vereinzelte Dezembernachweise könnten einen beginnenden verzögerten Abzug andeuten. Zur regulären Wegzugzeit im September/Oktober sind Hausrotschwänze auch abseits der menschlichen Siedlungen in den Gehölzen der Feldfluren anzutreffen.

252. Gartenrotschwanz - *Phoenicurus phoenicurus*

Der in fast ganz Europa vorkommende Gartenrotschwanz ist in Deutschland jedoch nur lückig verbreitet. Als Folge eines kontinuierlichen Bestandsrückganges seit Mitte der 1950er Jahre ist er gegenwärtig auch in der Region Wittenberg nur noch ein sehr vereinzelter Brutvogel lichter Wälder mit Höhlenangebot sowie in Parks und Gärten der Städte und Dörfer. Seit 2000 mehren sich wieder die Nachweise als mögliches Zeichen einer Bestandserholung. Als Langstreckenzieher besetzt der Gartenrotschwanz erst Ende April seine Brutreviere und bleibt bis Ende September. Singende Männchen täuschen im Mai öfters Brutvögel vor, obwohl sie als späte Durchzügler bald darauf abgezogen sind.

253. Steinschmätzer - *Oenanthe oenanthe*

Obwohl das Brutgebiet des Steinschmätzers über ganz Europa reicht, ist er in der Kulturlandschaft Mitteleuropas infolge einer Bestandsabnahme ziemlich selten geworden und gehört gegenwärtig zu den sehr stark gefährdeten Brutvogelarten (SÜDBECK et al. 2007). Mit nur kurzer Vegetation bewachsenes Gelände mit offenen Flächen und Stein- oder Mauerhöhlungen ist auch in der Region Wittenberg sehr rückgängig, so dass der Steinschmätzer kaum noch Bruthabitate findet und daher gegenwärtig als Brutvogel sehr selten geworden ist. Während er bis Mitte der 1980er Jahren in der Umgebung von Wittenberg bei Teuchel, im WASAG-Gebiet sowie auf Industriegelände (z.B. Gummiwerk, Stickstoffwerk, Bahnbetriebswerk) verbreitet war, sind hier gegenwärtig nur zur Zugzeit im April gelegentlich Steinschmätzer zu sehen. Allenfalls in dem ehemals militärisch genutzten und mit karger Vegetation bewachsenen Gelände an der Nordendstraße ist er in Wittenbergs Umgebung noch zu finden. Ansonsten fanden sich Brutplätze in den Kiesgruben Woltersdorfer Heide, Nordendstraße, Abtsdorf, Köplitz, der Steinschredderanlage Luthersbrunnen, dem Ruderalgelände am Steinzeugwerk Bad Schmiedeberg,, am Ahrensberg Griebo, der Teucheler Heide, auf den Schießplätzen der Annaburger Heide, im damaligen Kasernengelände in Pretzsch (WODNER 1969), an den Uferhängen des Gremminer Sees, an großen Lesesteinhaufen in den Feldfluren des Flämings, sowie auf Bauflächen und Gewerbegebiete, die oft nur temporär waren. 60-

120 Brutpaare, die GNIELKA (1998) für die westliche Dübener Heide ermittelte, sind gegenwärtig auch dort nicht mehr zu finden. Während der Zugzeit im Frühjahr (bis Anfang Mai) ebenso wie im Herbst (September bis Anfang Oktober) werden auf den Elbwiesen, an Feldrändern, Stall- und Siloanlagen gelegentlich Durchzügler bemerkt.

254. Heckenbraunelle - *Prunella modularis*

Die in ganz Deutschland verbreitete Heckenbraunelle ist ein Brutvogel der unterholzreichen Laubgehölze. In der Wittenberger Region ist sie als regelmäßiger Brutvogel auch außerhalb von Waldungen besonders an den weiden- und brennnesselbestandenen Ufern der Elbe anzutreffen, aber auch in den Parks, Friedhöfen und Gärten. Als Kurzstreckenzieher ist sie von Anfang März bis zum September im Gebiet. Vereinzelt in den Wintermonaten festgestellte Heckenbraunellen können sowohl im Brutgebiet verbliebene als auch Zuzügler aus nördlichen Regionen sein.

255. Haussperling - *Passer domesticus*

Der Haussperling ist einer der am weitesten verbreiteten Landvögel der Welt. In Deutschland ist er vom Tiefland bis in den Höhenlagen im Bereich menschlicher Siedlungen überall anzutreffen und gegenwärtig die zweithäufigste Brutvogelart (SUDFELDT et al. 2008), wenngleich seit den 1970er Jahren über eine Bestandsabnahme berichtet wird (ENGLER & BAUER 2002). In der Region Wittenberg ist er als regelmäßiger Brutvogel jedoch noch weit verbreitet und kommt in allen Städten und Dörfern, sogar an vielen Einzelgehöften (z.B. Forsthaus Heinrichswalde) vor. Als Jahresvogel erfolgen von Herbst bis Frühjahr Schwarmbildungen in den Städten und Dörfern an Stellen mit dichten Hecken. Der Versuch einer Erfassung der Wintertrupps (je 10 – 50 Vögel) 2002 an 77 Stellen im Stadtgebiet Wittenberg erbrachte 1433 Haussperlinge, in einigen Fällen auch mit Feldsperlingen vergesellschaftet, ohne dass damit eine Vollständigkeit erzielt wurde. 2003 wurden im Herbst/Winter an 20 Stellen im Kreisgebiet 728 Haussperlinge in Trupps von 20 – 60 erfasst. An Efeubewachsenen Hauswänden finden sich ab Spätsommer Schlaftrupps von bis zu 175 Vögeln ein (z.B. in Söllichau, Plossig oder der Wittenberger Schlossvorstadt).

256. Feldsperling - *Passer montanus*

Der in Europa und Deutschland weit verbreitete Feldsperling ist auch im Wittenberger Gebiet ein verbreiteter Brutvogel, der im offenen, baumbestandenen Gelände aller Landschaftsteile, außer in dichten, geschlossenen Waldungen vorkommt. Auch die

Gärten der Vorstadtbereiche und Dörfer werden besiedelt, sofern Höhlen (Baumhöhlen oder Nistkästen) vorhanden sind. Bei der Reife des Getreides und nach dessen Ernte finden sich größere Schwärme von bis zu 250 Vögeln an den Feldern, deren Ränder mit Sträuchern zur Deckungssuche bei Gefahr bestanden sind. Auch im Winter sind derartige Feldsperlingsschwärme, besonders in der Elbeaue anzutreffen. 2002 wurden z.B. an 15 Stellen 1520 Feldsperlinge erfasst, 2003 an 24 Stellen 2314 Feldsperlinge, ohne im Geringsten eine Vollständigkeit erreicht zu haben. Als Standvogel ist er ganzjährig im Gebiet, im Winter gefördert durch Vogelfütterungen in den Siedlungsbereichen.

257. Spornpieper – *Anthus richardi*

Der im mittleren Sibirien zwischen Irtysch und Jennisei brütende Spornpieper ist als Durchzügler an den deutschen Küsten ziemlich regelmäßig, im Binnenland jedoch nur ausnahmsweise anzutreffen. Die Beobachtung von 2 Spornpiepern am 25.03.2005 am Ufer des Fliethkanals südlich von Heinrichswalde wurde daher der Seltenheitskommission (SK) zur Beurteilung gemeldet. Im gleichen Jahr erfolgte in einem westlich benachbarten Gebiet, dem Oberluch Roßlau, eine weitere Frühjahrsbeobachtung (SCHWARZE & KOLBE 2006), die ebenfalls der Bestätigung durch die SK bedarf.

258. Brachpieper - *Anthus campestris*

Der Steppen- und Halbwüstenbewohner Brachpieper ist auf offene, kaum bewachsene Flächen auf trockenen, warmen Böden angewiesen, die es in Deutschland nur sehr begrenzt und oft nur kurzzeitig gibt, so dass er eine sehr lückenhafte Verbreitung aufweist und gegenwärtig als „vom Aussterben bedroht" angesehen wird (SÜDBECK et al. 2007). In der Wittenberger Region ist er entsprechend seiner Biotopansprüche nur in störungsarmen Kiesabbaugebieten, den Braunkohlentagebauen und den ehemaligen Truppenübungsplätzen zu finden. Infolge der natürlichen Sukzession verlieren diese Brutplätze aber ihre Biotopeignung, so dass der Brachpieper ein äußerst seltener Brutvogel geworden ist. 2003 wurden in der Glücksburger Heide von ehemals 12 – 15 Brutpaaren nur noch 2 gefunden (SCHULZE & MEYER 2004). Auch auf den Schießplätzen der Annaburger Heide konnten in optimalen Biotopen nur 3 – 5 Brutpaare ermittelt werden (SIMON, B. 2005), in der Oranienbaumer Heide konnte von den ursprünglichen 15 – 19 Brutpaaren (1990-1995) 2005 gar keins mehr nachgewiesen werden (SCHULZE & PSCHORN 2006). Ansonsten wurden nur einzelne Brachpieper 1998 auf der Hochhalde Zschornewitz, 2000 im Gelände der Kiesgrube Prettin, 2001 auf der vegetationsarmen Erdgastrasse bei Köpnick, 1999, 2004, 2005, 2006 am Gremminer

See und 2005 am Gröberner See festgestellt. Die von GNIELKA (1998) in der Dübener Heide ermittelten 40-60 BP sind nicht (mehr?) auffindbar. Als Langstreckenzieher weilt der Brachpieper von Ende April bis Anfang September im Gebiet.

259. Baumpieper - *Anthus trivialis*

Der Baumpieper kommt in Deutschland von der Tiefebene bis zur Baumgrenze in lichten Wäldern, insbesondere auf Waldblößen vor. In der Region Wittenberg ist er ein regelmäßiger Brutvogel, der sich von Anfang April bis zum September hier aufhält. Während er in den Auen von Elbe und Schwarzer Elster nur vereinzelt vorkommt, ist er im Fläming, der Dübener Heide und den ehemaligen Truppenübungsplätzen recht häufig, da er hohe Bäume als Singwarten im sonst offenen Gelände benötigt. Auf einer 1 km^2 großen Kontrollfläche wurden 2007 im Südteil der Glücksburger Heide 6 singende Baumpieper gezählt. Mitte April (2006 = 07.04.) trifft er aus dem afrikanischen Winterquartier im Gebiet ein, das er im September wieder verläßt.

260. Wiesenpieper - *Anthus pratensis*

Der Wiesenpieper bewohnt nasse, moorige Wiesen in ganz Deutschland. In der Region Wittenberg ist er ein vereinzelter Brutvogel (März bis Oktober) auf Feuchtwiesen, die in der Elbe- und Elsteraue, aber auch im Vorfläming (Wolfswinkel) sowie dem Fliethbachtal und den Runtzwitzer Wiesen in der Dübener Heide nur sehr kleinflächig vorhanden sind. Auch auf den Annaburger Bruchwiesen und in der Annaburger Heide (besonders im Zentralteil) findet er Brutmöglichkeiten. Auf dem wechselfeuchten Überflutungsgrünland der beiden Flussauen fehlt er auf weiten Strecken. Auf den Zemnicker Wiesen, wo er in den 1970er Jahren noch ein regelmäßiger Brutvogel war, ist er (wohl in der Folge von großflächigen Meliorationsmaßnahmen) fast verschwunden. Er ist aber ein regelmäßiger Durchzügler in der Elbe- und Elsteraue sowie auf den Feldern des Vorflämings und der Dübener Heide, wo er zu den Zugzeiten im März bis April und September bis November bisher mitunter zahlreich rastet. In milden Wintern halten sich auch Wiesenpieper in den Wintermonaten im Gebiet auf. Sinkende Beobachtungszahlen könnten auf einen rückgängigen Bestand deuten.

261. Rotkehlpieper – *Anthus cervinus*

Der im äußersten Norden Skandinaviens, Finnlands und Russlands brütende Rotkehlpieper ist in Mitteleuropa ein zwar regelmäßiger, aber seltener Durchzügler. Dennoch kommt er als seltener Gast vereinzelt auch in die Wittenberger Region, wo er in der

Elbeaue bei Seegrehna, Pratau und Bösewig festgestellt wurde, sicherlich aber auch übersehen wird (HINSCHE 1966b und 1968b; ZUPPKE 1977b). Neuere Nachweise liegen von 1996 bei Pratau und aus der Großen Straube vor.

262. Bergpieper – *Anthus spinoletta*

Der Bergpieper ist ein Brutvogel auf offenen Flächen oberhalb der Baumgrenze mitteleuropäischer Mittel- und Hochgebirge. In der Wittenberger Region wurde er als vereinzelter Durchzügler und Wintergast (Mitte Oktober bis Februar) an den Gewässern der Elbe- und Elsteraue, auch am Elbeufer festgestellt, so je 1 am 26.12.1983 an der Elstermündung und der Schwarzen Elster, 1 am 29.12.1984 an der Elstermündung sowie 2 bei Listerfehrda, 2 am 18.10.1997 an der Großen Lache Pratau, 7 am 18.12.1999 an der Alten Elbe Bösewig, 9 am 21.12.2001 am Klödener Riß, 1 am 08.01.2003 am Klärwerk Merschwitz, 8 am 11.03.2006 an der Alten Elbe Bösewig und 6 am 18.11.2006 am Gremminer See.

263. Strandpieper – *Anthus petrosus*

Der an den Küsten NW-Frankreichs, Großbritanniens und Norwegens brütende Strandpieper, der erst kürzlich von der vorigen Art als eigene Art abgetrennt wurde, wird auch durchziehend oder überwinternd an der deutschen Nordseeküste angetroffen. Einzelne Beobachtungsangaben aus der Region Wittenberg können nur als Hinweis auf den möglichen gelegentlichen Winteraufenthalt dieser Art gewertet werden, da sie als ausschließliche Sichtnachweise bei der schwierigen Unterscheidung von Strand- und Bergpieper im Sinne von DORNBUSCH, M. (2001) nicht ausreichend belegt sind.

264. Gebirgsstelze – *Motacilla cinerea*

Die Gebirgsstelze brütet in Deutschland an beschatteten, strukturreichen Fließgewässern, kommt im Tiefland jedoch nur zerstreut vor. In der Region Wittenberg ist sie vereinzelter Brutvogel an verschiedenen Bächen des Flämings und der Dübener Heide, wo sie meistens in Brücken oder Mauerlöchern an Gebäuden in Bachnähe brütet. Da sie starke Bestandsschwankungen, besonders nach Kältewintern, aufweist, sind etliche Brutplätze oftmals mehrere Jahre verwaist. KOLBE (1963) nennt in den 1960er Jahren für den Rischebach (einschl. Krähebach) 5 und für den Zahnabach ebenfalls 5 Brutpaare, fast ausschließlich an Mühlen. Gegenwärtig sind an diesen Bächen nur noch je 2–3 BP anwesend. In der Dübener Heide gibt es einzelne Ansiedlungen am Fliethbach (bzw. den Stauteichen), am Hammerbach und an der Gleinermühle bei Söllichau. Als

Kurzstreckenzieher kommt die Gebirgsstelze im März aus den Winterquartieren am Mittelmeer, wohin sie im September/Oktober wieder zieht. In diesen Zugzeiten ist die Gebirgsstelze auch an Wasserläufen außerhalb der Brutgebiete anzutreffen, z.B. in der Elbeaue oder an der Schwarzen Elster, wobei es sich vermutlich um Durchzügler handelt.

265. Wiesenschafstelze - *Motacilla flava*

Die Wiesenschafstelze ist in fast ganz Europa Brutvogel, so auch in Deutschland bis in die Mittelgebirgslagen. In der Region Wittenberg ist sie ein regelmäßiger und verbreiteter Brutvogel in den Auen von Elbe und Schwarzer Elster, wo die Wiesen im Vordeichland, aber auch die Felder der Ackeraue besiedelt werden. Vereinzelt wird sie auch auf den Feldern des Vorflämings und Fläming-Hügellandes angetroffen. Die in einigen Bundesländern stattfindenden Bestandsrückgänge deuten sich gegenwärtig auch in der Wittenberger Region an. Der Rückgang von 26 auf 10 Brutpaare auf einer 850 ha großen Kontrollfläche südlich von Rackith könnte ein solches Zeichen sein. Als Langstreckenzieher trifft sie Mitte April im hiesigen Brutgebiet ein und verlässt es im September. In diesen Zugzeiten werden auch Durchzügler besonders in der Elbeaue angetroffen, dabei deuten einzelne Schafstelzen phänotypisch auf den vereinzelten Durchzug der Thunbergschafstelze/Nordischen Schafstelze (*Motacilla f. thunbergi*), eine sichere Artbestimmung fehlt aber bisher. ROST & BRÄUTIGAM (1979) nennen Beobachtungen vom Mai 1977 und 1978 bei Söllichau.

266. Bachstelze - *Motacilla alba*

Als weit verbreiteter und häufiger Brutvogel in ganz Europa kommt die Bachstelze auch in der Wittenberger Region als regelmäßiger Brutvogel in allen Landschaftsteilen an vielen Örtlichkeiten der besiedelten Bereiche, aber auch in der offenen Landschaft vor, wo sie in höhlenartigen Nischen Möglichkeiten zur Nestanlage findet. Besonders in den Dörfern bieten die Bauerngehöfte reiche Nistplatzangebote, obwohl die früher typischen Stalldunghaufen mit ihren Fliegen und Maden als Nahrungsgrundlage immer mehr verschwinden. Aber auch in Gewerbegebieten findet die Bachstelze Nistplätze und Nahrung. Zu den Zugzeiten im März oder Ende September/Oktober ist sie nahrungsuchend an den Ufern der Elbe und den Gewässern der Elbe- und Elsteraue oder in kleinen Trupps von bis zu 10 Vögeln in der Feldflur anzutreffen. Vereinzelt gibt es auch Winterbeobachtungen, wie 1976/77 und 1977/78 (ROST & BRÄUTIGAM 1979) und am 27.01.2006 an einer Kläranlage bei Söllichau. Normalerweise zieht sie jedoch Ende September/Anfang Oktober in südwestlicher Richtung ab, wie es u.a. eine im

September 1967 in Melzwig beringte Bachstelze anzeigt, die im Dezember des gleichen Jahres in Villamartin in Spanien erlegt (!) wurde.

267. Buchfink - *Fringilla coelebs*

Der zu den häufigsten Brutvögeln Mitteleuropas zählende Buchfink, der in Deutschland der häufigste Brutvogel überhaupt ist (SUDFELDT et al. 2008), kommt auch in der Region um Wittenberg in Wäldern aller Art sowie Parks und Gärten vor, so dass er ein regelmäßiger und verbreiteter Brutvogel in allen Landschaftsteilen ist. Im Ergebnis von Siedlungsdichteuntersuchungen errechnete SCHÖNFELD (1998) folgende Brutdichten des Buchfinks in verschiedenen Habitaten: Kiefernforst mit Laubbaumanteil (Stadtwald Wittenberg) – 4,4 bzw. 8,3; Kiefern-Feldgehölz (bei Pratau) – 6,1; Erlen-Bruchwald (Elbeaue bei Pratau) – 4,1; Kieferndickung – 1,9; Dorfgelände (Seegrehna) – 0,5 BP/10 ha. ANSORGE (1983) fand ihn mit 7,2 BP/10 ha als häufigsten Brutvogel der Dübener Heide: „Besonders zahlreich (über 10 BP/10 ha) siedelt er hier in dichter, artenreicher Strauch- und unterer Baumschicht mit lichterem Kronendach sowie in den älteren offenen Forsten mit mäßigem Fichten- und Buchenunterwuchs der östlichen Dübener Heide.“. Als Teilzieher verbleiben die Buchfinken teilweise im Brutgebiet. Zu den Zugzeiten sind oftmals größere Schwärme durchziehender bzw. nahrungssuchender Buchfinken auf Feldern und an Wegrändern des Gebietes anzutreffen, am 13.10.2002 sogar ca. 4000 in der Elbeaue zwischen Wartenburg und Melzwig.

268. Bergfink - *Fringilla montifringilla*

Der in der borealen Zone von Norwegen bis Kamschatka brütende Bergfink kommt als Wintergast regelmäßig nach Mitteleuropa. So ist er auch ein regelmäßiger Wintergast in der Wittenberger Region von November bis Anfang März in den Waldungen, Gehölzen und Gärten (an Futterstellen) in allen Landschaftsteilen. In den Ortschaften ist er als Einzelvogel oder in kleinen Gruppen oftmals mit Grünfinken vergesellschaftet. Bemerkenswert sind ein Totfund eines männlichen Bergfinken im Brutkleid am 15.08.1994 am Straßenrand südlich von Pratau und die Beobachtung eines Männchens am 25.06.1997 an der Schönen Aussicht bei Bad Schmiedeberg. Ende März/Anfang April halten sich mitunter größere Trupps von 20-30 Bergfinken kurzzeitig als Durchzügler im Gebiet auf, wobei jedoch die Gesamt-Beobachtungszahlen eine abnehmende Tendenz aufweisen.

269. Kernbeißer - *Coccothraustes coccothraustes*

Über ganz Deutschland bis zur montanen Stufe weit verbreitet, ist der Kernbeißer in der Region Wittenberg ein regelmäßiger Brutvogel lichter Laub- und Mischwälder der Elbe- und Elsteraue, des Vorflämings, des Fläming-Hügellandes nördlich Jessens sowie vereinzelt auch in den Parkanlagen der Städte. In den geschlossenen Waldungen der Dübener Heide fehlt er. Als Standvogel verbleibt er auch im Winter im Gebiet und erscheint dann öfters an den Vogelfütterungen in den Ortschaften. Im Frühjahr (März/April) können Schwärme von 50 bis 200 Kernbeißern, besonders in den Auenwäldern der Elbeaue, bemerkt werden, offensichtlich Durchzügler nördlicher Brutpopulationen.

270. Gimpel - *Pyrrhula pyrrhula*

Der Gimpel ist in Deutschland ein Brutvogel der unterholzreichen Nadelwälder, der wegen seiner Unauffälligkeit im Brutgebiet schwierig als Brutvogel zu erfassen ist. In der Region Wittenberg deuten Brutzeitnachweise auf ein Brüten dieser Art in dichten Nadelwäldern und Gärten mit Koniferen des Vorflämings (Waldgebiete bei Friedenthal, Kleingartenanlage Zahna) und der Dübener Heide (Waldgebiete bei Reinharz und Gommlo), ohne dass bisher ein konkreter Brutnachweis gelang. Allerdings will ihn ANSORGE (1983) in den östlichen Forsten der Dübener Heide als Brutvogel kartiert haben. Dagegen wird er regelmäßig als Durchzügler oder Wintergast (Oktober bis März) in den Waldungen aller Landschaftsteile bemerkt. Während die hier überwiegend beobachteten Gimpel der etwas kleineren Unterart *Pyrrhula p. europaea* angehören, wurde durch Fang die Nominatform *Pyrrhula p. pyrrhula* als Zuzügler nachgewiesen. Seit dem Winter 2004/05 werden, wie auch in anderen Gebieten Deutschlands und Europas, Gimpel mit ungewohnten nasalen Rufen im Gebiet gehört (z.B. Stadtwald Wittenberg, Neuer Friedhof Wittenberg, Abtsdorf, Pratau u.a.), die aus dem Komi-Gebiet im Nordosten Russlands kommen sollen (PENNINTON & MEEK 2006), sich allerdings phänotypisch nicht von den heimischen unterscheiden.

271. Karmingimpel – *Carpodacus erythrinus*

Der überwiegend nordöstlich verbreitete Karmingimpel, dessen westliche Verbreitungsgrenze bisher durch die Norddeutsche Tiefebene verlief, hat sein Verbreitungsgebiet nach Westen und Süden ausgedehnt, so dass seit den 1980er Jahren diese Art auch mehrfach in Sachsen-Anhalt festgestellt wurde. 1994 konnte dann auch ein singender Karmingimpel im Gebüsch der Neubausiedlung in Wittenberg gehört werden (SCHÖN-

FELD 1997). Von Ende Mai bis in den Juni 2007 hielt sich ein unausgefärbtes Männchen mit Reviergesang am Südufer des Gremminer Sees bei Gräfenhainichen auf, so dass künftig auf diese in Buschwerk und Weidendickichten brütende Vogelart geachtet werden sollte, wenn auch SUDFELDT et al. (2008) eine rückläufige Entwicklung für Deutschland angeben.

272. Girlitz - *Serinus serinus*

Der ursprünglich mediterran verbreitete Girlitz hat sein Verbreitungsgebiet in einer Expansionsphase rasch nach Norden ausgedehnt und bewohnt seit Beginn des 20. Jahrhunderts auch ganz Mitteleuropa. Für den Zeitpunkt der Besiedlung der Wittenberger Region liegen keine Nachweise vor. In der durch Beobachtungen belegbaren Zeit seit etwa 1950 war der Girlitz stets ein verbreiteter Brutvogel der Gärten, Parks, Friedhöfe und Straßenbäume der Siedlungsbereiche der Städte und Dörfer, einschließlich des Obst- und Weinanbaugebietes bei Jessen. Außerhalb der Ortschaften liegen nur vereinzelte Beobachtungen aus dem Vorflämingsbereich vor. Als Kurzstreckenzieher ist er von Mitte März bis zum September im Gebiet zu beobachten.

273. Fichtenkreuzschnabel - *Loxia curvirostra*

Der in den Alpen und waldreichen Mittelgebirgen brütende Fichtenkreuzschnabel mit seinem völlig unregelmäßigen Migrationsverhalten, das wohl maßgeblich vom Angebot seiner Hauptnahrung (Fichtensamen) bestimmt wird, ist in der Region Wittenberg ein unregelmäßiger Durchzügler (SCHÖNFELD & ZUPPKE 2008). Die Nachweishäufigkeit schwankte von 1998 bis 2005 zwischen 1 und 29 und die Anzahl der beobachteten Vögel zwischen 4 und 182 je Jahr, wobei 2003 das Maximum festgestellt wurde. Im Gebiet wird er besonders in den Wintermonaten, aber auch zu anderen Jahreszeiten, wie im Juni/Juli 1983 bei Trajuhn (BRAUN 1989) oder im gleichen Jahr bei Jessen in den Nadelwäldern des Vorflämings, der Dübener Heide oder anderen Nadelwaldgebieten festgestellt. Beobachtungen eines Familienverbandes (Altvogel mit 3-4 Jungvögeln) im Juni 1984 bei Lindwerder wurden als Brutnachweis gedeutet (BRÄSE 1993b) und könnten ein gelegentliches Brüten dieser für Brutnomadismus bekannten Art im Gebiet anzeigen. Längerer Aufenthalt von Paaren bzw. singenden Männchen sowie größeren Anzahlen von Vögeln im Frühjahr 2003 könnten ebenfalls auf Bruten schließen lassen.

274. Grünfink - *Carduelis chloris*

Der in Deutschland weit verbreitete und häufige Grünfink ist auch in der Wittenberger Region ein verbreiteter und häufiger Brutvogel der halboffenen Landschaften der Elbe-

und Elsteraue und des Vorflämings, der Gartenanlagen der Vorstadtbereiche und Ortschaften, der Parks, Friedhöfe und Straßenbäume der Städte und Dörfer, der in den geschlossenen Waldungen der Dübener und Annaburger Heide fehlt. Im Winter bildet der Standvogel Schwärme, mehrfach auch mit Haus- und Feldsperlingen gemeinsam, in den Vorstadtbereichen und Ortschaften, wo er durch Futterstellen gefördert wird. Im Frühjahr und Herbst ziehen größere Schwärme, vermutlich aus nördlicheren Brutpopulationen durch das Gebiet, am 13.10.2002 wurden z.B. rd. 5000 Grünfinken in der Elbeaue zwischen Wartenburg und Melzwig gezählt.

275. Stieglitz - *Carduelis carduelis*

Der Stieglitz ist wie in Europa (außer Nordeuropa) in Deutschland ein verbreiteter Brutvogel der halboffenen Landschaften. In der Region Wittenberg ist er in der Elbe- und Elsteraue, dem Vorfläming, den Vorstadtbereichen und Ortschaften (oftmals auf Straßenbäumen) ein verbreiteter Brutvogel. Da er keine ausgesprochene Territorialität aufweist wie andere Brutvögel, täuscht er durch sein weites Umherstreifen einen größeren Bestand vor. Als Brutvogel mit Brutnomadismus brütet er jährlich stets in anderen Revieren. In Abhängigkeit von der Entwicklung seiner Nahrungspflanzen (besonders Disteln) ziehen ab Spätsommer Trupps zu den Hochstaudenfluren der Elbeaue und des Vorflämings sowie zu den Fruchtständen der Blumen und Stauden in den Gärten der Vorstadtbereiche und Ortschaften weit umher. Da er in nördlichen Brutgebieten Kurzstreckenzieher ist, werden im Wittenberger Gebiet zu den Zugzeiten auch durchziehende Stieglitzschwärme bemerkt, die Größen bis zu etwa 1000 Stieglitze erreichen.

276. Erlenzeisig - *Carduelis spinus*

Als Brutvogel lichter Nadelwälder kommt der Erlenzeisig vorwiegend in den Alpen und Mittelgebirgen vor. Seine Verbreitung im Tiefland ist recht unstet und vom Nahrungsangebot abhängig. In der Wittenberger Region wurde er bisher nur als regelmäßiger Durchzügler und Wintergast nachgewiesen, während er in der Brutzeit nur ausnahmsweise beobachtet wird. Von Oktober bis März sind Schwärme von 100 bis 200 Erlenzeisigen in den Gehölzen (besonders Birken und Erlen) der Elbe- und Elsteraue anzutreffen, aber auch den Vorfläming und andere Landschaftsbereiche sucht er in kleineren Schwärmen auf und ist auch in den Gärten der Vorstadtbereiche, z.B. auf den Bachgehölzen der Schloß- und Elstervorstadt oder an Winterfütterungen im Winterhalbjahr zu beobachten.

277. Bluthänfling - *Carduelis cannabina*

In den Offenlandschaften Deutschlands ist der Bluthänfling weit verbreitet, aber nirgends häufig. Ebenso ist er in der Wittenberger Region ein regelmäßiger, aber stets nur vereinzelter Brutvogel der mit einzelnen Sträuchern bestandenen Offenlandschaft in der Elbeaue und im Vorfläming bis in den Randgebieten der Städte und Dörfer. Hier findet er sich besonders auf den Ruderalflächen der Stallanlagen ein, wenn einzelne Sträucher zur Nestanlage vorhanden sind. Da die Samen von Ackerwildkräutern zu seiner Vorzugsnahrung gehören, ist er oftmals in den Feldfluren weitab seiner Brutgebiete anzutreffen. Die geringeren Beobachtungszahlen in den letzten Jahren könnten einen Bestandsrückgang andeuten.

278. Berghänfling - *Carduelis flavirostris*

Der im Norden Großbritaniens und Skandinaviens brütende Berghänfling erscheint als Wintergast zwar regelmäßig im deutschen Küstenbereich, aber seltener im Binnenland. In der Region um Wittenberg ist er ein unregelmäßiger Durchzügler oder Wintergast, der nicht alljährlich in kleinen Trupps in der Zeit von Oktober bis Mitte März in der Offenlandschaft des Vorflämings oder der Flussauen erscheint. Dabei erreicht er auch die Stadtrandbereiche von Wittenberg (z.B. im Dezember 2000 und Januar 2001 in den Randbereichen des Stadtwaldes) wie wohl auch der anderen Ortschaften. Auch an den Ruderalfluren der Ackeraue erscheinen ebenso wie in der Ufervegetation der Tagebauseen bei Gräfenhainichen in manchen Jahren Berghänflingtrupps. Die größten Schwärme wurden am 11.10.1998 mit 200 bei Wartenburg, am 05.12. 2004 mit 200 am Gremminer See und zwischen dem 12.01. und 23.02.1997 mit je 100 in der Elbeaue bei Pretzsch und Kleinzerbst gesehen.

279. Birkenzeisig - *Carduelis flammea*

Der zirkumpolar verbreitete Birkenzeisig brütet in seiner Unterart *Carduelis f. cabaret* in den Alpen, von wo er sich seit den 1970er Jahren nach den Mittelgebirgen und anderen Regionen Mitteleuropas ausgebreitet hat. Im Wittenberger Gebiet ist bisher nur die Nominatform als unregelmäßiger Durchzügler oder Wintergast aufgetreten. Der Birkenzeisig wird nicht alljährlich zwischen Oktober und Ende März/Anfang April in den Nadelwäldern und auf Ackerbrachen des Vorflämings, in den samentragenden Staudenfluren oder auf Birken an der Elbe oder Schwarzen Elster sowie in den Parks, Friedhöfen und Vorstadtbereichen der Stadt Wittenberg festgestellt. Die von MEY (1978) im Süden der Annaburger Heide festgestellt „Invasion 1972/73“ wurde in der eigentlichen Region nicht festgestellt.

280. Schneeammer – *Calcarius nivalis*

Aus dem hohen Norden Europas kommen die Schneeammern, die als Wintergast an der deutschen Nord- und Ostseeküste auftreten, aber nur gelegentlich das Binnenland erreichen. In der Region Wittenberg ist sie ein unregelmäßiger Gastvogel, der zunächst nur wenige Male, ab 1995 jedoch mehrfach gesichtet wurde: 5 am 29.03.1997 bei Bleddin; 2 am 15.11.1998 bei Bösewig; 3 am 14.11.1999 bei Pratau; 1 am 17.12.2000, 5 am 11.01.2003 und 8 am 14.02.2004 bei Bösewig; 15 am 07.02.2005 und 7 am 27.02.2005 bei Globig sowie 5 am 11.03.2006 bei Wartenburg, also stets in der Elbeaue.

281. Spornammer – *Calcarius lapponicus*

Die nordeuropäisch verbreitete Spornammer zieht und überwintert an den westeuropäischen Küsten und wird nur gelegentlich im Binnenland bemerkt. In der Wittenberger Region wurden nur 12 Spornammern am 17.1.1971 in der Elbeaue bei Prettin (KNOCHENMUß 1972) und 11 Spornammern am 31.01.1999 auf einem Feld bei Großkorgau, also in der Dübener Heide, als sehr seltene Gäste gesehen.

282. Grauammer - *Emberiza calandra*

Die in West-, Mittel-, Süd- und Südosteuropa weit verbreitete Grauammer erlitt seit den 1960er Jahren in weiten Teilen Europas einen katastrophalen Bestandseinbruch, so dass sie gegenwärtig in Deutschland nur noch sehr lückig verbreitet ist. Sie war bis 1980 ein häufiger Brutvogel der Straßen- und Wegränder der Wittenberger Region. MERZWEILER (1964) nennt sie 1961 für das Annaburger Gebiet „sehr häufig". Während aber 1983 in der rechtselbischen Elbaue z. B. an 30 km Landstraße noch 26 Grauammern sangen, gab es in der Wittenberger Region nach 1987 kaum noch Nachweise. Erst nach 1995 wurde sie wieder häufiger und gegenwärtig ist sie wieder Brutvogel der offenen Landschaft in der Elbeaue, besonders aber der Auengebiete östlich der Elbe, sowie im Vorfläming und im Fläming-Hügelland nördlich von Jessen. Seit 1996 werden auch wieder einzelne Grauammern in den nördlichen Stadtrandgebieten von Wittenberg und bei Apollensdorf gehört. Im Jahr 2006 wurden aus dem gesamten Gebiet insgesamt 63 singende Männchen gemeldet. Ob diese Wiederbesiedlung dauerhaft bleibt, muss noch offen bleiben. Vereinzelt wurden auch wieder Wintertrupps gesichtet, z.B. 2005 und 2006 je 100-120 Grauammern in der Feldflur Strohwalde, bei denen es sich auch um Zuzügler handeln kann. Denn überwiegend verlassen die Grauammern als Teilzieher im Oktober das Gebiet, in das sie ab Mitte März zurückkehren.

283. Goldammer - *Emberiza citrinella*

Die außer im Süden in Europa weit verbreitete Goldammer kommt in Mitteleuropa vom Tiefland bis in die Mittelgebirgsregionen vor. Die drastischen Bestandsrückgänge dieser Art im gesamten Verbreitungsgebiet sind bisher in der Region Wittenberg noch nicht spürbar geworden. In den strukturierten Feldfluren mit Hecken und Feldgehölzen der Elbe- und Elsteraue, des Flämings, der Dübener Heide und der ehemaligen Truppenübungsgebiete kommt sie verbreitet als Brutvogel vor. Erfassungen in begrenzten Kontrollgebieten lassen bisher keinen Bestandsrückgang erkennen. Sie ist im Gebiet Jahresvogel. In schneearmen Wintern halten sich oftmals größere Schwärme in der Umgebung der Ortschaften auf. Zu den Zugzeiten, besonders aber im Frühjahr, werden ebenfalls Schwärme von bis zu 200 Goldammern, offensichtlich Durchzügler nordischer Populationen, im Offenland festgestellt.

284. Ortolan - *Emberiza hortulana*

Der in Europa nur lückig verbretete und gebietsweise fehlende Ortolan ist in seinem Bestand größeren Schwankungen unterworfen und hat in Deutschland erhebliche Bestandseinbußen erlitten. In der Region Wittenberg ist er vereinzelter Brutvogel der an Feldern angrenzenden Waldränder des Vorflämings und Fläming-Hügellandes, da er trocken-warme Standorte mit wasserdurchlässigen Böden bevorzugt. Das bevorzugte Habitat sind Waldränder an Getreidefeldern, an Kartoffelfelder angrenzende Waldränder werden dagegen nur vereinzelt besiedelt, an Brachen angrenzende bisher gar nicht. Dagegen bezeichnet ihn WODNER (1969) für das Jahr 1963 als „Charaktervogel der Kartoffeläcker am Rande von Kieferngehölzen" bei Pretzsch und auch GNIELKA (1968) nennt ihn für diese Zeit als „im gesamten Gebiet der Dübener Heide verbreitet". THIENEMANN (1881) beschreibt ihn von den Kiefernschonungen der Glücksburger Heide, wo er wohl heute nicht angetroffen wird. Vereinzelt festgestellte Reviergesänge in der Elbeaue stammten wohl stets von Durchzüglern, da dort keine dauerhaften Nachweise erfolgten, eine Ausnahme bildete wohl der Waldrand des Klödener Forstes. Auch im hiesigen Brutgebiet schwankt der Bestand des Ortolans von Jahr zu Jahr, so konnten 2006 nur 11 revierhaltende Ortolan-♂ im Wittenberger Vorfläming festgestellt werden. Als Langstreckenzieher erscheint der Ortolan Ende April im Gebiet und verlässt es Ende August/Anfang September wieder.

285. Rohrammer - *Emberiza schoeniclus*

Als Brutvogel der Röhrichte und Verlandungszonen ist die Rohrammer in fast ganz Europa ein verbreiteter Brutvogel. In der Wittenberger Region bewohnt sie als regelmäßiger Brutvogel die Verlandungszonen der Gewässer in allen Landschaftsteilen, mit dem Schwerpunkt der Elbe- und Elsteraue. In der Ackeraue ist sie an den schilf- oder krautbestandenen Feldgräben zu finden. Vereinzelt werden auch singende Rohrammern auf den sonst vogelarmen Rapsfeldern festgestellt. Während die Rohrammer in angrenzenden Gebieten mehrfach überwintert (z.B. in: SCHWARZE & KOLBE 2006), sind Winterbeobachtungen im Wittenberger Gebiet nur ausnahmsweise festgestellt worden. Das reguläre Eintreffen im hiesigen Brutgebiet erfolgt Anfang März, der Abzug im Oktober. Im Frühjahr durchziehende Rohrammern übernachten gemeinsam in Schwärmen von bis zu 200 (19.03.2006) an der Alten Elbe bei Bösewig.

Eine auf ein Höckerschwanenpaar geprägte Graugans, die sich 2007 an den „Wilden Kölken“ bei Melzwig aufhielt

Aufn.: A. Schonert (18.2.2007)

Beim Zufrieren der stehenden Gewässer in strengen Wintern weichen die anwesenden Höckerschwäne zeitweilig auch auf die Stromelbe aus (9.1.2009).

Mit dem Brutversuch von 3 Paaren 1979 in der Graureiherkolonie im Auenwald Probstei bei Pratau (links) begann die Ansiedlung des Kormorans in der Wittenberger Region als Brutvogel. Rechts: Neue Ansiedlung 2008 an der Wendel bei Wittenberg

Schilfbrut eines Graureiherpaares 2007 und 2008 am Neuen Teich bei Sachau nach weiteren vorangegangenen Versuchen im Gebiet der Heideteiche

Bei der Nahrungssuche kommen Graureiher in den letzten Jahren immer öfters in die besiedelten Bereiche (Gartenteiche), wie hier 2008 in der Schloßvorstadt von Wittenberg.

Seit 1995/96 halten sich auch in der Wittenberger Region zunächst einzelne Silberreiher, später auch kleinere oder größere Gruppen auf. Hier: Silberreihertrupp in Gemeinschaft mit einem Schwarzstorch an der Alten Elbe bei Bösewig am 13.8.2008 Aufn.: I. Elz

Der in fast allen Elbeauedörfern brütende Weißstorch nistet auch im historischen Stadtzentrum von Wittenberg (oben).
Bei jahrelanger Nutzung des gleichen Nestes durch Weißstörche erreichen diese ein beachtliches Gewicht von 10 – 15 dt.
Rechts: Nest Bösewig II im Jahr 2008

Trotz Blitzeinschlages überlebten in diesem Schwarzstorchnest im Wittenberger Vorfläming 2007 alle 4 Jungstörche (links).

Eine am 11.10.2002 an einem Gartenteich in Reinsdorf ergriffene und im Tierheim Wittenberg abgelieferte Wasserralle zeigt die Rast auf dem herbstlichen Wegzug im Gebiet an (oben).

Auf dem Durchzug nahrungssuchende Wiesenweihe in Dorfnähe am 20.4.2008 bei Melzwig

Ein ungewöhnlicher Standort eines Rohrweihennestes im Weidengebüsch etwa 1,5 m über dem Wasser am Moschkolk bei Wartenburg (10.6.1979)

Oben: Neuansiedlung eines Fischadlers auf einem Gittermast in der Großen Straube bei Bodemar, am 15.6.2008 mit einem Jungvogel

Links: Turmfalken-Nistplatz mit 3 Jungvögeln in einer Mauerluke des Schlosses Reinharz in der Dübener Heide (18.6.2008)

Bei günstigen Wasserständen brüten Flussregenpfeifer auf kiesigen Uferstellen an der Elbe (oben links: ein verleitender Altvogel am Elbeufer bei Apollensdorf am 24.7.2008).

Flussuferläufer (oben rechts), Bekassine (unten links) und Bruchwasserläufer (unten rechts) sind die häufigsten Limikolen, die im Spätsommer an den flach gefallenen Altwässern in der Elbeaue auf dem Wegzug aus den Brutgebieten rasten und dabei einige Zeit im Gebiet verweilen. (Aufnahmen im Juli und August 1967 an der Alten Elbe bei Melzwig)

Der ehemals scheue Waldbewohner Ringeltaube besiedelt zunehmend die Gärten (links: Schlossvorstadt Wittenberg am 17.4.2007). Seit 1956 brütet die Türkentaube im Stadtgebiet von Wittenberg und hat hier alle durch Gärten aufgelockerten Außenbereiche besiedelt (rechts: Trinkende Türkentaube am Gartenteich am 29.5.2008 in Wittenberg).

Links: Im Winter sammeln sich kleine Schlafgemeinschaften von Waldohreulen auf Deckung bietenden Nadelbäumen, wie am Waldrand bei Bergwitz am 22.1.2009.

Rechts: Das Vorkommen des Raufusskauzes im Gebiet wurde erst durch den Fund eines flugunfähigen Jungvogels am 14.5.2002 im Fläming bei Kropstädt bekannt.

Die früher in der offenen Landschaft weit verbreitete Elster brütet jetzt bevorzugt in menschlichen Siedlungen (auf einem Fahrleitungsmast der Eisenbahn im Industriegebiet Piesteritz am 27.4.2007). Aufn.: I. Elz

Auch der scheue Eichelhäher erscheint zunehmend in den Gärten der Dörfer und Vorstadtbereiche der Städte (in einem Garten in Apollensdorf am 14.4.2008).

Links: Die winterlichen Saatkrähentrupps legen in der Morgendämmerung von den Schlafplätzen im Wald kommend auf hohen Strukturen eine Rast ein, bevor sie zur Nahrungssuche zu den Feldern und Wiesen weiterfliegen (Hochspannungsleitung in Wittenberg am 9.11.2003).

Rechts: In diesen Trupps halten sich mitunter auch Dohlen mit dem Habitus der Unterart *C.m.soemmeringii* (weißer Halsfleck) auf (Schlossvorstadt Wittenberg am 20.2.2009).

Links: Der Neuntöter (2.8.2008 am Apollensberg) bewohnt die offenen Landschaften der Wittenberger Region regelmäßig.

Rechts: Herbstliche Starenschwärme suchen die nahrungsreiche Nähe der Rinderherden auf (9.9.2008 im Brehmer Luch bei Apollensdorf).

Links: Die deutschlandweit stark gefährdete Haubenlerche ist in der Wittenberger Region auf den Ruderalflächen an Großstallanlagen auf den Dörfern oder an Einkaufsmärkten in den Städten noch ein regelmäßiger Brutvogel (4.6.2008 an einer Stallanlage in Priesitz).

Rechts: Der Bestand der Schafstelze zeigt gegenwärtig sowohl auf dem Grünland als auch in der Feldflur eine leicht abnehmende Tendenz (15.6.2008 Elbwiesen bei Bodemar).

Auch der Pirol ist nicht mehr so häufig zu hören wie früher. (Männchen am Brutnest auf einer Birke in der Elbeaue bei Melzwig am 18.6.1976)

Die Länge der 1. und 2. Schwinge kennzeichnet diesen am 12.6.1996 im Wittenberger Luch gefangenen Vogel eindeutig als Sprosser. (Aufn.: B. Krummhaar)

Nach einem fast totalen Bestandseinbruch brütet der Drosselrohrsänger wieder an vielen Gewässern (28.6.1964 am Rötzscher See).

Der Bestand des Gelbspötters schwankt von Jahr zu Jahr erheblich (22.6.1968 am Friedhof Schmilkendorf).

Der Haussperling, über dessen Abnahme aus anderen Teilen Deutschlands berichtet wird, ist in der Wittenberger Region immer noch ein regelmäßiger und häufiger Brutvogel der besiedelten Bereiche. Obwohl allbekannt, sind seine Verhaltensweisen nicht immer eindeutig erklärbar: Oben: 2 Männchen beim Zupfen von Gras (25.5.2008). Unten rechts: 6 Haussperlinge suchen Schutz (oder Mineralien?) an einem Autorad (4.12.2008); Unten links: Pudelnasser badender Haussperling am Gartenteich (25.5.2008) (Alle Aufnahmen: Wittenberg-Schlossvorstadt)

Die Amsel ist auch in der Wittenberger Region ein häufiger Gartenvogel (25.5.2008 am Gartenteich in Wittenberg-Schlossvorstadt).

Der Stieglitz ist ein sehr unsteter Vogel, dessen Brutgebiete häufig wechseln (4.6.2008 Feldrand bei Sachau).

Der Feldsperling ist ein häufiger Bewohner der Siedlungen (30.11.2008 in Wittenberg).

Der Kernbeißer kommt auch zu den Winterfütterungen (27.2.1965 in Reinsdorf).

Links: Im Winter können in der Wittenberger Region beide Schwanzmeisen-Unterarten, wie hier an der Fütterung in Apollensdorf, beobachtet werden. Aufn.: I. Elz
Rechts: Bergfinken als nordische Wintergäste, hier im Februar 1965 in Reinsdorf, wurden in den letzten Jahren mit abnehmender Tendenz beobachtet.

Auch in den Wintermonaten werden Elstern zunehmend im Bereich der menschlichen Siedlungen festgestellt, wie hier mit einer Walnuss in einer Fütterung in der Schlossvorstadt Wittenberg.

Zusammenfassende Darstellung der nachgewiesenen Vogelarten

Nachfolgend werden alle in der Region Wittenberg nachgewiesenen Vogelarten tabellarisch mit Angaben zum Status in der Region, zum Gefährdungsstatus nach den Roten Listen Deutschlands (SÜDBECK et al. 2007) und Sachsen-Anhalts (DORNBUSCH, G. et al. 2004), ihrer Aufname in die europäische Vogelschutz-Richtlinie (VSR) und ihrem gesetzlichen Schutz in der Bundesrepublik Deutschland angeführt.

Status (in der Region):	rB	= regelmäßiger Brutvogel (seit mind. 1950)
	(rB)	= regelmäßiger Brutvogel (seit mind. 1970/80)
	uB	= unregelmäßiger Brutvogel
	uB(?)	= fraglicher Brutvogel
	eB	= ehemaliger Brutvogel (seit mind. 1950 kein Brutnachweis)
	rG	= regelmäßiger Gastvogel
	uG	= unregelmäßiger Gastvogel
	sG	= seltener Gastvogel (< 5 Nachweise)
	Gf	= Gefangenschaftsflüchtling
	N	= Neozoe
Rote Liste Deutschland/ Sachsen-Anhalt (RL D/LSA):	0	= als Brutvogel ausgestorben oder verschollen
	1	= vom Aussterben bedroht
	2	= stark gefährdet
	3	= gefährdet
	R	= extrem seltene Arten mit geographischer Restriktion
	V	= Vorwarnliste
Vogelschutz-Richtlinie der EU (EU-VSR):	I	= im Anhang I aufgeführt
	II	= Im EU-Gebiet bzw. einzelnen EU-Staaten (Deutschland) jagdbar
	III	= Im EU-Gebiet bzw. einzelnen EU-Staaten Fang und Vermarktung erlaubt
(Gesetzlicher) Schutz:	s	= streng geschützt
	b	= besonders geschützt

Deutscher Name	Wissenschaftlicher Name	Status	RL D	RL LSA	EU-VSR	Schutz
Höckerschwan	*Cygnus olor*	rB, rG			II	b
Singschwan	*Cygnus cygnus*	rG	R		I	s
Zwergschwan	*Cygnus bewickii*	uG			I	b
Schwarzschwan	*Cygnus atratus*	Gf				-
Rothalsgans	*Branta ruficollis*	N			I	s
Kanadagans	*Branta canadensis*	N			II	b
Weißwangengans	*Branta leucopsis*	uG			I	b
Schneegans	*Anser caerulescens*	Gf				b
Streifengans	*Anser indicus*	N				-
Saatgans	*Anser fabalis*	rG			II	b
Kurzschnabelgans	*Anser brachyrhynchus*	uG				b
Zwerggans	*Anser erythropus*	sG			I	b
Blässgans	*Anser albifrons*	rG			II, III	b
Graugans	*Anser anser*	uB, rG			II, III	b
Nilgans	*Alopochen aegyptiaca*	N				-
Brandgans	*Tadorma tadorna*	uB, uG				b
Rostgans	*Tadorna ferruginea*	N			I	b
Brautente	*Aix sponsa*	Gf				-
Mandarinente	*Aix galericulata*	Gf (?)				-
Schnatterente	*Anas strepera*	uB, rG			II	b
Pfeifente	*Anas penelope*	rG	R		II, III	b
Chilepfeifente	*Anas sibilatrix*	Gf				-
Krickente	*Anas crecca*	uB, rG	3	R	II, III	b
Fahlente	*Anas capensis*	Gf				-
Stockente	*Anas platyrhynchos*	rB, rG			II, III	b
Spießente	*Anas acuta*	uB, rG	3	R	II, III	b
Knäkente	*Anas querquedula*	uB, rG	2	2	II	s
Löffelente	*Anas clypeata*	uB, rG	3	2	II, III	b
Kolbenente	*Netta rufina*	uG		R		b
Moorente	*Aythya nyroca*	uG	1	1	I	s
Tafelente	*Aythya ferina*	uB, rG		3	II, III	b
Reiherente	*Aythya fuligula*	uB, rG			II, III	b
Bergente	*Aythya marila*	uG	R		II, III	b

Deutscher Name	Wissenschaftlicher Name	Status	RL D	RL LSA	EU-VSR	Schutz
Eiderente	*Somateria mollissima*	uG			III	b
Eisente	*Clangula hyemalis*	uG				b
Trauerente	*Melanitta nigra*	uG			II, III	b
Samtente	*Melanitta fusca*	uG			II	b
Schellente	*Bucephala clangula*	uB, rG				b
Zwergsäger	*Mergellus albellus*	uG			I	b
Gänsesäger	*Mergus merganser*	rG	2	R		b
Mittelsäger	*Mergus serrator*	uG		2		b
Wachtel	*Coturnix coturnix*	rB				b
Jagdfasan	*Phasianus colchicus*	rB			II, III	b
Rebhuhn	*Perdix perdix*	rB	2	2	II, III	b
Steinhuhn	*Alectoris graeca*	Gf	0		I, II	s
Haselhuhn	*Tetrastes bonasia*	sG	2		I	b
Birkhuhn	*Tetraotetrix*	eB	2	1	I, II	s
Auerhuhn	*Tetrao urogallus*	eB	1		I,II,III	s
Zwergtaucher	*Tachybaptus ruficollis*	rB, rG		V		b
Haubentaucher	*Podiceps cristatus*	rB, rG				b
Rothalstaucher	*Podiceps grisegena*	rB, uG		2		s
Ohrentaucher	*Podiceps auritus*	uG	1		I	s
Schwarzhalstaucher	*Podiceps nigricollis*	uB, uG		2		s
Sterntaucher	*Gavia stellata*	uG			I	b
Prachttaucher	*Gavia aretica*	uG			I	s
Eistaucher	*Gavia immer*	sG			I	s
Basstölpel	*Sula bassana*	sG	R			b
Kormoran	*Phalacrocorax carbo*	(rB), rG		V		b
Sichler	*Plegadis falcinellus*	sG			I	s
Löffler	*Platalea leucorodia*	uG	R		I	s
Rohrdommel	*Botaurus stellaris*	uB, uG	2	2	I	s
Zwergdommel	*Ixobrychus minutus*	uB	1	2	I	s
Nachtreiher	*Nycticorax nycticorax*	sG	1		I	s
Silberreiher	*Casmerodius albus*	uG			I	s
Graureiher	*Ardea cinerea*	rB, rG				b
Purpurreiher	*Ardea purpurea*	sG	R			s
Seidenreiher	*Egretta garzetta*	sG			I	s

Deutscher Name	Wissenschaftlicher Name	Status	RL D	RL LSA	EU-VSR	Schutz
Schwarzstorch	*Ciconia nigra*	(rB), rG		3	I	s
Weißstorch	*Ciconia ciconia*	rB, rG	3		I	s
Fischadler	*Pandion haliaetus*	uB, rG	3	3	I	s
Wespenbussard	*Pernis apivorus*	rB, rG	V	3	I	s
Schlangenadler	*Circaetus gallicus*	sG	0		I	s
Schreiadler	*Aquila pomarina*	uB(?), uG	1	2	I	s
Steinadler	*Aquila chrysaetos*	sG	2	0	I	s
Kaiseradler	*Aquila heliaca*	sG			I	s
Kornweihe	*Circus cyaneus*	rG	2	1	I	s
Wiesenweihe	*Circus pygargus*	uB, uG	2	1	I	s
Rohrweihe	*Circus aeruginosus*	rB, rG		V	I	s
Habicht	*Accipiter gentilis*	rB, rG				s
Sperber	*Accipiter nisus*	rB, rG				s
Rotmilan	*Milvus milvus*	rB, rG		3	I	s
Schwarzmilan	*Milvus migrans*	rB, rG			I	s
Seeadler	*Haliaeetus albicilla*	(rB), rG		3	I	s
Raufußbussard	*Buteo lagopus*	rG				s
Mäusebussard	*Buteo buteo*	rB, rG				s
Merlin	*Falco columbarius*	uG			I	s
Rotfußfalke	*Falco vespertinus*	sG			I	s
Baumfalke	*Falco subbuteo*	rB, uG	3			s
Wanderfalke	*Falco peregrinus*	eB, uG		3	I	s
Gerfalke	*Falco rusticolus*	sG			I	s
Lannerfalke	*Falco biarmicus*	Gf			I	s
Turmfalke	*Falco tinnunculus*	rB, rG				s
Jungfernkranich	*Grus virgo*	Gf				b
Kranich	*Grus grus*	uB, rG			I	s
Großtrappe	*Otis tarda*	sG		1	I	s
Wasserralle	*Rallus aquaticus*	rB, uG	V			b
Wachtelkönig	*Crex crex*	uB	2	V	I	b
Tüpfelsumpfhuhn	*Porzana porzana*	uB	1	V	I	b
Teichhuhn	*Gallinula chloropus*	rB, uG	V	V		b
Blässhuhn	*Fulica atra*	rB, rG		V	II, III	b
Triel	*Burhinus oedienemus*	sG	0	0	I	s

Deutscher Name	Wissenschaftlicher Name	Status	RL D	RL LSA	EU-VSR	Schutz
Austernfischer	*Haematopus ostralegus*	uB, uG		R		b
Säbelschnäbler	*Recurvirostra avosetta*	sG			I	s
Kiebitzregenpfeifer	*Pluvialis squatarola*	uG				b
Goldregenpfeifer	*Pluvialis apricaria*	uG	1		I, III	s
Kiebitz	*Vanellus vanellus*	rB, rG	2	2		s
Flussregenpfeifer	*Charadrius dubius*	rB, rG				s
Sandregenpfeifer	*Charadrius hiaticula*	uG	1			s
Mornellregenpfeifer	*Charadrius morinellus*	sG	0		I	s
Regenbrachvogel	*Numenius phaeopus*	uG				b
Großer Brachvogel	*Numenius arquata*	uB, rG	1	1		s
Uferschnepfe	*Limosa limosa*	uB, rG	1	1		s
Pfuhlschnepfe	*Limosa lapponica*	sG			I	b
Waldschnepfe	*Scolopax rusticola*	rB, rG	V		II, III	b
Zwergschnepfe	*Lymnocryptes minimus*	sG			II, III	s
Doppelschnepfe	*Gallinago media*	sG	0	0	I	s
Bekassine	*Gallinago gallinago*	rB, rG	1	1	II, III	s
Flussuferläufer	*Actitis hypoleucos*	uB, rG	2	1		s
Dunkler Wasserläufer	*Tringa erythropus*	rG				b
Rotschenkel	*Tringa totanus*	rG	V	1		s
Teichwasserläufer	*Tringa stagnatilis*	uG				s
Grünschenkel	*Tringa nebularia*	rG				b
Waldwasserläufer	*Tringa ochropus*	uB(?), rG		R		s
Bruchwasserläufer	*Tringa glareola*	rG	1		I	s
Kampfläufer	*Philomachus pugnax*	rG	1	0	I	s
Steinwälzer	*Arenaria interpres*	sG	2			s
Sumpfläufer	*Limicola falcinellus*	sG				b
Knutt	*Calidris canutus*	sG				b
Sanderling	*Calidris alba*	uG				b
Zwergstrandläufer	*Calidris minuta*	rG				b
Temminckstrandläufer	*Calidris temminckii*	uG				b
Sichelstrandläufer	*Calidris ferruginea*	uG				b
Meerstrandläufer	*Calidris maritima*	sG				b
Alpenstrandläufer	*Calidris alpina*	rG	1			s
Schmarotzerraubmöwe	*Stercorarius parasiticus*	sG				b

Deutscher Name	Wissenschaftlicher Name	Status	RL D	RL LSA	EU-VSR	Schutz
Falkenraubmöwe	*Stercorarius longicaudatus*	sG				b
Krabbentaucher	*Alle alle*	sG				b
Dreizehenmöwe	*Rissa tridactyla*	sG	R			b
Zwergmöwe	*Hydrocoloeus minutus*	uG	R		I	b
Lachmöwe	*Larus ridibundus*	uB, rG		V	II	b
Sturmmöwe	*Larus canus*	uG			II	b
Mantelmöwe	*Larus marinus*	sG	R		II	b
Silbermöwe	*Larus argentatus*	uG		R	II	b
Mittelmeermöwe	*Larus michahellis*	uG		R		b
Heringsmöwe	*Larus fuscus*	uG		R	II	b
Zwergseeschwalbe	*Sternula albifrons*	sG	1		I	s
Raubseeschwalbe	*Hydroprogne caspia*	sG	1		I	s
Weißbart-Seeschwalbe	*Chlidonias hybrida*	sG	R		I	b
Weißflügel-Seeschwalbe	*Chlidonias leucopterus*	sG	0			s
Trauerseeschwalbe	*Chlidonias niger*	uB, uG	1	2	I	s
Flussseeschwalbe	*Sterna hirundo*	uG	2	2	I	s
Straßentaube	*Columba livia* f. *domestica*	rB				-
Hohltaube	*Columba oenas*	rB, uG				b
Ringeltaube	*Columba palumbus*	rB, rG			II, III	b
Türkentaube	*Streptopelia decaocto*	rB		V	II	b
Turteltaube	*Streptopelia turtur*	rB, uG	3			s
Halsbandsittich	*Psittacula krameri*	Gf (?)				s
Kuckuck	*Cuculus canorus*	rB	V	V		b
Schleiereule	*Tyto alba*	rB				s
Raufußkauz	*Aegolius funereus*	uB				s
Steinkauz	*Athene noctua*	uB	2	1		s
Sperlingskauz	*Glaucidium passerinum*	sG			I	s
Waldohreule	*Asio otus*	rB, rG				s
Sumpfohreule	*Asio flammeus*	rG	1	2	I	s
Uhu	*Bubo bubo*	sG		3	I	s
Schneeeule	*Bubo scandiacus*	sG			I	s
Waldkauz	*Strix aluco*	rB		V		s
Ziegenmelker	*Caprimulgus europaeus*	rB, uG	3	2	I	s
Mauersegler	*Apus apus*	rB, rG		V		b

Deutscher Name	Wissenschaftlicher Name	Status	RL D	RL LSA	EU-VSR	Schutz
Blauracke	*Coracias garrulus*	eB	0	0	I	s
Eisvogel	*Alcedo atthis*	rB, rG		V	I	s
Wiedehopf	*Upupa epops*	uB, uG	2	1		s
Wendehals	*Jynx torquilla*	rB	2	V		s
Grauspecht	*Picus canus*	rB			I	s
Grünspecht	*Picus viridis*	rB	2	V		s
Schwarzspecht	*Dryocopus martius*	rB			I	s
Buntspecht	*Dendrocopos major*	rB				b
Mittelspecht	*Dendrocopos medius*	rB			I	s
Kleinspecht	*Dryobates minor*	rB	V			b
Pirol	*Oriolus oriolus*	rB	V	V		b
Rotkopfwürger	*Lanius senator*	sG	1	0		s
Neuntöter	*Lanius collurio*	rB			I	b
Raubwürger	*Lanius excubitor*	rB, rG	2	3		s
Elster	*Pica pica*	rB			II	b
Eichelhäher	*Garrulus glandarius*	rB, rG			II	b
Tannenhäher	*Nucifraga caryocatactes*	uG				b
Dohle	*Coloeus monedula*	rB, rG		3		b
Saatkrähe	*Corvus frugilegus*	rB, rG				b
Rabenkrähe	*Corvus corone*	rB, rG			II	b
Nebelkrähe	*Corvus cornix*	rB, rG			II	b
Kolkrabe	*Corvus corax*	rB, uG				b
Beutelmeise	*Remiz pendulinus*	(rB), uG				b
Blaumeise	*Parus caeruleus*	rB				b
Kohlmeise	*Parus major*	rB				b
Haubenmeise	*Parus cristatus*	rB				b
Tannenmeise	*Parus ater*	rB, uG				b
Sumpfmeise	*Parus palustris*	rB				b
Weidenmeise	*Parus montanus*	rB				b
Haubenlerche	*Galerida cristata*	rB	1	V		s
Heidelerche	*Lullula arborea*	rB	V		I	s
Feldlerche	*Alauda arvensis*	rB, rG	3	V		b
Ohrenlerche	*Eremophila alpestris*	uG				b
Uferschwalbe	*Riparia riparia*	rB, rG				s

Deutscher Name	Wissenschaftlicher Name	Status	RL D	RL LSA	EU-VSR	Schutz
Rauchschwalbe	*Hirundo rustica*	rB, rG	V	3		b
Mehlschwalbe	*Delichon urbicum*	rB, rG	V			b
Bartmeise	*Panurus biarmicus*	sG		V		b
Schwanzmeise	*Aegithalos caudatus*	rB, uG				b
Waldlaubsänger	*Phylloscopus sibilatrix*	rB		V		b
Fitis	*Phylloscopus trochilus*	rB, rG				b
Zilpzalp	*Phylloscopus collybita*	rB, rG				b
Feldschwirl	*Locustella naevia*	rB	V	V		b
Schlagschwirl	*Locustella fluviatilis*	(rB)				b
Rohrschwirl	*Locustella luscinioides*	uB				s
Seggenrohrsänger	*Acrocephalus paludicola*	sG	1	0	I	s
Schilfrohrsänger	*Acrocephalus schoenobaenus*	rB	V	2		s
Sumpfrohrsänger	*Acrocephalus palustris*	rB		V		b
Teichrohrsänger	*Acrocephalus scirpaceus*	rB				b
Drosselrohrsänger	*Acrocephalus arundinaceus*	rB	V	2		s
Gelbspötter	*Hippolais icterina*	rB		V		b
Mönchsgrasmücke	*Sylvia atricapilla*	rB				b
Gartengrasmücke	*Sylvia borin*	rB				b
Sperbergrasmücke	*Sylvia nisoria*	rB			I	s
Klappergrasmücke	*Sylvia curruca*	rB				b
Dorngrasmücke	*Sylvia communis*	rB		V		b
Wintergoldhähnchen	*Regulus regulus*	rB, rG				b
Sommergoldhähnchen	*Regulus ignicapilla*	rB, rG				b
Seidenschwanz	*Bombycilla garrulus*	uG				b
Kleiber	*Sitta europaea*	rB				b
Waldbaumläufer	*Certhia familiaris*	rB				b
Gartenbaumläufer	*Certhia brachydactyla*	rB				b
Zaunkönig	*Troglodytes troglodytes*	rB, rG				b
Star	*Sturnus vulgaris*	rB, rG				b
Wasseramsel	*Cinclus cinclus*	sG				b
Misteldrossel	*Turdus viscivorus*	rB, rG				b
Ringdrossel	*Turdus torquatus*	sG		1		b
Amsel	*Turdus merula*	rB, rG				b
Wacholderdrossel	*Turdus pilaris*	rB, rG				b

Deutscher Name	Wissenschaftlicher Name	Status	RL D	RL LSA	EU-VSR	Schutz
Singdrossel	*Turdus philomelos*	rB, rG				b
Rotdrossel	*Turdus iliacus*	rG				b
Grauschnäpper	*Muscicapa striata*	rB				b
Zwergschnäpper	*Ficedula parva*	uB(?)		R	I	s
Trauerschnäpper	*Ficedula hypoleuca*	rB				b
Halsbandschnäpper	*Ficedula albicollis*	sG	3		I	s
Braunkehlchen	*Saxicola rubetra*	rB, rG	3	3		b
Schwarzkehlchen	*Saxicola rubicola*	uB	V			b
Rotkehlchen	*Erithacus rubecula*	rB, rG				b
Sprosser	*Luscinia luscinia*	sG		0		b
Nachtigall	*Luscinia megarhynchos*	rB				b
Blaukehlchen	*Luscinia svecica*	uG	V	R	I	s
Hausrotschwanz	*Phoenicurus ochruros*	rB				b
Gartenrotschwanz	*Phoenicurus phoenicurus*	rB		3		b
Steinschmätzer	*Oenanthe oenanthe*	rB, uG	1	3		b
Heckenbraunelle	*Prunella modularis*	rB, rG				b
Haussperling	*Passer domesticus*	rB	V	V		b
Feldsperling	*Passer montanus*	rB	V	3		b
Spornpieper	*Anthus richardi*	sG				b
Brachpieper	*Anthus campestris*	rB	1	2	I	s
Baumpieper	*Anthus trivialis*	rB	V	V		b
Wiesenpieper	*Anthus pratensis*	rB, rG	V	V		b
Rotkehlpieper	*Anthus cervinus*	sG				b
Bergpieper	*Anthus spinoletta*	uG				b
Strandpieper	*Anthus petrosus*	sG				b
Gebirgsstelze	*Motacilla cinerea*	rB, uG				b
Wiesenschafstelze	*Motacilla flava*	rB, rG		V		b
Bachstelze	*Motacilla alba*	rB, rG		V		b
Buchfink	*Fringilla coelebs*	rB, rG				b
Bergfink	*Fringilla montifringilla*	rG				b
Kernbeißer	*Coccothraustes coccothraustes*	rB, rG				b
Gimpel	*Pyrrhula pyrrhula*	uB, uG				b
Karmingimpel	*Carpodacus erythrinus*	sG				s
Girlitz	*Serinus serinus*	rB				b

Deutscher Name	Wissenschaftlicher Name	Status	RL D	RL LSA	EU-VSR	Schutz
Fichtenkreuzschnabel	*Loxia curvirostra*	uG				b
Grünfink	*Carduelis chloris*	rB, uG				b
Stieglitz	*Carduelis carduelis*	rB, rG				b
Erlenzeisig	*Carduelis spinus*	rG				b
Bluthänfling	*Carduelis cannabina*	rB	V	V		b
Berghänfling	*Carduelis flavirostris*	uG				b
Birkenzeisig	*Carduelis flammea*	uG				b
Schneeammer	*Calcarius nivalis*	uG				b
Spornammer	*Calcarius lapponica*	sG				b
Grauammer	*Emberiza calandra*	rB, uG	3	3		s
Goldammer	*Emberiza citrinella*	rB, rG		V		b
Ortolan	*Emberiza hortulana*	rB	3	V	I	s
Rohrammer	*Emberiza schoeniclus*	rB, rG				b

Gesamteinschätzung

Mit dem Nachweis von 285 Vogelarten konnte in der Region Wittenberg ein großes Artenspektrum erfasst werden, das sich nur geringfügig von dem der sachsen-anhaltischen Nachbargebiete (Dessau-Roßlau und Bitterfeld) unterscheidet. 120 Arten brüten seit mindestens 1950 regelmäßig im Gebiet, 5 seit dem Zeitraum 1970/80, 30 weitere nur unregelmäßig (d.h. nicht alljährlich), 3 nur fraglich und 4 haben ehemals hier gebrütet. 106 Vogelarten erreichen als ausschließliche Gastvögel das Gebiet, davon 17 regelmäßig, 41 unregelmäßig (nicht alljährlich) und 48 nur selten. 10 Gefangenschaftsflüchtlinge und 5 Neozoen ergänzen das Artenspektrum, von denen 7 Arten lt. Art. 1 der VSR keine wildlebende europäische Vogelart sind (Schwarzschwan, Streifengans, Nilgans, Brautente, Mandarinente, Chilepfeifente, Fahlente). Von den als Brutvogel nachgewiesenen Arten kommen 95 auch als Gastvogel in die Wittenberger Region, so dass sich die Zahl der Gastvögel auf insgesamt 201 erhöht. Alle nachgewiesenen Arten, außer Fahlente und Steinhuhn, sind Vogelarten, die in der offiziellen Artenliste Sachsen-Anhalts (DORNBUSCH, M. 2001) aufgenommen sind. Diese Zahlen belegen eindeutig die hohe avifaunistische Bedeutung dieser Region im östlichen Sachsen-Anhalt.

Zahlreiche Faktoren, darunter auch vom Menschen verursachte, führen weltweit zu einem Rückgang vieler Tier- und Pflanzenarten, so auch von Vogelarten. In vielen Ländern wurden Checklisten der bedrohten Arten aufgestellt, in Deutschland nicht nur für das gesamte Land (SÜDBECK et al. 2007), sondern darüber hinaus auch für jedes Bundesland. Seit 1992 gibt es eine „Rote Liste der Vögel des Landes Sachsen-Anhalt" (DORNBUSCH, M. 1992), die im Jahr 2004 aktualisiert wurde (DORNBUSCH, G. et al 2004). Im Gebiet von Wittenberg kommen folgende Anzahlen von Vogelarten vor, die in diesen Listen in den einzelnen Gefährdungskategorien eingestuft sind:

	LSA	D
Kategorie 0 (Als Brutvogel ausgestorben oder verschollen)	8	7
Kategorie 1 (Vom Aussterben bedroht)	13	24
Kategorie 2 (Stark gefährdet)	17	19
Kategorie 3 (Gefährdet)	16	13
Kategorie V (Vorwarnliste)	32	21
Kategorie R (Extrem seltene Arten mit geographischer Restriktion)	11	10

Somit sind 97 Vogelarten, die in der Region Wittenberg vorkommen, in eine Gefährdungsstufe des Landes Sachsen-Anhalt und 94 in eine der Bundesrepublik Deutschland eingestuft. Damit wird deutlich, dass die Region neben der Bedeutung für eine artenreiche Vogelfauna auch eine große Bedeutung für das Vorkommen einer großen Anzahl landes- und bundesweit gefährdeter Vogelarten aufweist. Von den 155 regelmäßigen und unregelmäßigen Brutvogelarten weisen 70, das sind rund 45 %, einen Gefährdungsstatus auf, davon sind 7 Arten (Wiesenweihe, Großer Brachvogel, Uferschnepfe, Bekassine, Flussuferläufer, Steinkauz, Wiedehopf) vom Aussterben bedroht (Gefährdungskategorie 1).

Diese Erkenntnis signalisiert Veränderungen, denen die Bestände der Vogelarten in der Wittenberger Region unterliegen. Um derartige Veränderungen quantifiziert sichtbar zu machen, gibt es verschiedene Methoden der quantitativen Ornithologie, deren sich in der Wittenberger Region nur ansatzweise bedient wurde. Daher können diese Veränderungen nur aus der vergleichenden Betrachtung der langjährigen Beobachtungsergebnisse abgeleitet werden. Dabei ist es mitunter schwierig, kurzfristige arttypische Bestandsschwankungen von langfristigen Bestandsentwicklungen zu trennen. SCHÖNFELD & ZUPPKE (2008) haben versucht, aus den vorliegenden Beobachtungsdaten Trends der Beobachtungshäufigkeit der einzelnen Arten zu erkennen.

Im Zuge von Arealerweiterungen oder positiven Entwicklungen der Brutbestände in Mitteleuropa siedelten sich auch in der Wittenberger Region Vogelarten nach anfänglichen Brutversuchen als Brutvögel an: Kormoran, Schwarzstorch, Graugans, Brandgans, Schnatterente, Schellente, Seeadler, Fischadler, Kranich, Türkentaube, Raufußkauz, Schlagschwirl, Schwarzkehlchen, Beutelmeise und Kolkrabe, wobei einige von ihnen vermutlich schon in historischen Zeiten im Gebiet gebrütet hatten, dann aber ausgestorben oder ausgerottet waren.

Deutlich positive Bestandsentwicklungen oder –stabilisierungen zeigen gegenwärtig Kormoran, Schwarzstorch, Graugans, Seeadler, Fischadler, Kranich, Hohltaube, Ringeltaube, Uferschwalbe, Neuntöter, Drosselrohrsänger, Schwarzkehlchen, Grauammer, Girlitz, Saatkrähe und Kolkrabe.

Dagegen zeigen die Bestände folgender Vogelarten deutlich abnehmende Tendenzen bzw. sind teilweise sogar völlig erloschen: Zwergtaucher, Rotmilan, Rebhuhn, Kiebitz, Großer Brachvogel, Uferschnepfe, Steinkauz, Wiedehopf, Wendehals, Rauchschwalbe, Schafstelze, Brachpieper, Wiesenpieper, Schilfrohrsänger, Sumpfrohrsänger, Teichrohrsänger, Gelbspötter, Klappergrasmücke, Sperbergrasmücke, Trauerschnäpper, Steinschmätzer, Wacholderdrossel, Beutelmeise, Ortolan und Rohrammer.

Auch bei den Gastvögeln zeigten sich Veränderungen in der Häufigkeit ihres Auftretens, zum einen positive bei Silberreiher, Löffler, Singschwan, Zwergschwan, Blässgans, Kranich, Temminckstrandläufer, Silbermöwe, Seidenschwanz und Erlenzeisig, zum anderen negative bei Ohrentaucher, Lachmöwe, Trauerseeschwalbe, Wacholderdrossel und Bergfink, abgesehen von Schwankungen bei weiteren Arten.

Diese sichtbar gewordenen oder eingeschätzten Veränderungen stehen in Übereinstimmung mit den jüngsten Erkenntnissen, die auf der Grundlage von Erfassungsprogrammen und Monitorings des Bundesamtes für Naturschutz, der Länderarbeitsgemeinschaft der Vogelschutzwarten und des Dachverbandes Deutscher Avifaunisten für ganz Deutschland gewonnen wurden (SUDFELDT et al. 2008): Die Erhaltungssituation für fast die Hälfte der 260 Brutvogelarten in Deutschland ist ungünstig. Auch die Bestände der häufigen Vogelarten sind in Deutschland rückläufig. Besonders stark sind die Bestandsrückgänge der bodenbrütendern Feldvögel, der Feuchtgrünlandbewohner sowie der Bewohner der Sandstrände. Insgesamt sind dafür Lebensraumveränderungen bzw. –verluste verantwortlich. Darüber hinaus wird die Situation der Langstreckenzieher als sehr ungünstig eingeschätzt und eine nordöstliche Verlagerung der Rastgebiete der Wasservögel als Folge des Klimawandels festgestellt. Die aus der Summe dieser negativen Auswirkungen abgeleitete Forderung: „Bautätigkeit und Landnutzung müssen in Zukunft stärker auf die Ziele der Nachhaltigkeit ausgerichtet werden.“ gilt uneingeschränkt auch für die Wittenberger Region.

In Anbetracht dieser Entwicklungen sollte auch in der weiteren Zukunft die Vogelwelt der Wittenberger Region beobachtet werden, um nach Möglichkeit negative Einflüsse erkennen und abstellen zu können, damit die bisher nachgewiesene Artenvielfalt als Naturerbe der Allgemeinheit erhalten bleibt.

Literatur

ANSORGE, H. (1983): Ökofaunistische Aspekte der Singvogelbesiedlung in Kiefernforsten der Dübener Heide. – In: Hercynia N.F. 20, Heft 4, S. 348-360.

AK ST (2004): Erster Bericht der Avifaunistischen Kommission Sachsen-Anhalt (AK ST). – In: APUS 12, S. 238-241.

AK ST (2008): Vierter Bericht der Avifaunistischen Kommission Sachsen-Anhalt (AK ST). – In: APUS 13, S. 427-437.

BARTHEL, P.; HELBIG, A. J. (2005): Artenliste der Vögel Deutschlands. – In: Limicola 19, S. 89-111.

BAUER, H.-G.; BERTHOLD, P. (1997): Die Brutvögel Mitteleuropas. – AULA-Verlag Wiesbaden.

BAUMANN, W. (1935): Der Zilpzalp. – In: Die Dübener Heide 5, S. 40-44.

BEICHE, S. (2003): Bruten des Höckerschwans im Landkreis Wittenberg 2002. – In: FG WB/REHN (2003): Avifaunistischer Jahresbericht 2002 Region Wittenberg. – Unveröffentl. Bericht der FG Wittenberg.

BENECKE, O. (1922): Ein seltener Brutvogel in Schmiedebergs Umgebung. – In: Ornithologische Monatsschrift 47, S. 73-74.

BENECKE, O. (1935): Der Triel in der Dübener Heide. – In: Die Dübener Heide 1935, S. 126.

BENECKE, O. (1937): Ein Naturdenkmal in Schmiedebergs Umgebung. – In: Heide und Heimat 7, S. 8.

BEZZEL, E. (2006): Nachlese: Artenschutzreport zum Vogel des Jahres 2005. Situation des Uhus in Mitteleuropa. – In: Der Falke 53, S. 28-29.

BfN (2008): Artenschutzdatenbank des Bundesamtes für Naturschutz in Bonn (Stand: 01.07.2008). – www.wisia.de

BLUME, D. (1963): Die Buntspechte. – Neue Brehm-Bücherei Nr. 315. A. Ziemsen Verlag Wittenberg Lutherstadt.

BLUME, D. (1973): Schwarzspecht, Grünspecht, Grauspecht. – Neue Brehm-Bücherei Nr. 300. A. Ziemsen Verlag Wittenberg Lutherstadt.

BÖHME, F. (1957): Der Storch (Weißstorch, *Ciconia ciconia*) – ein Charaktervogel des Kreises Wittenberg. – In: Wittenberger Rundblick 3, Nummer 7, S. 170-172.

BÖHME, F. (1962): Austernfischer (*Haematopus ostralegus*) an der Elbe bei Wittenberg. - In: Der Falke 9, S. 69.

BÖHME, F. (1966): Die Beutelmeise, *Remiz pendulinus* (L.), in der Elbniederung bei Wittenberg Lutherstadt. - In: Beiträge zur Vogelkunde 11, S. 302-312.

BÖHME, F. (1968a): Seidenreiher an den Altwässern bei Wittenberg. - In: Beiträge zur Vogelkunde 14, S. 93.

BÖHME, F (1968b).: Einige bemerkenswerte Beobachtungen in der Elbniederung bei Wittenberg. - In: Beiträge zur Vogelkunde 14, S. 92.

BÖHME, F. (1971): Regenbrachvogel bei Bösewig. - In: APUS 2, S. 192.

BÖHME F. (1972): Krabbentaucher auf dem Bergwitzer See bei Wittenberg. - In: Beiträge zur Vogelkunde 18, S. 294-296.

BÖHME, F. (1974a): Brütete der Schwarzstorch im Auwald bei Wittenberg? - In: Der Falke 21, S. 418-419.

BÖHME, F. (1974b): Einige weitere bemerkenswerte Beobachtungen in der Elbniederung bei Wittenberg. – In: Beiträge zur Vogelkunde 20, S. 155-157.

BÖHME, F.; ZUPPKE, U. (1974): Der Bestand des Weißstorchs, *Ciconia ciconia*, im Kreis Wittenberg (Bezirk Halle) von 1955 bis 1970. - In: Beiträge zur Vogelkunde 20, S. 67-104.

BÖHME, F.; ZUPPKE, U. (1976): Der Bestand des Weißstorchs, *Ciconia ciconia*, im Kreis Wittenberg (Bezirk Halle) von 1971 bis 1975. - In: Beiträge zur Vogelkunde 22, S. 161-166.

BOOST, CH.; BRECHT, E.; GENSICHEN, H.-P.; KRAUSE, J.; SCHOLZ, G. (1988): Einmischung in die Schöpfung. – Wittenberger Sonntagsvorlesungen 1987. – Kirchliches Forschungsheim Wittenberg.

BRÄSE, M. (1993a): Zustandsbericht für die Natur- und Landschaftsschutzgebiete im Landkreis Jessen/E.- Unveröffentl. Bericht im Auftrag der Unteren Naturschutzbehörde Wittenberg. 76 S.

BRÄSE, M. (1993b): Brutnachweis des Fichtenkreuzschnabels im Kreis Jessen. - In: Der Falke 40, S. 58.

BRAUN, P. (1989): Fichtenkreuzschnabel-Beobachtungen in der Natur und in der Voliere. – In: Der Falke 36, S. 154-155.

DATHE, H. (1966): Friedrich Böhme 65 Jahre. - In: Der Falke 13, S. 201.

DBV-INFO (1990): Kontakte zur DDR. – In: DBV-Info 1990, Heft 1, S.30-38. - Deutscher Bund für Vogelschutz Kreisgruppe Göttingen.

DEUTSCHE SELTENHEITENKOMMISSION (1994): Seltene Vogelarten in Deutschland 1991 und 1992. – In: Limicola 8, S.194.

DEUTSCHE SELTENHEITENKOMMISSION (1997): Seltene Vogelarten in Deutschland 1995. – In: Limicola 11, S.160.

DIEN, J.; LIPPERT, W. (1967): Die Ergebnisse der 2. Elbe-Wasservogel-Zählung vom 16.1.1966. – In: Der Falke 14, S. 26-30.

DORNBUSCH, G.; FISCHER, S.(2004): Ergebnisse von Sondererfassungen in Sachsen-Anhalt 2003 (Kormoran-Mitwinterzählung, Goldregenpfeifer-Synchronzählung). – In: Berichte des Landesamtes für Umweltschutz Sachsen-Anhalt, Sonderheft 4/2004, S. 76-78.

DORNBUSCH, G.; GEDEON, K.; GEORGE, K.; GNIELKA, R.; NICOLAI, B. (2004): Rote Liste der Vögel (Aves) des Landes Sachsen-Anhalt. – In: Berichte des Landesamtes für Umweltschutz Sachsen-Anhalt, Heft 39, S. 138-143.

DORNBUSCH, G.; SCHEIL, G. (2006): Die Bestandsentwicklung des Kranichs (*Grus grus*) in Sachsen-Anhalt. – In: Berichte des Landesamtes für Umweltschutz Sachsen-Anhalt, Sonderheft 1/2006, S. 29-32.

DORNBUSCH, G.; FISCHER, S.; GEORGE, K.; NICOLAI, B.; PSCHORN, A. (2007): Bestände der Brutvögel Sachsen-Anhalts – Stand 2005. – In: Berichte des Landesamtes für Umweltschutz Sachsen-Anhalt, Sonderheft 2/2007, S. 121-125.

DORNBUSCH, M. (1992): Rote Liste der Vögel des Landes Sachsen-Anhalt. – In: Berichte des Landesamtes für Umweltschutz Sachsen-Anhalt 1, S. 13-15.

DORNBUSCH, M. (2001): Artenliste der Vögel im Land Sachsen-Anhalt. – In: APUS 11, Sonderheft, S. 1-46.

ENGLER, B.; BAUER, H.-G. (2002): Dokumentation eines starken Bestandsrückgangs beim Haussperling (*Passer domesticus*) in Deutschland auf Basis von Literaturangaben von 1850-2000. – In: Die Vogelwarte 41, S. 196-210.

FG WB/REHN (1998): Avifaunistischer Jahresbericht 1997 Altkreis Wittenberg. – Unveröffentl. Bericht.

FG WB/REHN (1999): Avifaunistischer Jahresbericht 1998 Altkreis Wittenberg. – Unveröffentl. Bericht.

FG WB/REHN (2000): Avifaunistischer Jahresbericht 1999 Region Wittenberg. – Unveröffentl. Bericht.

FG WB/REHN (2001): Avifaunistischer Jahresbericht 2000 Region Wittenberg. – Unveröffentl. Bericht.

FG WB/REHN (2002): Avifaunistischer Jahresbericht 2001 Region Wittenberg. – Unveröffentl. Bericht.

FG WB/REHN (2003): Avifaunistischer Jahresbericht 2002 Region Wittenberg. – Unveröffentl. Bericht.

FG WB/REHN (2004): Avifaunistischer Jahresbericht 2003 Region Wittenberg. – Unveröffentl. Bericht.

FG WB/REHN (2005): Avifaunistischer Jahresbericht 2004 Region Wittenberg/Teil I Nonpasseres. - Unveröffentl. Bericht.

FG WB/SCHÖNFELD (2005): Avifaunistischer Jahresbericht 2004 Region Wittenberg/Teil II Passeres. - Unveröffentl. Bericht.

FG WB/ZUPPKE (2006): Avifaunistischer Jahresbericht 2005 Region Wittenberg/Teil I Nonpasseres. - Unveröffentl. Bericht.

FG WB/SCHÖNFELD (2006): Avifaunistischer Jahresbericht 2005 Region Wittenberg/Teil II Passeres. - Unveröffentl. Bericht.

FG WB/ZUPPKE (2007): Avifaunistischer Jahresbericht 2006 Region Wittenberg. – Unveröffentl. Bericht.

FISCHER, S.; DORNBUSCH, G. (2006): Bestandssituation ausgewählter Brutvogelarten in Sachsen-Anhalt – Jahresbericht 2005. – In: Berichte des Landesamtes für Umweltschutz Sachsen-Anhalt, Sonderheft 1/2006, S. 5-27.

FISCHER, S.; DORNBUSCH, G. (2008): Bestandssituation ausgewählter Brutvogelarten in Sachsen-Anhalt – Jahresbericht 2007. – In: Berichte des Landesamtes für Umweltschutz Sachsen-Anhalt, Sonderheft 4/2008, S. 5-34.

FRENZEL, G.S.T. (1801): Beschreibung der Vögel und ihrer Eyer in der Gegend um Wittenberg zur Naturgeschichte des Churkreises. – aus dem Tzschiedrichschen Officin, Wittenberg. – In: HARTERT (1931): Seltene Bücher. – Mitteilungen des Vereins sächsischer Ornithologen 3, S. 180-191.

FRENZEL, K. (1972): Brutvorkommen des Austernfischers im Kreis Genthin. – In: APUS 2, S. 280-281.

GEDEON, K.; MITSCHKE, A.; SUDFELDT, C.; Hrsg. (2004): Brutvögel in Deutschland. – Stiftung Vogelmonitoring Deutschland. Hohenstein-Ernstthal.

GENSICHEN, H.-P. (1979): OTTO KLEINSCHMIDTs Formenkreislehre: Zoogeographie, Systematik, Evolutionsforschung, Anthropologie. – In: Biologische Rundschau (Jena) 17, Heft 2, S.73-84.

GERBER, R. (1956): Die Saatkrähe. – Neue Brehm-Bücherei Nr.181, A. Ziemsen Verlag Wittenberg Lutherstadt.

GERSTENBERGER, J. (1970): Massenauftreten des Kormorans 1968 an der Mittelelbe. - In: APUS 2, S. 41-42.

GERSTENBERGER, J. (1975): Brutversuch der Trauerseeschwalbe im NSG Alte Elbe bei Bösewig (Kr.Wittenberg). - In: APUS 3, S. 283-284.

GLUTZ VON BLOTZHEIM U.N. et al. (1966-96): Handbuch der Vögel Mitteleuropas. Band 1-9: Akademische Verlagsgesellschaft, Frankfurt a.M; Band 10-14: AULA-Verlag Wiesbaden.

GNIELKA, R. (1968): Avifaunistische Radexkursionen durch die Dübener Heide. – In: APUS 1, S. 181-193.

GNIELKA, R. (1985a): Bestandserfassung der Haubenlerche im Bezirk Halle. - In: APUS 6, S. 19-21.

GNIELKA, R. (1985b): Die Verbreitung der Heidelerche im Bezirk Halle. – In: APUS 6, S. 21-24.

GNIELKA, R. (1992): Einwanderung und Bestandsentwicklung der Wacholderdrossel in Sachsen-Anhalt. - In: APUS 8, S. 12-19.

GNIELKA, R. (1998): Die Brutvögel der westlichen Dübener Heide. – In: APUS 10, S. 109-110.

GRAFF, H. (2008): 50 Jahre Weißstorch-Beringung im Mittelelbe-Gebiet. – In: KAATZ, C.; KAATZ, M. (Hrsg.): 3. Jubiläumsband Weißstorch 2008, S. 376-381; Loburg.

GREMPE, G. (1968): Rotkopfwürger bei Wittenberg. - In: APUS 1, S. 254.

GREMPE, G. (1971): Ungewöhnliche Ansammlung von Dunklen Wasserläufern. - In: APUS 2, S. 193-194.

HALFMANN, J. (1997): Schutzwürdigkeitsgutachten mit Angaben zur Pflege und Entwicklung 1997-2001 für das geplante NSG „Teucheler Heide und Grützmühlmoor". - Unveröffentl. Gutachten; Umweltvorhaben Möller & Darmer GmbH Berlin.

HAMPE, H.(1975): Grauspechtvorkommen im Dessauer Gebiet. - In: APUS 3, S. 272-274.

HAMPE, H. (1982): Zwergschnäpper und Schlagschwirl in der Dübener Heide. - In: APUS 5, S. 51-52.

HAMPE, H. (1985): Wasservogelzählungen im Raum Dessau – 1978 bis 1984. – In: APUS 6, S. 72-81

HAMPE, H. (1990): Teichwasserläufer bei Bösewig. – In: APUS 7, S. 269.

HAMPE, H. (1992): Wasservogelzählungen im Raum Dessau – 1984 bis 1992. – In: APUS 8, S. 109-118

HAMPE, H. (1999): Vom Mittelspecht im Raum Dessau. Mit Ergebnissen zur Siedlungsdichte im Vergleich zu Bunt- und Kleinspecht. – In: APUS 10, S. 182-190.

HAMPE, H.; HINSCHE, A. (1967a): Zwergschwäne auf der Alten Elbe bei Bösewig. - In: APUS 1, S. 140-141.

HAMPE, H.; HINSCHE, A. (1967b): Eiderente und Brandgans bei Wittenberg. - In: APUS 1, S. 142.

HELMSTAEDT, K.W. (1972): Beobachtung eines neuen „Pfeilstorches". – In: Der Falke 19. S. 222-227.

HENTSCHEL, D. (1995): Erstellen eines Pflege- und Entwicklungsplanes für die Wald- und Gehölzbiotope des NSG „Crassensee" im Biosphärenreservat Mittlere Elbe. – Dipl.-Arbeit Fachhochschule Erfurt, Fachbereich Landschaftsarchitektur.

HINSCHE A. (1966a): Überwinternde Seeadler – *Haliaeetus albicilla* (L.) – im Mittelelbegebiet. – In: APUS 1, S. 2-14.

HINSCHE A. (1966b): Rotkehlpieper bei Bösewig. - In: APUS 1, S. 96-97.

HINSCHE, A. (1967): Purpurreiher bei Wittenberg. - In: APUS 1, S. 138-139.

HINSCHE, A. (1968a): Massierung von Turteltauben vor dem Herbstzug. - In: APUS 1, S. 198-199.

HINSCHE, A (1968b): Herbstbeobachtung des Rotkehlpiepers bei Wittenberg. - In: APUS 1, S. 201.

HINSCHE, A. (1969): Weitere Rotfußfalken-Beobachtungen. - In: APUS 1, S. 293-294.

HINSCHE, A. (1970): Zum Durchzug des Regenbrachvogels im Mittelelbegebiet. - In: APUS 2, S. 45-46.

HINSCHE, A.; SCHWARZE, E. (1970): Beitrag zum Wintervorkommen des Gerfalken im Mittelelbegebiet. - In: APUS 2, S. 88-91.

HINSCHE, A. (1971): Der Greifvogelbestand der Elbaue zwischen Wittenberg und Dessau. – In: APUS 2, S. 171-177.

HINSCHE, A. (1977): Eine Auenbrut der Weidenmeise im Mittelelbegebiet. – In: APUS 1, S. 15-18.

HINSCHE, A. (1980a): Zum Brutvorkommen der Wacholderdrossel -*Turdus pilaris* L. - im Mittelelbegebiet (LSG Mittlere Elbe). - In: Naumann-Festschrift 1980, S. 90-101.

HINSCHE A. (1980b): Notizen zur Mäusekalamität und Greifvogelanhäufung im Raum Bösewig-Klöden im Jahre 1978. - In: Naturschutz und naturkundliche Heimatforschung in den Bezirken Halle und Magdeburg 17, Heft 2, S. 27-30.

HINSCHE, A. (1986): Ein Durchzugs- und Rastgebiet des Goldregenpfeifers im Mittelelberaum. - In: APUS 6, S. 145-149.

HOFMANN, T. (2004): Erfassung des Brutvogelbestandes ausgewählter Grünlandflächen im Landkreis Wittenberg (Sachsen-Anhalt). – Unveröffentl. Studie. Auftraggeber: Untere Naturschutzbehörde Wittenberg.

IÖN (1992): Truppenübungsplatz Glücksburger Heide, Sachsen-Anhalt, Kreis Jessen (Biotopkartierung und Einschätzung des Naturschutzwertes ehemaliger militärischer Übungsgelände der Streitkräfte der UdSSR bzw. der GUS). – Unveröffentl. Bericht des Instituts für Ökologie und Naturschutz e.V.

JAHN, G. (1971): Austernfischerbrut bei Wittenberge an der Elbe. – In: APUS 2, S. 191-192.

JORDANS, A.; PEUS, F. (1950): SYLLEGOMENA BIOLOGICA. Festschrift zum 80. Geburtstage von Herrn Pastor Dr. med. h.c. OTTO KLEINSCHMIDT Lutherstadt Wittenberg am 13. Dezember 1950. – Leipzig – Wittenberg.

JUNG, N. (1975): Zum Problem der Halsbanddohlen. – In: Der Falke 22, Heft 6, S. 194.

KLEINSCHMIDT, O. (1926): Die Formenkreislehre und das Weltwerden des Lebens. Halle/S.

KLEINSCHMIDT, O. (1930): Plaudereien über die Vogelfauna von Wittenberg. – In: Die Vogelschutzwarte. Hugo Bermühler Verlag Berlin-Lichterfelde, S. 86-90.

KLEINSCHMIDT, O.: (1942): Frage an alle: - In: Falco 38, S. 2. (erschienen 1943).

KNOCHENMUß, F. (1972): Spornammern und Seeadler an der Elbe bei Prettin. – In: Der Falke 19, S. 283.

KOCH, D. & BIESELT, U. (1993): Erfassung der Vogelwelt des Riß zwischen Klöden und Mündung mit Hinweisen zum Schutz, Pflege und Entwicklung des Gebietes. – Unveröffentl. Studie im Auftrag der Naturschutzbehörde Jessen. 11 S.

KÖCK, U.-V. (1978): Der Kolkrabe jetzt auch Brutvogel in der Dübener Heide. - In: APUS 4, S. 92-93.

KÖCK, U.-V. (1981): Zur Wiederbesiedlung des Südteils der DDR durch den Kolkraben, *Corvus corax* L. – In: Beiträge zur Vogelkunde 27, S. 313-328.

KOLBE, H. (1963): Verbreitung der Gebirgsstelze (*Motacilla cinerea*) auf der südlichen Flämingabdachung. - In: Vogelwelt 84, S. 84-90.

KOLBE, H. (1966): Über das Vorkommen der Weidenmeise (*Parus montanus* Conrad) im Südfläming und Mittelelbegebiet. – In: APUS 1, S. 45-47.

KOLBE, H. (2004): Der Uhu, *Bubo bubo,* ein neuer Brutvogel im anhaltischen Teil des Fläming-Vorlandes. – In: APUS 12, S. 248-249.

KUHLIG, A.; RICHTER, M. (1998): Die Vogelwelt des Landkreises Bitterfeld. – Bitterfelder Heimatblätter, Sonderheft.

LAU (2008a): Naturschutzgebiete in Sachsen-Anhalt. - www.lau-st.de.

LAU (2008b): Liste der EU-Vogelschutzgebiete. - www.lau-st.de.

LENNIG, G. (1970): Sommerbeobachtung juveniler Gänsesäger an der Mündung der Schwarzen Elster. - In: APUS 2, S. 130-132.

LPR: ZUPPKE, U.; KRUMMHAAR, B.; MÜLLER, G.; WARTHEMANN, G. (1994): Studie zur Pflege und Entwicklung des geplanten NSG „Durchstich". – Unveröffentl. Studie im Auftrag des Umweltamtes Wittenberg.

MATSCHIE, P. (1887): Versuch einer Darstellung der Verbreitung von Corvus corone L., Corvus cornix L. und Corvus frugilegus L. – In: Journal für Ornithologie 35, S. 614-648.

MERZWEILER, A. (1957): Säbelschnäbler im Dezember an der Schwarzen Elster. – In: Der Falke 4, S. 138.

MERZWEILER, A. (1964): Abnormer Grauammergesang im Frühjahr und Sommer 1961. – In: Der Falke 11, S. 66.

MERZWEILER, A. (1965): Die Vogelwelt der unteren Schwarzen Elster (Jessen/Elster und Umgebung). - In: Beiträge zur Vogelkunde 11, S. 55-76.

MEY, E. (1978): Ornithologische Beobachtungen aus der Annaburger Heide. – In: Der Falke 25, S. 245.

MEYER, H.; SCHULZ, R. (1997): Nachruf für Günther Köhler. - In: Naturschutz im Land Sachsen-Anhalt 34, Heft 1, S. 46-47.

MÖCKEL, R. (1996): Arealveränderungen des Rauhfußkauzes *Aegolius funereus* im Osten Deutschlands. – In: Die Vogelwelt 117, S. 57-66.

MORCHE, H. (1955): Das Ende einer Fischreiherkolonie. - In: Der Falke 2, S. 142.

NAUMANN, J. F.; HENNICKE; E. R. (1897-1905): Naturgeschichte der Vögel Mitteleuropas, 12 Bände. Gera.

NICOLAI, B. (1992): Zur avifaunistischen Bedeutung des Mittelelbegebietes (Sachsen-Anhalt). – In: Berichte des Landesamtes für Umweltschutz Sachsen-Anhalt, Heft 5, S. 42-53.

PATZAK, U. (1989): Kartierung der Brutvögel in der Kuhlache Jessen im Rahmen der Vorbereitung zur Unterschutzstellung des Gebietes. - Unveröffentl. Bericht im Auftrag der Naturschutzbehörde Jessen. 7 S.

PATZAK, U. (1993): Untersuchungen zur Siedlungsdichte der Brutvögel im geplanten Landschaftsschutzgebiet „Glücksburger Heide“ mit Hinweisen zu Pflege- und Entwicklungsrichtlinien des untersuchten Gebietes. – Unveröffentl. Bericht im Auftrag der Naturschutzbehörde Jessen. 32 S.

PATZAK, U.; SEELIG, K.-J. (2006): Die Brutvögel des Mittelelbegebietes zwischen Mulde- und Saalemündung. – APUS 13, Sonderheft, 119 Seiten.

PENNINTON, M. G.; MEEK, E. R. (2006): „Trompetergimpel“: Der europaweite Blick aus Großbritannien. – In: British Birds 99, S. 2-24 (zit. in: Der Falke 53, S. 130).

PIECHOCKI, R. (1964): Über die Vogelverluste im strengen Winter 1962/63 und ihre Auswirkungen auf den Brutbestand 1963. – In: Der Falke 11, S. 10-15.

PIECHOCKI, R. (1966): Über die Verluste der Ziegenmelker. – In: Der Falke 13, S. 184-189.

PIECHOCKI, R. (1970): Beiträge zur Avifauna Mitteldeutschlands. 5. Mitteilung (Charadriiformes). - In: APUS 2, S.136-138.

PIECHOCKI, R. (1971): Die Invasion Sibirischer Tannenhäher 1968/69 in der DDR. - In: Der Falke 18, Heft 1, S. 4-26 und Heft 2, S. 40-57.

PIECHOCKI, R. (1979): CHRISTIAN LUDWIG NITZSCH, Ordinarius für Naturgeschichte an der Universität Halle an JOHANN FRIEDRICH NAUMANN. - In: Wissenschaftliche Hefte der Pädagogischen Hochschule Köthen 6, S. 49-76.

PIRL (1889): Eine Schneeeule erlegt bei Wittenberg. – In: Monatsschrift des Deutschen Vereins zum Schutze der Vogelwelt XIV, Nr. 6, S. 168-170.

RASCHIG, P.; SIMON, B. (1987): Untersuchungen am Bestand der Schleiereule *Tyto alba* (SCOPOLI) im Kreis Jessen/E. 1974-85. – In: Populationsökologie der Greifvogel- und Eulenarten 1; S. 399-414. (Wiss. Beiträge der Martin-Luther-Universität Halle-Wittenberg 1987/14).

RASCHIG, P.; SIMON, B. (1993): Entwicklung und Schutz des Weißstorchbestandes vom Landkreis Jessen im Zeitraum zwischen 1957 und 1992. – In: Praktischer und wissenschaftlicher Storchenschutz in Sachsen-Anhalt. 1. Sachsen-Anhaltinischer Storchentag (Information), S. 30-34.

RASCHIG, P. (2005a): 2742 Adebare erhielten einen Ring. Über 40 Jahre Storchenberingung im Territorium. – In: Heimatkalender 2005 für das Jessener Land, S. 38-40.

RASCHIG, P. (2005b): Die wahre Geschichte vom Storch Casanova. - In: Heimatkalender 2005 für das Jessener Land, S. 65-66.

RASCHIG, P. (2008): Bigamie beim Weißstorch nachgewiesen. – In: KAATZ, C.; KAATZ, M. (Hrsg.): 3. Jubiläumsband Weißstorch 2008, S. 429-430; Loburg.

REHN, H.; SCHÖNFELD, M.; SEIFERT, G.; ZUPPKE, U. (2007): Liste der im Rahmen des Artenschutzrechtlichen Fachbeitrages zu behandelnden Vogelarten für den Landkreis Wittenberg. – Unveröffentl. Arbeitsgrundlage der UNB Wittenberg.

ROCHLITZER, R. (1993): Die Vogelwelt des Gebietes Köthen. - Hrsg.: Naumann-Museum Köthen.

ROST, F.; BRÄUTIGAM, H. (1979): Beobachtungen aus der Dübener Heide. – In: APUS 4, S. 121-128.

SCHÄFFER, N.; STICKROTH, H. (2008): Der Kuckuck – zu spezialisiert für diese neue Welt? – In: Der Falke 55, S. 14-19.

SCHALOW, H. (1919): Beiträge zur Vogelfauna der Mark Brandenburg. – Berlin.

SCHLÄPFER, A. (1988): Populationsökologie der Feldlerche *Alauda arvensis* in der intensiv genutzten Agrarlandschaft. – In: Der Ornithologische Beobachter 85, S. 309-371.

SCHÖNFELD, M. (1977): Brutvorkommen des Schlagschwirls im Kreis Wittenberg. - In: APUS 4, S. 14-15.

SCHÖNFELD M. (1978a): Der Weidenlaubsänger. – Neue Brehm-Bücherei Nr.511. A. Ziemsen Verlag Wittenberg Lutherstadt.

SCHÖNFELD M. (1978b): Zum Brutvorkommen der Weidenmeise im Mittelelbegebiet. - In: APUS 4, S. 85-88.

SCHÖNFELD, M.; ZUPPKE, U. (1980): Ausbreitung und Vorkommen der Beutelmeise im Wittenberger Raum. - In: APUS 4, S. 176-186.

SCHÖNFELD, M. (1982a): Der Fitislaubsänger. – Neue Brehm-Bücherei Nr.539. A. Ziemsen Verlag Wittenberg Lutherstadt.

SCHÖNFELD, M. (1982b): Beitrag zur Biologie der Schwäne. – In: Der Falke 29, S. 205-206.

SCHÖNFELD, M.; ZUPPKE, U.; BECHER, H. (1985): Die Vögel des Kreises Wittenberg – eine kommentierte Artenliste. – In: APUS 6, S. 49-65.

SCHÖNFELD, M.; ZUPPKE, U. (1985): Die Saatkrähe im Kreis Wittenberg. – In: APUS 6, S. 95-96.

SCHÖNFELD, M. (1989): Beiträge zur Biologie der Beutelmeise, *Remiz pendulinus* (L.). - In: APUS 7, S. 49-87.

SCHÖNFELD, M. (1992): Untersuchungen zur Vogelwelt eines Industriestandortes bei Wittenberg-Piesteritz. – In: APUS 8, S. 120-126.

SCHÖNFELD, M. (1994a): Beiträge zur Kenntnis der Besiedlung anthropogen geschaffener Biotope durch Vögel. Teil I: Siedlungsbiotope. – In: Naturwissenschaftliche Beiträge des Museums Dessau, Heft 8, S. 79-94.

SCHÖNFELD, M. (1994b): Die Beutelmeise. – Neue Brehm-Bücherei Nr. 599. Westarp Wissenschaften Magdeburg.

SCHÖNFELD, M.; ZUPPKE, U. (1994): Die Vogelwelt in und um Wittenberg. – In: DARMER & MÖLLER: Umweltatlas der Lutherstadt Wittenberg. – Unveröffentl. Studie Umweltvorhaben Möller & Darmer GmbH Berlin, 55 S.

SCHÖNFELD, M. (1996): Brut des Mäusebussards auf Straßenbaum. – In: APUS 9, S. 222.

SCHÖNFELD, M.; REHN, H.; ZUPPKE, U. (1996): Vermutlicher Ansiedlungsversuch des Sprossers am Stadtrand von Wittenberg. – In: APUS 9, S. 223-225.

SCHÖNFELD, M.; ZUPPKE, U.; REHN, H. (1997): Betrachtungen zum Status der Vogelarten im Altkreis Wittenberg/Sachsen-Anhalt. – In: APUS 9, S. 301-344.

SCHÖNFELD, M (1997): Karmingimpel in Lutherstadt Wittenberg. – In: APUS 9, S. 294-295.

SCHÖNFELD, M. (1998): Beiträge zur Kenntnis der Besiedlung anthropogen geschaffener Biotope durch Vögel. Teil II: Biotope der offenen Landschaft. – In: Naturwissenschaftliche Beiträge des Museums Dessau, Heft 10, S. 127-142.

SCHÖNFELD, M. (2002a): Die Vogelwelt des Apollensberges – Landkreis Wittenberg. – In: APUS 11, S. 255-260.

SCHÖNFELD, M. (2002b): Erneuter Ansiedlungsversuch des Sprossers bei Wittenberg. – In: APUS 11, S. 261-267.

SCHÖNFELD, M. (2003): Brut des Kolkraben im Stadtgebiet Wittenberg. – In: APUS 11, S. 417-419.

SCHÖNFELD, M. (2004a): Ansiedlungsversuch des Sprossers im Stadtgebiet Wittenberg. – In: APUS 12, S. 195-196.

SCHÖNFELD, M. (2004b): Zu Vorkommen, Bestandsentwicklung und Biometrie der Nachtigall (*Luscinia megarhynchos* C.L.BREHM) in Gehölzresten des Elbetales um Wittenberg im Vergleich mit anderen Gebieten. – In: Naturwissenschaftliche Beiträge des Museums Dessau. Heft 16, S. 5-27.

SCHÖNFELD, M. (2004c): Die Arealdynamik des Schlagschwirls *Locustella fluviatilis* auch im Elbetal bei Wittenberg nachgewiesen. – In: Ornithologische Mitteilungen 56, S. 324-325.

SCHÖNFELD, M. (2005): Klimaerwärmung und Ankunft der Nachtigall *Luscinia megarhynchos* im Elbtal um Wittenberg. – In: Ornithologische Mitteilungen 57, S. 266.

SCHÖNFELD, M. (2006): Medianwerte der Erst- und Letztfeststellungen ausgewählter Zugvögel im Vergleich von 1975 bis 2005 sowie von Zehnjahreszeiträumen für den Altkreis Wittenberg/Sachsen-Anhalt.

1.Teil: Jahresvögel, Teilzieher, Überwinterer Südeuropa/Nordafrika. – In: Ornithologische Mitteilungen 58, S. 131-140.

2.Teil: Überwinterer in Afrika südlich der Sahara und nördlich des Äquators. - In: Ornithologische Mitteilungen 58, S. 158-172.

SCHÖNFELD, M. (2007): Vorkommen und Verbreitung von Waldbaumläufer (*Certhia familiaris macrodactyla* C.L.Brehm, 1831) und Gartenbaumläufer (*Certhia b. brachydactyla* C.L.Brehm, 1820) im Mittelelbegebiet, Altkreis Wittenberg, vom Südrand des Fläming bis zum Nordrand der Dübener Heide. – In: Vertebrate Zoology 57 (1), S. 83-102.

SCHÖNFELD, M.; ZUPPKE, U. (2008): Betrachtungen zum Status der Vogelarten im Altkreis Wittenberg unter Einbeziehung ausgewählter Arten in Gebieten des Landkreises Wittenberg in den Grenzen von 2006. – In: APUS 13, S. 373-415.

SCHÖNFELD, M. (2008a): Verhaltensweisen und Lautäußerungen der Waldbaumläufer (*Certhia familiaris macrodactyla* C. L. BREHM, 1831) und Gartenbaumläufer (*Certhia b. brachydactyla* C.L. BREHM, 1820) bei syntopen Vorkommen im Mittelelbegebiet bei Wittenberg/Sachsen-Anhalt. – In: Vertebrate Zoology 58, (1), S. 93-112.

SCHÖNFELD, M. (2008b): Anmerkungen zum Nachweis der Nilgans *Alopochen aegyptiacus* im Altkreis Wittenberg. – In: Ornithologische Mitteilungen 60, S. 426-429.

SCHUBERT, P. (1985): Verbreitung und Ökologie von Winter- und Sommergoldhähnchen im Fläming. – In: APUS 6, S. 88-93.

SCHULZ, G. (1983): Brutversuch des Austernfischers an der Mittelelbe. - In: APUS 5, S. 143-144.

SCHULZE, M.; MEYER, F. (2001): Schutz und Pflege von Zwergstrauchheiden in Sachsen-Anhalt – am Beispiel der „Woltersdorfer Heide“. – In: Naturschutz im Land Sachsen-Anhalt 38, Heft 2, S. 3-18.

SCHULZE, M.; MEYER, F. (2004): Brutvorkommen ausgewählter Vogelarten und deren Erhaltungszustand im EU SPA Glücksburger Heide im Jahr 2003. - In: Berichte des Landesamtes für Umweltschutz Sachsen-Anhalt. Sonderheft 4/2004, S. 40-46.

SCHULZE, M.; PSCHORN, A. (2006): Brutvorkommen wertgebender Vogelarten im EU SPA Mittlere Oranienbaumer Heide im Jahr 2005. – In: Berichte des Landesamtes für Umweltschutz Sachsen-Anhalt, Sonderheft 1/2006, S. 47-56.

SCHULZE, M.; SÜßMUTH, T.; MEYER, F.; HARTENAUER, K. (2007): Liste der im Rahmen des Artenschutzrechtlichen Fachbeitrages zu behandelnden Arten (Liste ArtSchRFachB). – Arbeitsgrundlage des Landesbetriebes Bau Sachsen-Anhalt.

SCHWARZE, E. (1970): Eine weitere Sumpfläufer-Feststellung in Sachsen-Anhalt. - In: APUS 2, S. 194-195.

SCHWARZE, E. (1974): Das Vorkommen des Kranichs im mittleren Mittelelbegebiet. - In: APUS 3, S. 73-90.

SCHWARZE, E. (1975a): Der Durchzug des Kiebitzregenpfeifers, *Pluvialis squatarola* (L.), im mittleren Mittelelbegebiet. - In: Beiträge zur Vogelkunde 21, S. 120-126.

SCHWARZE, E. (1975b): Doppelschnepfe, *Gallinago media* (Lath.), im Mittelelbegebiet. – In: Beiträge zur Vogelkunde 21, S. 155-156.

SCHWARZE, E. (1977): Zum Vorkommen des Kolkraben am südlichen Flämingrand. – In: APUS 4, S. 22-25.

SCHWARZE, E. (2003): Chronik der Wiederbesiedlung des mittleren Mittelelbegebietes durch den Graukranich – *Grus grus*. – In: Ornithologische Mitteilungen 55, S. 287-293.

SCHWARZE, E.; KOLBE, H. (2006): Die Vogelwelt der zentralen Mittelelbe-Region. – druck-zuck GmbH Halle.

SEELIG, K.-J.; SIMON, B.; ZUPPKE, U. (1997): Vegetationskundliche und faunistische Untersuchungen im NSG „Untere Schwarze Elster“. Teil II: Fauna. – In: Naturschutz im Land Sachsen-Anhalt 34, Heft 2, S. 3-12.

SEIFERT, G. (1986): Erneuter Brutversuch eines Austernfischers an der Mittelelbe bei Wittenberg. - In: APUS 6 , S. 142-143.

SIMON, B. (1977): Türkentaube auf Leitungsmast. – In: Der Falke 24, S. 292.

SIMON, B. (1981): Untersuchungen über die Entwicklung einer Rauchschwalbenpopulation. – In: Der Falke 28, S. 132-134.

SIMON, B. (1984): Tausendster Weißstorch beringt. – In: Naturschutzarbeit in Berlin und Brandenburg. 20, S. 50-52.

SIMON, B. (1986): Ökologische Untersuchungen zu Landschaftselementen und Brutvögeln im NSG „Riß" (Krs. Jessen/E.), Teil I. – In: Hercynia N.F. 24, S. 325-345.

SIMON, B. (1987a): Ökologische Untersuchungen zu Landschaftselementen und Brutvögeln im NSG „Riß" (Krs. Jessen/E.), Teil II. – In: Hercynia N.F. 25, S. 78-94..

SIMON, B. (1987b): Untersuchungen zum Bestand der Taggreifvögel (Falconiformes) im Elbniederungsgebiet südlich der unteren Schwarzen Elster. – In: Populationsökologie der Greifvogel- und Eulenarten 1 (Wissenschaftliche Beiträge der Martin-Luther-Universität Halle-Wittenberg 1987/14), S. 85-98.

SIMON, B. (1989): Untersuchungen zu den Beziehungen zwischen Landschaftselementen und Brutvögeln im NSG „Riß" (Krs. Jessen): - In: Naturschutzarbeit in Berlin und Brandenburg 25, S. 13-30.

SIMON, B. (1992): Bestand, Entwicklung und Schutz des Weißstorches (*Ciconia ciconia* L.) im Landkreis Jessen/E. 1957-1992. – Merkblatt des NABU Kreisverbandes Jessen.

SIMON, B. (1995): Untersuchungen zu Greifvogelzönose und Habitatstruktur in der Elbe-Elster-Niederung. – Dissertation, Martin-Luther-Universität.

SIMON, B. (1996a): Ergebnisse des Greifvogel-Monitorings in der Elbe-Elster-Niederung. –In: Populationsökologie der Greifvogel- und Eulenarten 3 (Wissenschaftliche Beiträge der Martin-Luther-Universität Halle-Wittenberg 1996), S. 279-294.

SIMON, B. (1996b): Verteilung von Biotop- und Nutzungstypen in horstnahen Zonen ausgewählter Greifvogelarten der Elbe-Elster-Niederung. – In: Populationsökologie der Greifvogel- und Eulenarten 3 (Wissenschaftliche Beiträge der Martin-Luther-Universität Halle-Wittenberg 1996), S. 373-379.

SIMON, B.; SIMON, U. (1996): Faunistische und floristische Erfassung und Bewertung zur Dokumentation der Schutzwürdigkeit für das auszuweisende Naturschutzgebiet „Mittlere Glücksburger Heide", Landkreis Wittenberg. – Unveröffentl. Studie im Auftrag des Regierungspräsidiums Dessau. 223 S.

SIMON, B. (1998a): Geschichte und Stand der ornithlogischen Arbeit im ehemaligen Landkreis Jessen/E. – In: APUS 10, S. 108-109.

SIMON, B. (1998b): Natur und Landschaft zwischen Elbe und Glücksburger Heide. – In: APUS 10, S. 107-108.

SIMON, B.; SIMON, U.; BARTH, M. (2000): Erfahrungen aus einem Nistkastenprogramm am Turmfalken (*Falco tinnunculus*) der Elbe-Elster-Niederung. – In: Populationsökologie der Greifvogel- und Eulenarten 4 (Wissenschaftliche Beiträge der Martin-Luther-Universität Halle-Wittenberg 1996), S. 295-318.

SIMON, B. (2005): Brutvorkommen wertgebender Vogelarten und deren Erhaltungszustand im EU SPA Annaburger Heide in den Jahren 2003/2004. – In: Berichte des Landesamtes für Umweltschutz Sachsen-Anhalt, Sonderheft 1/2005, S. 118-125.

SIMON, B.; SIMON, U. (2007): Brutvorkommen wertgebender Vogelarten im EU SPA Mündungsgebiet der Schwarzen Elster im Jahr 2006. – In: Berichte des Landesamtes für Umweltschutz Sachsen-Anhalt, Sonderheft 2/2007, S. 59-65.

SIMON, B.; SICHTING, H.; HENNIG, R. (2008): Das FFH- und Vogelschutzgebiet Glücksbuger Heide. - Naturausstattung und Management. – In: Naturschutz im Land Sachsen-Anhalt, 45, Sonderheft, i. Dr.

SIMON, U.; MEISSNER, H. (1993): Erfassung der Vogelwelt (Brutvögel, Durchzügler, Nahrungs- und Wintergäste) im Bereich der Kieswerksseen bei Prettin (Landkreis Jessen/E.) 1992/93. – Unveröffentl. Studie. Auftraggeber: Naturschutzbehörde Jessen/E. 30 S.

STENGEL, J. (1877): Vogelleben im Kreise Schweinitz sonst und jetzt. – In: Monatsschrift des Sächsisch-Thüringischen Vereins für Vogelkunde und Vogelschutz in Halle a. d. Saale, 2, Heft 3, S. 42-45, 61-66, 76-80.

STIEFEL, A.; SCHMIDT, K. (1980): Der Wachtelkönig auf dem Territorium der DDR. - In: Festschrift zum 200. Geburtstag von Johann Friedrich Naumann. Hrsg.: Kulturbund der DDR Berlin, S. 68-89.

SÜDBECK, P.; BAUER, H.-G.; BOSCHERT, M.; BOYE, P.; KNIEF, W. (2007): Rote Liste der Brutvögel Deutschlands. 4. Fassung, 30. November 2007. – In: Berichte zum Vogelschutz 44, S. 23-81.

SUDFELDT, C.; DRÖSCHMEISTER, R.; GRÜNEBERG, C.; MITSCHKE, A.; SCHÖPF, H.; WAHL, J. (2007): Vögel in Deutschland – 2007. – DDA, BfN, LAG VSW Münster.

SUDFELDT, C.; DRÖSCHMEISTER, R.; GRÜNEBERG, C.; JAEHNE, S.; MITSCHKE, A.; WAHL, J. (2008): Vögel in Deutschland – 2008. – DDA, BfN, LAG VSW Münster.

SZEKELY, S. (2000): Überarbeitung der Landschaftsgliederung Sachsen-Anhalts. – In: Naturschutz im Land Sachsen-Anhalt 37, Heft 1, S. 57-59.

THIENEMANN, W. (1881): Ornithologische Reiseskizzen aus der Glücksburger und Dübener Heide. – In: Monatsschrift des Deutschen Vereins zum Schutze der Vogelwelt VI, Nr. 1, S. 2-13.

TUCHSCHERER, K. (1971): Beiträge zur Vogelwelt des Wörlitzer Winkels IV. – In: APUS 2, S. 186-189.

WADEWITZ, M. (2005): Die Nilgans – eine Afrikanerin macht sich breit in unserem Lande. – In: APUS 12, S. 337-338.

WEBER, M.; MAMMEN, U.; DORNBUSCH, G.; GEDEON, K. (2003): Die Vogelarten nach Anhang I der Europäischen Vogelschutzrichtlinie im Land Sachsen-Anhalt. – In: Naturschutz im Land Sachsen-Anhalt 40, Sonderheft, 224 S.

WITTENBERGER TAGEBLATT (1899): Kiebitzvorkommen in den Elbwiesen deutlich erhöht. – In: Mitteldeutsche Zeitung (MZ) vom 22.7.1999.

WODNER, D. (1969): Gelegenheitsbeobachtungen am Rande der Dübener Heide. – In: APUS 1, S. 289-291.

ZIEBARTH, R. (1967): Bruten der Spießente bei Wittenberg. – In: APUS 1, S. 141-142.

ZUPPKE, E. (1999): Gestaltungsplan des NABU-Zentrums „Im Stadtwald", Außenobjekt des Schul-Umwelt-Zentrums Wittenberg. II. Ökologische Grundlagen des Stadtwaldes. – Unveröffentl. Studie im Auftrag des NABU-Kreisvorstandes Wittenberg.

ZUPPKE, U. (1968): Die Spießente (*Anas acuta*) als Brutvogel bei Wittenberg. – In: Beiträge zur Vogelkunde 14, S. 86-89.

ZUPPKE, U. (1970): Beobachtungen an einem künstlich entstandenen Limikolenrastplatz. - In: Der Falke 17, S. 232-235.

ZUPPKE, U. (1971): Heringsmöwen an der Mittelelbe. - In: APUS 2, S. 195-196.

ZUPPKE, U. (1972a): Zu: Ein Schwarzstorch unter Weißstörchen. - In: APUS 2, S. 277.

ZUPPKE, U. (1972b): Überwinternde Greifvögel in der Elbaue bei Wittenberg. – In: Der Falke 19, S. 192-195, 242-245.

ZUPPKE, U. (1975): Zwergmaus als Raubwürgerbeute. - In: Der Falke 22, S. 175.

ZUPPKE, U. (1976a): Friedrich Böhme 75 Jahre. - In: Der Falke 23, S. 172.

ZUPPKE, U. (1976b): Raubwürger im Kreis Wittenberg. - In: Der Falke 23, S. 426-429.

ZUPPKE, U. (1976c): Die Wasservogelzählung im Mittelelbegebiet des Kreises Wittenberg. – In: Der Falke 23, S. 150-155.

ZUPPKE U (1977a).: Bemerkenswerte Misteldrosselbrut im Fläming bei Wittenberg. - In: APUS 4, S. 45-46.

ZUPPKE, U. (1977b): Weiterer Herbstnachweis des Rotkehlpiepers im Mittelelbegebiet. - In: APUS 4, S. 44-45.

ZUPPKE, U. (1978): Nachweis der Kurzschnabelgans im Kreis Wittenberg durch Beizhabicht. - In: APUS 4, S. 94-95.

ZUPPKE, U. (1979): Zum Vorkommen des Kormorans an der Mittelelbe bei Wittenberg. – In: APUS 4, S. 135-137

ZUPPKE U. (1982): Der Bestand des Weißstorchs, *Ciconia ciconia*, im Kreis Wittenberg (Bezirk Halle) von 1976 bis 1980. - In: Beiträge zur Vogelkunde 28, S. 175-187.

ZUPPKE, U. (1984): Der Einfluß der Intensivierung der Graslandwirtschaft auf die wiesenbewohnenden Vogelarten des LSG Mittelelbe. - In: Hercynia N.F. 21, S. 354-387.

ZUPPKE, U. (1985a): Ansiedlungsversuch des Seeadlers im Mittelelbegebiet bei Wittenberg. – In: APUS 6, S. 45-47.

ZUPPKE, U. (1985b): Das Mittelelbegebiet als Rastgebiet für durchziehende Gastvögel. – In: Hercynia N.F., 22, S. 412-429.

ZUPPKE, U. (1987): Beobachtungen zum Verhalten und zur Großgefiedermauser einer in Gefangenschaft gehaltenen Rohrweihe. - In: Zoologische Abhandlungen Museum f. Tierkunde Dresden 42, S. 169-180.

ZUPPKE, U. (1988): Zum Durchzug des Schwarzstorchs im Mittelelbegebiet des Kreises Wittenberg. - In: APUS 7, S. 3-8.

ZUPPKE, U. (1993): Der Bestand des Weißstorchs, *Ciconia ciconia* (L., 1758), im ehemaligen Bezirk Halle und notwendige Schutzmaßnahmen. – In: Naturschutz im Land Sachsen-Anhalt 30, Heft 1, S. 3-7.

ZUPPKE, U. (1995): Die Vogelwelt des Wittenberger Luches. Teil: Gastvögel. (Zuarbeit zum Pflege- und Entwicklungsplan). - Unveröffentl. Studie im Auftrag von Umweltvorhaben Möller & Darmer GmbH Berlin.

ZUPPKE, U. (1996): Die Vogelwelt des Wittenberger Luches. Teil: Brutvögel. (Zuarbeit zum Pflege- und Entwicklungsplan). - Unveröffentl. Studie im Auftrag von Umweltvorhaben Möller & Darmer GmbH Berlin.

ZUPPKE, U.; SCHÖNFELD, M. (1996): Die Vogelwelt des Rischebachtales zwischen Nudersdorf und Braunsdorf. – Unveröffentl. Studie. Auftraggeber: Umweltvorhaben Möller & Darmer Berlin.

ZUPPKE, U. (1997): Studie zur Erfassung der Brutvogelfauna des geplanten NSG Antoniusmühle/Kr. Wittenberg. – Unveröffentl. Studie im Auftrag von Umweltvorhaben Möller & Darmer GmbH Berlin.

ZUPPKE, U. (2000): Zur avifaunistischen Bedeutung des Naturschutzgebietes „Alte Elbe bei Bösewig". Überarbeiteter Vortrag aus Anlass der Alfred Hinsche-Ehrung am 13.07.2000. – In: Naturwissenschaftliche Beiträge des Museums Dessau, Heft 12, S. 29-40.

ZUPPKE, U. (2002): Rauhfußkauz im Fläming bei Wittenberg. – In: APUS 11, S. 276-277.

Zuppke, U. (2006): Zur Geschichte der Vogelkunde in Wittenberg. – In: Heimatkalender 2006. Lutherstadt Wittenberg & Landkreis Wittenberg, S. 118-125.

ZUPPKE, U. (2008a): 40 Jahre Bestandserfassung des Weißstorchs im (Alt-)Kreis Wittenberg. - In: KAATZ, C.; KAATZ, M. (Hrsg.): 3. Jubiläumsband Weißstorch 2008, S. 182-184; Loburg.

ZUPPKE, U. (2008b): Das NSG „Alte Elbe bei Bösewig" – ein neuer Rast- und Sammelplatz des Kranichs. - In: Naturschutz im Land Sachsen-Anhalt 45, Heft 2, S. 54-55.

Register deutscher Vogelnamen

Register wissenschaftlicher Vogelnamen

T

U

V

Der Autor

DR. UWE ZUPPKE, geboren 1938 in Wittenberg, studierte Landwirtschaft. An der Martin-Luther-Universität Halle-Wittenberg promovierte er über die Auswirkungen der Intensivierung der Landwirtschaft auf die Vogelwelt.

Seit seiner Kindheit interessierte er sich für die Tierwelt seiner Heimat und verfügt über 50jährige faunistische Aufzeichnungen aus diesem Gebiet. Die langjährigen Kenntnisse der Vogelfauna seiner Heimatregion befähigten ihn zum Leiter der Fachgruppe Ornithologie und Vogelschutz Wittenberg (1968-1989). Es entstanden zahlreiche wissenschaftliche Veröffentlichungen über verschiedene Tiergruppen, besonders aber der Vogelwelt, zwei Tier-Kinderbücher und ein Sachbuch über die Natur und Landschaft der Aue der mittleren Elbe bei Wittenberg sowie die Mitarbeit an Sachbüchern über die Schutzgebiete Sachsen-Anhalts.

Im gleichen Verlag erschienen

Uwe Zuppke, Iris Elz
Die Aue der Biber, Störche und Urzeitkrebse
Verlag: Books on Demand; 1. Auflage: 2008
200 Seiten, broschiert
Sprache: Deutsch
ISBN: 978-3833485367
Preis: EUR 24,90

Förmlich vor den Toren der viel besuchten Lutherstadt Wittenberg liegt eine Landschaft mit reicher Naturausstattung und einer Vielzahl kulturgeschichtlicher Zeugnisse - die Aue der mittleren Elbe. Entstanden vor unvorstellbar langen Zeiten, dann aber schrittweise von den Menschen sich nutzbar gemacht, hat die Aue an der mittleren Elbe ein unverwechselbares Flair. Es geht einerseits aus von einmaligen, reich strukturierten Naturräumen in dem der Überflutungsdynamik der Elbe verbliebenen Teil. Andererseits sind die kulturhistorischen Zeugen des schöpferischen menschlichen Wirkens in dem durch Dämme der Urgewalt des fließenden Wassers entzogenen Gebiet ebenso faszinierend. Im vorliegenden Buch werden ausgehend von der erdgeschichtlichen Entstehung der Elbaue und der prägenden Struktur dieser Landschaft mit ihren bedrohlich-eindrucksvollen Hochwassern die einzelnen Landschaftsstrukturen mit ihrer jeweils typischen Tier- und Pflanzenwelt beschrieben.

„…ein lesenswertes Buch, das zu einem Besuch dieser vogelreichen Landschaft einlädt.“
(Die Vogelwelt 1/2008)